一流学科教材
计算机科学与技术

数据结构及应用算法

DATA STRUCTURE AND ALGORITHM

第3版

袁平波 尹 东 刘 东 许小东 朱 明 编著

中国科学技术大学出版社

内 容 简 介

计算机程序设计主要包括数据对象定义表示和数据对象的处理算法两大部分。本书从数据对象的类型、表示方法及其常用处理方法入手，分别介绍了三种类型数据结构——线性结构、树型结构和图状结构的常用表示方法，以及基于这些数据结构的基本操作的实现；并介绍了查找和排序算法。此外，本书还介绍了计算机主要算法的设计策略等内容，并为大部分章节安排了习题。

本书内容全面丰富，概念阐述清晰，不仅适合作为普通高校信息技术类专业的本科生教材，也适合作为信息技术相关工科专业的“数据结构”或“软件工程”课程的本科教材。对于从事信息技术方面学习和工作的科技人员，本书也是一本很好的参考书。

图书在版编目(CIP)数据

数据结构及应用算法/袁平波等编著. —3 版. —合肥：中国科学技术大学出版社，2023.5
ISBN 978-7-312-05604-8

Ⅰ. 数…　Ⅱ. 袁…　Ⅲ. ① 数据结构 ② 算法分析　Ⅳ. TP311.12

中国国家版本馆 CIP 数据核字(2023)第 031086 号

数据结构及应用算法
SHUJU JIEGOU JI YINGYONG SUANFA

出版　中国科学技术大学出版社
安徽省合肥市金寨路 96 号，230026
http://press. ustc. edu. cn
https://zgkxjsdxcbs. tmall. com
印刷　安徽国文彩印有限公司
发行　中国科学技术大学出版社
开本　787 mm×1092 mm　1/16
印张　18. 5
字数　450 千
版次　2008 年 9 月第 1 版　2023 年 5 月第 3 版
印次　2023 年 5 月第 4 次印刷
定价　58. 00 元

前　言

《数据结构及应用算法》(第2版)出版已有9年,应广大读者的要求,我们决定对其进行再版。此次再版,更正了上一版中出现的一些文字编辑错误,调整了部分章节的内容,强化了对一些概念的描述,增补了流网络的最大流问题等内容,使本书更加适合作为普通高校信息技术类专业的教材。

在本版中,我们秉承了前两版的风格,从问题入手,分析和研究数据结构的特性,使学生学会在解决问题时用正确的逻辑结构描述数据、合理的存储结构表示数据和有效的操作方法处理数据,并初步掌握算法的性能分析技术。此版教材加强了对当前互联网技术发展的关注,引入互联网发展中与数据结构相关的科学问题,并加以分析和解决。

本书可用作普通高校信息技术类本科生60～80学时的数据结构课程教材,并配有PPT教学课件(联系邮箱:ypb@ustc.edu.cn)和实验教材《数据结构实验指导》,以方便教学。

本书的编写分工如下:第1章由朱明老师编写,第2章、第3章由袁平波老师编写,第4章、第5章由刘东老师编写,第6章、第9章由许小东老师编写,第7章、第8章由尹东老师编写。

感谢广大读者一直以来对本教材的支持。

袁平波　尹东　刘东　许小东　朱明
中国科学技术大学信息科学与技术学院
2023年2月1日

目　　录

第1章　数据结构导论

作为软件开发人员，在面对全新的任务和挑战时，我们常常会将这些问题分解为自己所熟知的各类解决方案和代码片段，并根据客户需求和任务截止日期，制定最快的方案进行开发。但是，这样做只是单纯地完成了工作要求，而对于想要学到更多的开发技巧和理念从而成为一名更优秀、更高效的开发者的帮助并没有想象中的那么大。

为什么要学习数据结构？在计算机发展的初期，人们使用计算机的主要目的是处理数值计算问题。使用计算机解决具体问题一般需要经过以下几个步骤：首先从具体问题抽象出适当的数学模型，然后设计或选择解此数学模型的算法，接着编写程序并进行调试、测试，直至得到最终的解答。

由于最初涉及的运算对象是简单的整型、实型或布尔型数据，所以程序设计者的主要精力集中于程序设计的技巧上，而无需重视数据结构。随着计算机应用领域的扩大和软硬件的发展，非数值计算问题显得越来越重要。据统计，当今处理非数值计算问题占用了90%以上的机器时间。这类问题涉及的数据结构更为复杂，数据元素之间的相互关系一般无法用数学方程式加以描述。因此，解决这类问题的关键不再是数学分析和计算方法，而是要设计出合适的数据结构。

获得图灵奖的Pascal之父、著名的瑞士计算机科学家沃思(N. Wirth)教授曾提出：算法+数据结构=程序设计。这个公式对计算机科学的影响程度足以类似物理学中爱因斯坦的$E=mc^2$——一个公式展示出了程序的本质。

为了编写求解实际问题的计算机程序，首先就需要对待求解实际问题中所涉及对象及相互关系(与问题相关的关系)进行编程定义(表示)，然后在此基础上才能编写问题求解步骤(算法)。

程序设计的实质就是构造一种合适数据结构(问题对象的表示)及设计一种合适算法(问题对象的处理步骤)，即前面提到的“程序设计=数据结构+算法”。因此研究问题对象的表示方法和处理步骤(算法)，以便编写出有效的问题求解程序，自然成为计算机科学的核心问题之一。

1.1 数据结构的基本概念

为了方便读者尽快理解数据结构等相关内容，这里首先介绍一些基本概念和术语。如图 1.1、图 1.2 所示。

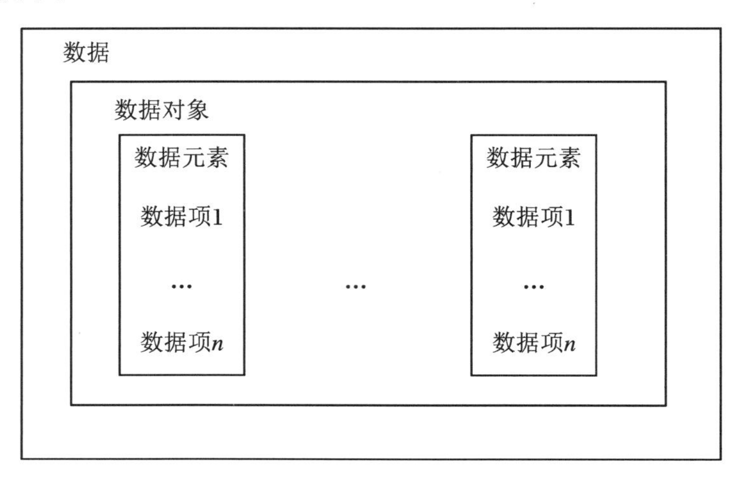

图 1.1　主要概念与术语之间的关系

学号	姓名	性别	年龄	数学成绩	物理成绩
SA180101	王博	男	21	90	92
SA180102	李静	女	22	93	98
…	…	…	…	…	…

图 1.2　数据、数据对象及数据项等示例

1.1.1　数据

数据(Data)是对客观事物的符号表示，在计算机科学中是指能输入到计算机并能由计算机程序进行处理的符号的总称。例如，数值计算中求积分程序的处理对象是整数和实数，而文件处理程序或语言编译程序所处理的对象是字符。因此，整数、实数、字符都是数据。

在多媒体程序中，其处理对象是声音、图像等。虽然计算机不能直接处理声音和图像，但声音和图像经过数字化或编码后，就变成能被计算机程序处理的对象，因此，声音和图像都是数据。对计算机科学而言，数据的含义极为广泛，除上面列举的整数、实数、字符、声音和图像等数据之外，它还具有更广泛的内涵。

1.1.2 数据元素

数据元素(Data Element)是数据的基本单位,在程序中通常是作为一个整体来进行处理的。一个数据元素通常由若干个数据项(Data Item)组成,而数据项是数据的不可分割的最小单位。例如,在图书检索程序中,一本书的信息就是一个数据元素,它由书名、作者名、出版社和分类号等数据项组成,这些数据项是不可分割的最小单位,比如,分类号虽然由若干字符和数字组成,但它不能再分割,因为分割后,它没有任何含义。

1.1.3 数据对象

数据对象(Data Object)是性质相同的数据元素的集合。任何计算机程序不会只处理一个数据元素,其处理对象通常是相同性质的数据元素集合。例如,图书检索程序处理的常常是某图书馆内的所有图书,而不是某一本图书。

1.1.4 数据结构

数据结构(Data Structure)这个概念至今还没有一个统一的定义,一般来讲,数据结构是相互之间存在的一种或多种特定关系的数据元素的集合。从程序设计角度来说,数据结构就是计算机求解问题时,问题所涉及对象的逻辑结构及其编程表示方法。

获得实际问题所涉及对象的逻辑结构的基本方法就是:将对象抽象为结点,对象间关系(与问题相关的)抽象为结点间边,从而获得的抽象结构,就是实际问题所涉及对象的逻辑结构。

例 1.1　世界上任何六个人中,必然有三个人相互认识,或者,三个人相互不认识。

将人抽象为结点,人相互认识关系抽象为边,则可以获得一个逻辑结构。

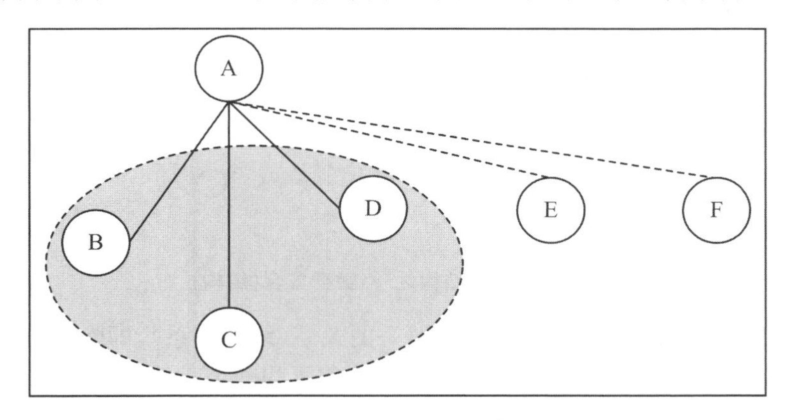

图 1.3　对象的抽象的逻辑结构

实线表示认识;虚线表示不认识。

数据结构这门课程的内容,就是讲解以上所获(问题对象)逻辑结构及其编程表示方法。

1.2 数据结构类型

如图 1.4 所示，通过对实际问题所涉及对象进行基本抽象，即：将问题对象抽象为结点，对象间关系（与问题相关的）抽象为结点间的边，由此获得的抽象结构，就是实际问题（所涉及对象）的逻辑结构。对这一逻辑结构进行编程定义与表示，从而构建问题求解编程的数据结构。

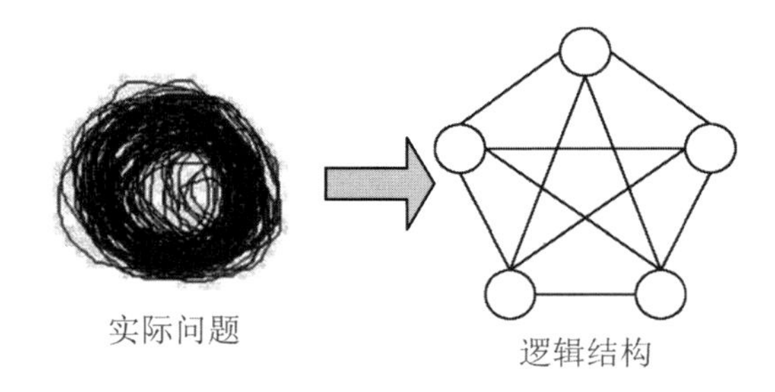

图 1.4 实际问题中对象及关系的逻辑结构

以下从三个方面来理解数据结构。

1. 结构

结构即数据元素之间的关系。根据数据元素之间关系的不同特性，通常有下列四类基本结构形式：

（1）集合：数据元素之间除了“属于同一个集合”并具有某些共同特征外，没有任何其他关系，如图 1.5 所示。例如：一个班级的分数，显然分数与分数之间没有关系。

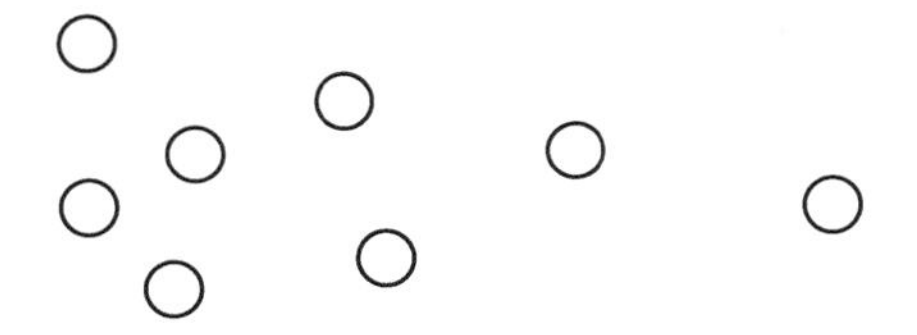

图1.5 逻辑结构之一：数据集合（结构）

（2）线性结构：数据元素之间存在着一对一的关系（线性关系），即除第一个和最后一个数据元素外，其他每个数据元素有且仅有一个直接前驱和一个直接后继，如图 1.6 所示。例如：一个图书馆中存放的图书，图书与图书之间存在先后摆放的有序关系。通常用〈a,b〉来表示 ab 之间的有序关系。

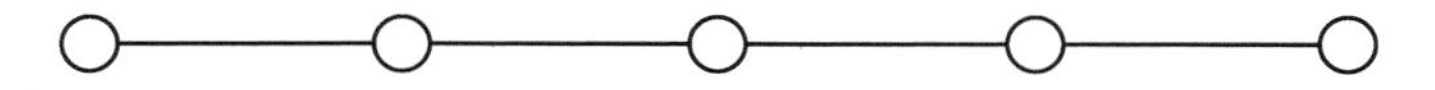

图 1.6 逻辑结构之二：有序数据元素（线性结构）

（3）树形结构：数据元素之间存在一对多的关系，也即一个数据元素可以与一个或多个数据元素有关系，其结构形式犹如倒生长的树，如图1.7所示。例如：军队中的隶属关系，每个士兵隶属于某个班，某个班又隶属于某个排，等等。

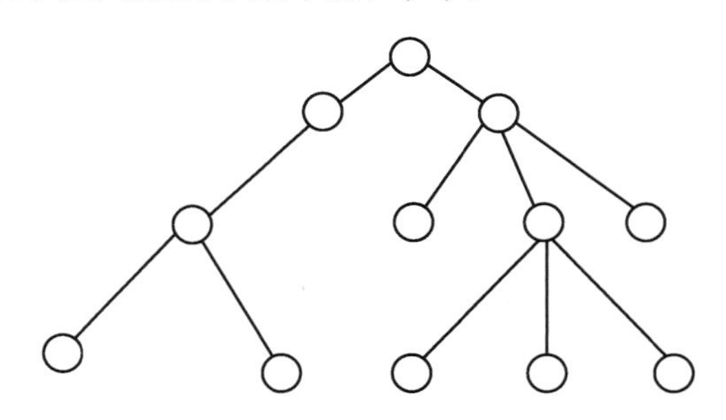

图1.7　逻辑结构之三：数据的树状结构

（4）图状结构或网状结构：数据元素之间存在多对多的关系。在这种关系中，数据元素之间关系不受任何限制，它可以描述几乎所有数据元素之间存在的关系，如图1.8所示。例如：一个城市中的公共交通路线图，站点与站点之间就构成了一个图状结构或网状结构。通常用(a,b)来表示ab之间的无序关系。

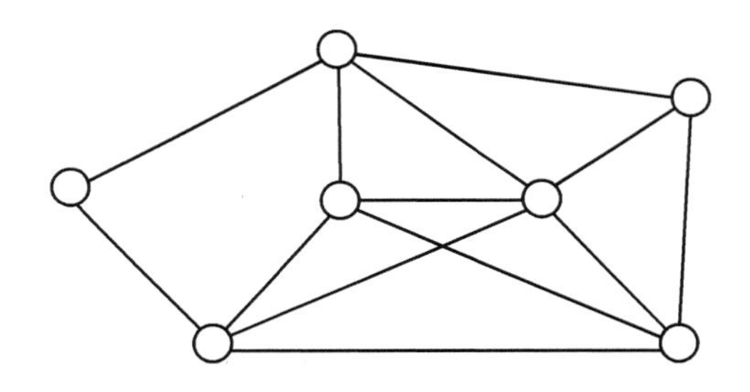

图1.8　逻辑结构之四：数据的图状结构

2．数据结构的组成部分

从数据结构的形式定义知，数据结构本质是一个二元组：数据结构=〈数据对象，数据对象之间的关系〉。但这种二元组并没有真正反映数据结构的内涵，因此，它不能成为数据结构的标准定义。

一般来说，数据结构涉及四部分内容：数据对象、数据的逻辑结构、数据的存储结构和数据的操作运算。数据的逻辑结构是对数据元素之间关系的数字形式描述。而上述二元组中的“关系”仅是数据的逻辑结构，讨论数据的逻辑结构的目的是准备利用计算机处理数据元素，因此，仅有数据的逻辑结构还不够，还需要研究在计算机编程实现中如何表示/定义出这种逻辑结构。

3．数据的存储结构

数据结构在计算机内存中的存储方式称为数据的物理结构，本书中又称为存储结构，它包含数据元素及数据元素之间关系的计算机编程表示。在计算机中表示信息的最小单元是二进制数的一位，称为位(Bit)。那么表示一个数据元素时需要若干个位，这若干个位组成位串，称这种位串为结点(Node)或元素(Element)。而结点中对应于数据项的子位串称为数据域(Data Field)。

数据的存储结构有两种不同形式:顺序存储结构(数组表示)和链式存储结构(指针表示)。顺序存储结构的特点是利用结点在存储器中的相对位置来表示逻辑关系。而链式存储结构借助于指向结点存储位置的指针(Pointer)表示数据元素之间的逻辑关系。例如,复数的存储就可以采用这两种存储方式。若用顺序存储结构,则实部用一个四字节长的内存空间表示,而虚部用接下来的一四字节长的内存空间表示,如图 1.9 所示。

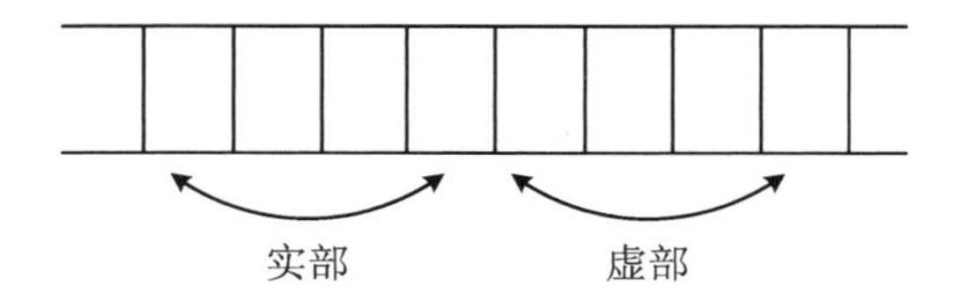

图 1.9　复数的顺序存储

对应如图 1.9 所示复数的顺序存储,其编程实现/定义可以采用以下方式:

```
struct {
    float   realpart;
    float   virtualpart;
} complex;
```

若用链式结构表示复数,则实部用一个四字节长的内存空间,但接下来的两个字节长的内存空间存储虚部所在的地址,如图 1.10 所示。

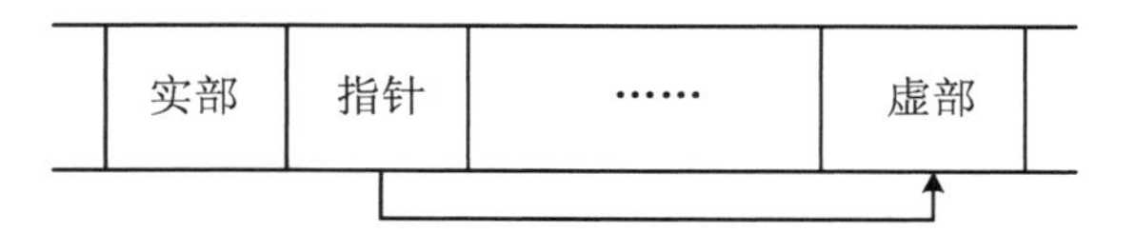

图 1.10　复数的链式存储

对应如图 1.10 所示复数的链式存储,其编程实现/定义可以采用以下方式:

```
struct {
    float   realpart;
    float   *virtualpartpoint;
} complex;
```

图 1.11 为复数 $-3.5+2.4i$ 的两种表示方法在内存中的映像。

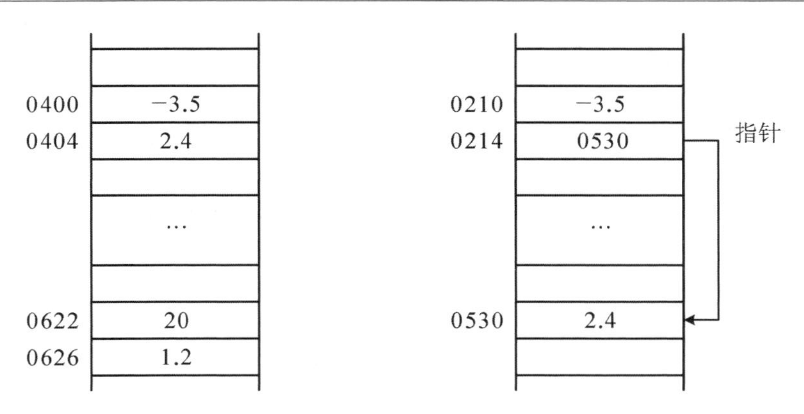

图1.11　复数两种存储方式的内存映像

1.3　抽象数据类型

在高级编程语言中，任何一个变量、常量或表达式都有一个它所属的确定的数据类型。这些数据类型显式或隐式地规定了数据取值范围及定义在其上的运算，因此，数据类型是值的集合和定义在值集上的一组操作的总称。例如，C语言的整型数据，其值集为[－32768，32767]区间内的整数(这个区间依赖于机器字长)，而定义在其上的操作为加、减、乘、除和取余等运算。按“值”的不同特性，可以把数据类型分为两大类：原子类型和结构类型。

原子类型的值是不可分解的。例如，C语言中的整型、实型、字符型、指针型等都是原子类型的数据类型。这种类型较少，一般高级语言中定义的基本数据类型就可以满足实际需要。当然，有时为了某种特定目的，还可以定义新的原子类型，例如，“位长100的整数”就是一种原子类型。

结构类型的值是由若干成分(原子类型或结构类型)按某种结构组成的。例如，一本书的值可以定义为由书名、作者、出版社、出版时间和分类号等成分值组成；又如，C语言的数组是C语言唯一定义的一种结构类型，它由若干分量组成，而每个分量可以是整型、实型等原子类型，也可以是数组。因此，结构类型的值是可分解的。

对于数据结构和结构类型的区别，可以这样简单理解：数据结构是具有相同结构的数据元素的集合，而数据类型可以看成由数据结构和定义在其上的一组操作组成。

在计算机科学里，数据类型的概念不局限于高级语言中，在计算机硬件系统、软件系统以及许多应用环境中都提供数据类型。引入“数据类型”，对于普通用户来说，可使他们不必了解这些类型和操作的实现方法，而只需知道输入什么后，按操作规则计算机会输出什么；有效地达到信息的封装，使用户不必也不需要去了解封装内的复杂细节；简化用户对概念的理解，使计算机硬件、软件和应用系统能被一般用户所理解，有利于计算机的普及。高级语言中的这种数据类型成功地实现了数据和操作的抽象化，但这种数据类型对数据关系和操作能力的抽象还不是很强，为了提高抽象能力和更进一步了解数据类型的本质，有必要引入抽象数据类型的概念。

抽象数据类型(Abstract Data Type，ADT)是指基于一个数据结构以及这个数据结构上的一组操作所构成的数据类型。

每个操作由数据的输入和输出定义，一个 ADT 的定义并不涉及它的实现细节，这些实现细节对于 ADT 用户来说是隐藏的，隐藏实现细节的过程称为封装，由此，数据结构的实质就是 ADT 的物理实现——计算机上的实现。

和数据结构的形式定义一样，抽象数据类型可用以下的三元组表示：

$$ADT = \langle D,S,P \rangle$$

其中，D 是数据对象，S 是 D 上的关系集，P 是对 D 的基本操作集。与前面介绍的高级语言数据类型不同，这里的数据对象之间的关系更复杂、更灵活，而基本操作可在数据类型定义中根据需要自行定义。本书采用以下格式定义抽象数据类型：

```
ADT〈抽象数据类型名〉{
数据：
  〈数据元素及其数据元素之间的关系描述〉
操作：
  〈运算描述〉
}End ADT〈抽象数据类型名〉
```

其中，数据对象和数据关系按严格的数学形式描述，而基本操作描述格式为

基本操作名(参数表)；//操作功能描述

如果形式参数的前面有“&”，则操作结束后返回相应结果给实际参数。

本书采用 C 语言来实现抽象数据类型。由于是在 C 语言的虚拟层次上讨论抽象数据类型的表示和实现，故采用介于伪码和 C 语言之间的类 C 语言作为描述工具，本书中的程序一般都用标准 C 语句，只在一些抽象操作的抽象算法中才采用伪码描述。所有的程序和结构描述，只需进行少量的修改就可以在 C 或 C++ 编程集成环境中调试运行。

为了更好地理解抽象数据类型，例 1.2 给出复数的抽象数据类型的定义。

例 1.2 复数抽象数据类型的定义。

```
typedef int status;
ADT ComplexNumber{
数据：
    D={r,c|r,c∈R(实数集合)}
    R={〈r,c〉}
操作：
    void InitComplexNumber(&t,v1,v2);        //构造一个复数
    void DestroyComplexNumber(&t);           //销毁一个复数
    status PlusComplexNumber(t1,t2,&t);      //复数相加，结果放在 t 中
```

```
    status MinusComplexNumber(t1,t2,&t);    //复数相减,结果放在 t 中
    status MultiComplexNumber(t1,t2,&t);    //复数相乘,结果放在 t 中
    status DivideComplexNumber(t1,t2,&t);   //复数相除,结果放在 t 中
}End ADT ComplexNumber
```

1.4　数据与数据结构

从学科方面来讲,数据结构是一门研究程序设计问题中操作对象以及它们之间关系的表示及其运算的学科。具体地讲,数据结构研究以下四个方面的问题:

(1) 数据的逻辑结构,即数据元素之间的逻辑关系;

(2) 数据的物理结构,即数据在计算机中的存储方式;

(3) 定义在数据结构上一组基本操作及其实现算法;

(4) 算法的效率分析,主要分析算法的时间和空间效率。

数据结构是计算机科学与技术的核心课程。早期的数据结构几乎是表、树、图的同义语,发展到现在,数据结构课程还包括排序、查找、文件等方面的内容,该课程不仅研究常规的数据结构,还要研究抽象数据类型。由于数据结构研究的数据要在计算机中处理,因此,不仅要考虑数据本身的数学性质,还要重点考虑数据的存储结构(编程实现)及相应操作的算法实现,这一点丰富了数据结构的研究内容,使数据结构课程成为计算机科学技术专业的核心课程,也成为学习程序设计的基础课程。

学习数据结构的目的,就是提高程序设计理论和技术水平,提高计算机程序的效率,这些技巧包括数据的编程表示和算法的实现。程序设计的实质就是为问题设计一个好的数据结构,再设计一种好的处理算法,只有这样才会有高效的程序。有人可能认为,随着计算机硬件的日益发展,程序的运行效率好像变得越来越不重要了。事实上并非如此,计算机性能越强大,人们就越想去尝试更复杂的问题,而更复杂的问题需要更大的计算量,这就使得对高效率程序的需求更加明显。因此,今天的学生必须彻底理解隐藏在高效程序设计后面的理论和技术,提高设计高效可靠程序的能力。这种能力无法从日常的生活经验中获得,只有通过不断地进行计算机程序设计训练才能提高。

1.5　算法与算法分析

之前已经介绍,Wirth 教授认为:程序设计=数据结构+算法。数据结构与算法是共生

的一对。故在介绍完数据结构之后，这里开始介绍算法。

1.5.1 问题、算法和程序

程序设计人员需要不断地处理问题、算法和计算机程序，这是三个不同的概念，这一节将详细描述这些概念，最后还将讨论如何进行算法分析。

1. 问题

从直觉上讲，问题(Problem)就是一个始定的需要完成的任务，即对应一组输入有一组输出。作为计算机程序员，只有在问题被准确定义并完全理解后才能研究问题的解决方法。对问题的理解还必须包含该问题的一些限制，计算机要解决的任何一个问题，总有一些直接或间接的限制，比如说，内存、外存和运行时间的限制。问题的定义中不能包含有关怎样解决问题的限制，但可以包含对任何可行方案所需资源的限制。

2. 算法

算法示例：公元前300年左右出现的著名的欧几里得算法，就描述了求解两个整数的最大公因子的解题步骤。要求解的问题描述为："给定两个正整数 m 和 n，求它们的最大公因子，即能同时整除 m 和 n 的最大整数。"欧几里得当时给出的算法如下：

S1：以 n 除 m，并令所得余数为 r(必有 $r<n$)；

S2：若 $r=0$，输出结果 n，算法结束；否则继续步骤S3；

S3：令 $m=n$ 和 $n=r$，返回步骤(S1)继续进行。

有关算法(Algorithm)一词的定义不少，但其内涵基本上是一致的。最为著名的定义是计算机科学家D. E. Knuth在其巨著《计算机程序的艺术》(*Art of Computer Program*)第一卷中的有关描述。其非形式化的定义是："一个算法，就是一个有穷规则的集合，其中之规则定义了一个解决某一特定类型问题的运算序列。"

通常，算法是指解决问题的一种方法或者一个过程，是计算机操作步骤的集合。一个问题可以有多种算法，但一种给定的算法只解决一种特定的问题。本书对涉及的许多问题给出了不同的算法，例如，对排序问题就给出多种算法。

一个算法应该具有以下几个性质：

(1) 正确性：它必须完成期望的功能，把每一次输入转化为正确的输出。

(2) 具体性：一个算法必须由一些具体步骤组成。具体意味着每一步骤必须是机器可读的，而且是可执行的。

(3) 确定性：下一步应执行的步骤必须明确。选择语句(C语言中的if和switch语句)是任何算法描述语言的组成部分，它允许对下一步执行的语句进行选择，但选择过程必须是确定的。

(4) 有限性：一个算法必须由有限步组成。如果一个算法的描述是无限步组成的，那么就不能将算法写出来，更不可能将它变成计算机程序来实现。大多数描述语言均提供一些重复行为的方法，如循环(C语言中的while、do…while和for语句都是循环语句)。循环结构具有简短的描述，但是实际执行的次数会是许多次，它由输入来决定。

(5) 可终止性：算法必须可终止，即不能进入死循环。

3．程序

程序(Program)是对一个算法使用某种程序设计语言的具体实现。

本书中几乎所有算法都给出了C语言程序，由于不同语言的语法规则不同，因而一个算法可以有多个不同的程序实现。本书中常常不严格区分“算法”和“程序”，把它们看成同一概念。但根据算法和程序的定义，可以知道并不是所有计算机程序都是算法，例如，一个有死循环的程序就不是算法，但任何一个算法至少可对应一个计算机程序。

例1.3　给出欧几里得算法的C语言描述的程序如下：

```
#include <stdio.h>
main()
{
    int m,n,r;
    printf("请输入两个正整数:");
    scanf("%d %d",&m,&n);
    printf("\n %d和%d的最大公约数是:",m,n);
    r = m % n;
    while(r! = 0) {
        m = n;
        n = r;
        r = m % n;
    }
    printf("%d \n",n);
}
```

1.5.2　算法特性

评价一个算法优劣的五条标准描述如下(一个好的算法是满足这五条标准要求的算法)：

(1) 正确性。所设计出来的算法要能够正确求解给定的问题。这就要求算法中的每一个步骤的描述是准确无歧义的，并且是可以执行的；要求算法能够满足问题要求，并在有限步骤内获得结果；否则就不具备正确性要求，更谈不上解决给定的实际问题了。算法要能经得起一切可能的输入数据的考验。

在将算法用特定程序语言表示为程序后还必须注意：

① 程序中不含有语法错误；

② 对于一切合法的输入数据，程序能够产生满足要求的输出结果；

③ 对于一切非法的输入数据，程序能够得出满足规格说明的结果；

④ 对于精心选择的，甚至是带有刁难性的典型测试数据，程序都有满足要求的输出结果。

(2) 可读性。表示出来的算法要能够方便地供人们阅读、理解和交流。算法的可读性好是保证正确性的前提,良好的可读性有利于人们理解算法思想,减少出错机会,便于检查和修改。可适当地增加注释,增强算法或程序的可读性。

(3) 健壮性。算法对意外情况的反应能力要强。当输入数据非法、0 作除数、负数开平方等时,算法应能做出相应的处理,给出错误信息或终止算法执行,避免产生错误的或莫名其妙的输出结果。

(4) 高效性。算法的执行效率要高。算法的效率可分为时间效率和空间效率。时间效率是通过该算法转化的程序在计算机上运行的时间消耗来确定的,在算法设计与分析阶段用执行基本操作的次数(是问题规模的函数)相对于问题规模的渐近阶来表示。空间效率主要考虑除存储数据结构之外的辅助存储空间。一个高效算法是指执行算法耗费时间少,使用辅助存储空间小的算法。

(5) 简洁性。所设计出来的算法要尽可能地简洁。对于同一问题所设计的不同算法,越简洁明了的越好。越简洁的算法可读性越好,越易于理解、编码和调试、测试,越受人们欢迎。

在评价一个算法时,要对这五个方面综合考虑,不要片面追求某一指标。有些指标之间往往是相互制约的,如时间效率与空间效率,简洁性与高效性,等等;要学会针对具体问题要求和软硬件环境进行综合平衡,设计出满足需要的好算法。

1.6 算法分析

一个问题有多种算法求解,怎样选择呢? 当然应该选择“最好”的算法来求解问题,但什么算法是“好”算法呢? 这需要从程序设计的目的出发来分析该问题。计算机程序设计有两个核心目标:

(1) 简便算法,设计一个容易理解及编码和调试方便的算法;

(2) 高效算法,设计一个能有效利用计算机资源的算法,即运行时间短、存储空间少的算法。

在理想情况下,达到这两个目标的最终程序都是“最好”的程序,有时也可以说是“完美的”。但通常这两个目标是相互冲突的,高效算法对一般用户有时甚至对计算机专家来讲都是难以理解的,而容易理解的算法常常达不到高效的目的。本书所给出的算法是按“完美”要求进行设计的,因此本书中的算法基本是趋于“完美”的。如何达到简便算法的要求是软件工程课程追求的内容,不是本书的目的。本书追求的目标是高效的算法,或者是在高效算法的基础上来实现简便算法。

估量一个算法效率的方法,称为算法分析。算法分析的目标在于尽可能少地占用计算机资源。计算机资源一般有两个:存储空间和执行时间。算法需用的存储空间大小称为算法的空间复杂度,算法的执行时间长短称为算法的时间复杂度。相对于空间复杂度来讲,对于大多数算法而言时间复杂度显得更重要,更需要研究。本书讨论最多的也是算法的时间复杂度。

1.6.1　算法的时间复杂度

比较两种算法的时间复杂度,有两种办法。一种办法就是:用源程序分别实现这两种算法,然后输入适当的数据运行,测算两个程序各自的时间开销。但是,这个方法并不可行。第一,编写两个程序,测算两种算法将花费较多的时间和精力,而实际上至多只需要其中的一个程序;第二,仅凭实验来比较两种算法,很有可能因为一个程序比另一个“写得好”,而使得另一个算法由于“写得不好”使其真正算法思想没有得到很好的体现;第三,测试数据的选择可能对其中的一个算法有利;第四,即使是较好的那种算法也超出了原来预算的时间开销,这就意味着还得重复一遍这样的过程——寻找一种新的算法,再编写一个程序实现它。

另一种办法可以解决所有这些问题,这就是渐近算法分析(Asymptotical Algorithm Analysis),或事先估算算法分析,简称算法分析(Algorithm Analysis)。它可以估算出当问题规模变大时,一种算法及实现它的程序的效率和开销。这种方法实际上是一种估算方法,若两个程序中一个总是比另一个“稍快一点”时,它并不能判断那个“稍快一点”的程序的相对优越性。但是在实际应用中,它被证明是很有效的,尤其是当证明某种算法是值得实现的时候。

许多因素都会影响程序的运行时间。第一,程序运行时间与程序的编译和运行环境有关,如计算机主频、总线和外部设备等;第二,程序运行时间与网络环境有关,在与其他用户共享计算机资源时有时会使程序慢得像蜗牛爬行;第三,程序设计使用的语言和编译系统生成的机器代码的质量会对程序运行时间产生很大的影响,同时编程人员用程序实现算法的效率也会在很大程度上影响运行的速度。如果要在一台指定的机器上,在给定的时间和空间限制下运行一个程序,以上这些因素都会对结果产生影响。但是,这些因素与两种算法或数据结构的差异无关。为了公平起见,同一个问题的两种算法所对应的两个程序,应该在同样的条件下用同一个编译器编译,在同一台计算机上运行。并且,两次编程时所花费的精力也应该尽可能地相等,以使得算法实现“等效”。做到这几点,上面提到的那些因素就不会对结果产生影响,因为它们对每一个算法都是公平的。

要知道一种算法的运行时间,只考虑主频、编程语言、编译器之类的因素是不够的。从理论上说,应该在标准的环境下测算一种算法的时间开销;然而事实上,通常只是在某一台计算机上运行算法的载体。因此,需要选用另一种体现标准的尺度来代替运行时间。

在现代算法分析中,判断算法性能的一个基本考虑是处理一定“规模”(Size)的输入时该算法所需要执行的“基本操作”(Basic Operation)数。“基本操作”(原操作)和“规模”这两个名词的含义都是模糊不清的,而且要视具体算法而定。

“规模”一般是指输入量的数目,比如,在排序问题中,问题的规模一般可以用被排序的元素的个数来衡量。

一个“基本操作”必须具有这样的性质:完成该基本操作所需时间与操作数的具体取值无关。在大多数高级语言中,两个整数相加、相乘和比较两个整数的大小等操作都是基本操作,但 n 个整数累加就不是基本操作,因为其运行时间要由 n 的大小来决定,因此,算法需要执行的基本操作数是问题规模 n 的函数,记为 $T(n)$。$T(n)$必定是一个随着规模 n 增大而增大的函数,它体现了算法随规模 n 的增长速度。

例 1.4 求有 n 个元素的整数数组的最大元素。算法是依次遍历数组中的每个元素,并保存当前的最大元素,该算法称为“最大元素顺序检索”。下面就是使用 C 语言编写的程序。

```
int largest(int *a,int n)
{
    int  maxnumber = a[0];
    int  i;
    for (i = 1; i<n; i++)
        if (a[i] > maxnumber)
            maxnumber = a[i];
    return maxnumber;
}
```

其中,问题的规模为 n,这些整数存放在数组 a 中,基本操作是“比较”两个整数和给变量 maxnumber“赋值”,即把一个存放现有整数的变量与 maxnumber 作比较,然后考虑是否赋值。可以认为,这样检查数组中的某个整数所需要的时间是一定的,与该整数的大小或其在数组中的位置无关;而“赋值”操作则与整数的分布有关。

把上述 largest 函数中检查一个元素所需要的时间记为 c。c 中包括变量 i 增值的时间(这是处理数组中每一个元素时都要做的工作),还有当找到一个新的最大元素时要做的工作。现在不考虑 c 的实际值,也不考虑函数初始化所需要的一小部分额外时间,只考虑执行该算法的一个合理的近似时间。因此,运行 largest 函数的总时间可近似地认为是$(n-1)\times c$(共需要 $n-1$ 步检查工作,每一步需要时间 c)。largest 函数的时间代价可以用下面的等式来表示:

$$T(n)=(n-1)\times c$$

这个等式表明了最大元素顺序检索法时间代价的增长率。实际上可以认为

$$T(n)=n\times c$$

因为 largest 函数中还有初始化的时间。

例 1.5 考察下面的 C 程序段:

```
{
    sum = 0;
    for (i = 1; i <= n; i++)
        for (j = 1; j <= n; j++)
            sum = sum + a[i] * a[j];
}
```

如何计算这个程序段的运行时间(Running Time)呢? 显然,随着 n 的增大,其运行时间也会增长。例 1.5 中的基本操作是变量 sum 与两个数组元素乘积的相加,可以认为该操

作所需要的时间是一定的，记为 c_1（在此可以忽略初始化 sum 和循环变量 i 与 j 累加的时间。事实上，这些时间开销都可以计入 c_1。后面的内容还将对此作进一步的解释）。要执行的基本操作总数为 n^2，因此，运行时间函数为

$$T(n) = c_1 \times n^2$$

增长率的概念是非常重要的。它可以用来比较两个算法的时间代价，而不用真的编写出两个程序，并在计算机上运行。从上面的两个例子，可以看出：一个算法的运行时间是问题规模 n 的一次函数，另一个是问题规模 n 的二次函数。这两个算法的运行时间随着问题规模的增大是有明显区别的。假设 $c = c_1 = 1$，那么 $n = 10$ 时，第一个程序的运行时间为 10，而第二个的运行时间为 100，而 $n = 1\,000$ 时，相应的运行时间分别为 1 000 和 1 000 000。由此看出，问题规模越大运行时间区别越大，显然，第一个程序比第二个程序的效率高。

一般情况下，算法的运行时间 T 是问题规模 n 的函数 $f(n)$，记为

$$T(n) = O(f(n))$$

在一般情况下是很难精确计算出算法中的基本操作次数的。实际上我们只需得到时间对于问题规模的增长率，就基本能判断出时间的复杂度。因此，求时间复杂度就是求 $f(n)$ 的阶，可以用数学符号"O"来表示时间复杂度。它是数学上是指在 n 趋近于∞时的等级概念，因此有

$$O(n) = O(n + 100)$$
$$O(n) = O(10n)$$
$$O(n^2) = O(n^2 + 100n)$$
$$O(n^2) = O(kn^2 + k_1 n + k_2)$$

其中，k、k_1、k_2 为常数。

时间复杂性的渐近阶（同阶）表示，是对算法时间性能优劣的宏观定性评价。

例如，为了求解同一问题所设计的两个不同的算法 A1 和 A2，其时间耗费分别为 $T_1(n) = 40n^2$ 和 $T_2(n) = 5n^3$；显然当问题规模 $n < 8$ 时 $T_1(n) > T_2(n)$，算法 A2 比 A1 时间花费少；利用渐近阶表示的时间复杂度 $O(n^2)$ 和 $O(n^3)$ 反映了对这两个算法时间性能优劣的宏观定性评价结论。

由于是宏观的定性评价，算法中频度最大的语句的频度，与算法中所有语句频度和 $T(n)$ 是同阶函数；所以人们在计算算法时间复杂度时，往往只需考虑算法中频度最大的语句的频度就可以了。

例 1.6　考察下面的程序段：

```
{
    sum = 0;
    for (i = 1; i <= n; i++)
        for (j = 1; j <= i; j++)
            sum = sum + a[i] * a[j];
}
```

同样，如果把一个数组元素累加到变量 sum 中为一个基本操作，该算法执行的基本操作数为

$$1+2+3+\cdots+n=\frac{n(n+1)}{2}$$

可以看出该算法的运行时间关于 n 的增长率为 n^2，所以时间复杂度为 $O(n^2)$。

例 1.7 两个 $n\times n$ 矩阵相乘的程序。

```
{
    for(i=1; i<=n; i++)                          //n 次加法
          for(j=1; j<=n; j++) {                  //n² 次加法
             c[i][j]=0;                          //n² 次赋值
            for(k=1;k<=n; k++)                   //n³ 次加法
               c[i][j]=c[i][j]+a[i][k]*b[k][j];  //n³ 次乘法
          }
}
```

其中，每一条语句的频度说明在注释中。该算法的时间耗费 $T(n)$ 可表示为

$$T(n)=2n^3+2n^2+n$$

显然，它是矩阵的阶 n（该问题的规模）的函数。并且当 $n\to\infty$ 时，$T(n)/n^3\to 2$。这表示当 n 趋于无穷大时，$T(n)$ 与 n^3 为同阶函数或者说是同量级的。因此有 $T(n)=O(n^3)$。

在算法分析的许多实例中，一般得不到基本操作的次数，它依赖于算法的输入数据分布情况。

例 1.8 冒泡排序算法的程序如下：

```
Bubble(int a[],int n)
{
    int  i,j,t;
    for (i=n-1; i>=1; i--)
        for (j=1; j<=i; j++)
            if (a[j]<a[j-1]) {
                t=a[j];a[j]=a[j-1]; a[j-1]=t;
            }
}
```

上述排序算法的基本操作是两个数据的交换。当初始数据是由小到大的序列时，基本操作的执行次数为 0；而在初始数据是由大到小的序列时，基本操作的执行次数为 $n(n-1)/2$。

对于这种算法可以用两种算法分析方法讨论。

第一种方法是计算算法的平均执行时间，设输入数据可能出现的不同情况有 N 种，那么平均执行时间为

$$T_{avg}(n) = \frac{\sum f(n)}{N}$$

其中 $\sum f(n)$ 为对所有的情况求和。在查找算法中，是用平均执行时间来度量时间复杂度的。但对排序算法来说，平均执行时间只是其中一种特例的执行时间，在每种情况是等概率出现时，平均执行时间不能说明算法的好坏。同时，对于某些算法，输入数据的各种情况数是无限的，分析它的平均时间需要更高深的数学基础，因此，就需要采用另一种分析方法。

第二种方法是分析最坏情况下的时间复杂度，它是算法的时间复杂度的上限。因此，用它衡量算法估算时间复杂度，是判断算法时间复杂度的一个很有效的手段。例如上述的冒泡算法，在最坏情况下的执行时间为 $n(n-1)/2$，因此冒泡排序算法的时间复杂度为 $O(n^2)$。本书中，如果没有特别指明，所分析出的时间复杂度均指算法在最坏情况下的执行时间。

1.6.2　算法分析的基本原则

这里简单介绍一下算法分析时所遵循的基本原则：

(1) 执行一条基本操作如读写或赋值语句等，需要 $O(1)$ 的时间花费。

(2) 对于顺序结构，需要执行一系列语句，所用时间用求和准则估计。

(3) 对于选择结构如 if 语句，主要时间耗费是执行 then 子句或 else 子句所用的时间；此外，检验条件还需用 $O(1)$ 的时间。多选择结构的时间耗费与 if 语句雷同。

(4) 对于循环结构，执行时间为多次迭代中循环体的执行和检验循环条件的耗时，常用乘法准则估计。

(5) 对于复杂算法，可以将它分成几个容易估算的部分分别估计，然后利用求和准则和乘法准则计算整个算法的时间复杂度。

1. 大 O 下的求和准则

(1) 若 $T_1(n)=O(f(n))$，$T_2(n)=O(g(n))$（不相同问题规模时），则有 $T_1(n)+T_2(n)=O(f(n)+g(n))$。

(2) 若 $T_1(n)=O(f(n))$，$T_2(n)=O(g(n))$（相同问题规模时），则有 $T_1(n)+T_2(n)=O(\max(f(n),g(n)))$。

(3) 若 $g(n)=O(f(n))$（特殊运算规则），则 $O(f(n)+g(n))=O(f(n))$。

2. 大 O 下的乘法准则

(1) 若 $T_1(n)=O(f(n))$，$T_2(n)=O(g(n))$（不相同问题规模时），则有 $T_1(n)*T_2(n)=O(f(n)*g(n))$。

(2) 若 $T_1(n)=O(f(n))$，$T_2(n)=O(g(n))$（相同问题规模时），则有 $T_1(n)*T_2(n)=O(f(n)*g(n))$。

(3) 若 c 是一个正常数（特殊运算规则），则 $O(cf(n))=O(f(n))$。

例 1.9　两个 $n\times n$ 矩阵相乘的程序。

```
{
(1)    for(i = 1; i <= n; i++)                          //n次加法
(2)        for(j = 1; j <= n; j++) {                    //n²次加法
```

```
(3)         c[i][j] = 0;                                  //n² 次赋值
(4)         for(k = 1;k <= n; k++)                        //n³ 次加法
(5)             c[i][j] = c[i][j] + a[i][k] * b[k][j];    //n³ 次乘法
        }
}
```

如对这样的矩阵相乘算法，它是三层嵌套的循环结构，可以从最内层循环的循环体语句(5)开始分析：

(1) 赋值语句(5)，与问题规模无关，时间复杂度为常数阶 $O(1)$，即 $T_5(n)=O(1)$；

(2) 对于第(4)条语句，$T_4(n)=O(n)$，它与第(5)条语句是循环关系应该用乘法准则，即 $T_4(n)*T_5(n)=O(1*n)=O(n)$；

(3) 对于第(3)语句，$T_3(n)=O(1)$，它与第(4)、(5)是顺序结构应该用求和准则，即 $T_3(n)+T_4(n)*T_5(n)=O(\max(1,n))=O(n)$；

(4) 对于第(2)条语句，其 $T_2(n)=O(n)$，(3)～(5)是它的循环体适用乘法准则，故有 $T_2(n)*(T_3(n)+T_4(n)*T_5(n))=O(n*n)=O(n^2)$；

(5) 第(1)条语句的耗时 $T_1(n)=O(n)$，(2)～(5)是它的循环体适用乘法准则，所以有 $T_1(n)*(T_2(n)*(T_3(n)+T_4(n)*T_5(n)))=O(n*n^2)=O(n^3)$。

利用这组程序分析法则可得矩阵相乘算法的时间复杂度为 $T(n)=O(n^3)$，它与我们在前面用所有语句执行频度的总和关于问题规模的函数表达求渐近阶得出的结果一致，但却省去了计算所有语句执行频度总和的麻烦。

常见的时间(或空间)复杂度有：常数阶 $O(1)$、对数阶 $O(\log_2 n)$、线性阶 $O(n)$、线性对数阶 $O(n\log_2 n)$、平方阶 $O(n^2)$、立方阶 $O(n^3)$和指数阶 $O(2^n)$。

如图 1.12 所示，部分函数的增长情况，可以看出指数阶的算法效率极低，当问题规模 n 稍大时就无法使用。

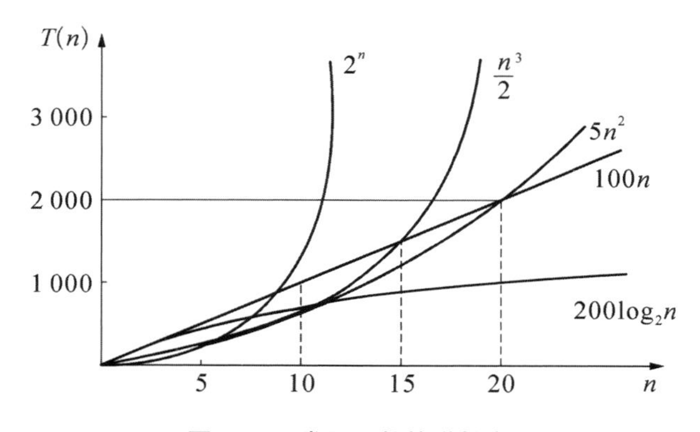

图 1.12 常见函数的增长率

1.6.3 算法的空间复杂度

运行时间是算法代价的一个关键方面，但是也不能片面地注重运行速度，而应该同时考虑其他因素。另一个很重要的因素是运行该程序所需要的空间代价(包括内存和磁盘空间),因此,分析一种算法(或者是实现该算法的一个程序实例)的性能,需要分析算法所花费的时间以及算法采用的数据结构所占用的空间。

算法的空间复杂度指的是算法所需的存储空间的量度,这种存储空间包括内存和外存,一般用“字节”(Byte)作为空间的基本度量单位。设问题的规模为 n,算法所需的空间单元数 S 一般是问题规模 n 的函数 $d(n)$。记为

$$S(n) = O(d(n))$$

一个上机执行的程序所需的存储空间包括:

(1) 程序本身所用的指令、常量、变量;

(2) 输入的数据;

(3) 对数据进行加工的工作单元;

(4) 存储计算所需要的额外存储空间。

一般说来,如果输入的数据所用的空间与算法无关,就只需要分析(3)和(4)所用的内存空间,否则就必须同时考虑输入本身所需的空间。在本书中,一般只讨论算法所用的额外空间。

本 章 小 结

(1) 数据结构包括数据的逻辑结构和数据的存储结构,以及在此结构上的基本操作。数据的逻辑结构主要有:集合、线性结构、树状结构和图状结构;数据的存储结构主要有:顺序存储和链式存储。学习数据结构的关键就是要学会如何使用顺序存储(数组)和链式存储(指针),来表示所遇到的各种数据对象。

(2) 在数据逻辑结构的实现基础上,还需要掌握基于这些逻辑结构的基本数据操作。这些操作将是未来求解问题的基本任务单元。

(3) 算法,就是计算机求解问题的步骤。描述一个计算机算法,通常需要说明清楚该算法的输入与输出,以及算法的功能(如何根据输入,产生相应输出的计算步骤)。衡量计算机算法的优劣,一般采用算法的时间复杂度,即分析计算机算法中基本操作次数与问题规模之间的函数关系。

习　题

1.1　设有数据结构(D,R)，其中：

$$D = \{d1, d2, d3, d4\}$$
$$R = \{r1, r2\}$$
$$r1 = \{\langle d1,d2\rangle, \langle d2,d3\rangle, \langle d3,d4\rangle, \langle d1,d4\rangle, \langle d4,d2\rangle, \langle d4,d1\rangle\}$$
$$r2 = \{(d1,d2), (d1,d3), (d1,d4), (d2,d4), (d2,d3)\}$$

试绘出其逻辑结构示意图。

1.2　设 n 是正整数。试写出下列程序段中用记号“△”标注的语句的频度：

(1)

```
    i = 1; k = 0;
    while(i <= n - 1) {
△      k += 10 * i;
       i++;
    }
```

(2)

```
    i = 1; k = 0;
    do {
△      k += 10 * i;
       i++;
    }while(i <= n - 1)
```

(3)

```
    i = 1; k = 0;
    do {
△      k += 10 * i; i++;
    }while(i == n);
```

(4)

```
    i = 1; j = 0;
    while(i + j< = n) {
△       if(i<j) i++; else j++;
    }
```

(5)

```
    x = n; y = 0;        //n是不小于1的常数
    while(x> = (y + 1) * (y + 1)){
△       y++;
    }
```

(6)

```
    x = 91; y = 100;
    while (y>0)
△       if(x>100) {x- = 10; y--; }
      else  x++;
    }
```

(7)

```
    for(i = 0; i<n; i++)
        for(j = i; j<n; j++)
            for(k = j; k<n; k++)
△               x+ = 2;
```

第2章　线　性　表

线性数据结构的典型代表就是线性表。这种数据结构的特点是同处一个集合的数据元素通过元素之间的相对位置来确定它们之间的相互关系，这种关系是一对一的关系，因此称之为线性结构。

2.1　线性表的基本概念

线性表(Linear List)是 $n(n\geqslant 0)$个数据元素的有限序列，这些数据元素同属于一个集合，在这个序列中相邻的数据元素之间存在一种相对的位置关系，称为“序偶”关系。线性表通常记作

$$(a_1, a_2, \cdots, a_{i-1}, a_i, a_{i+1}, \cdots, a_{n-1}, a_n) \tag{2.1}$$

在序列中，a_{i-1}位于 a_i 前面，a_{i+1}位于 a_i 的后面，称 a_{i-1}是 a_i 的直接前驱元素，a_{i+1}是 a_i 的直接后继元素。当 $i\neq n$ 时，a_i 有且仅有一个直接后继，当 $i\neq 1$ 时，a_i 有且仅有一个直接前驱。i 正是标志数据元素相对位置的一个编号，称为**位序**。

线性表中元素的个数 $n(n\geqslant 0)$称为线性表的长度，当 $n=0$ 时线性表为空表。

下面是几个线性表的例子，26 个大写字母可以构成一个线性表；扑克牌的 13 张同一花色牌也构成一个线性表；学生的基本信息也可以构成线性表，和前面两个例子稍有不同，其数据元素不再是简单的字符了，而是由多个数据项构成的，如学号、姓名、性别等(表 2.1)。

表 2.1　学生基本信息表

学号	姓名	性别	出生年月
0406210001	张三	男	1987.09
0406210002	李四	女	1987.07
…	…	…	…
0406210199	王五	男	1988.04

例 2.1　(A,B,C,…,Z)是一个线性表，长度为 26。

例 2.2 (A,2,3,4,5,6,7,8,9,10,J,Q,K)也是线性表,长度为13。

例 2.3 学生基本信息表(表2.1)。

线性表的常用基本操作有插入、删除和查找等。当线性表进行插入操作时,线性表的长度将增加,在插入位置之后的所有元素的位序都会随之增加1;而删除操作则相反,删除位置之后的所有元素位序都随之减1。

线性表是实际应用中最常用到的数据结构,如前所述,线性表的主要操作是插入、删除和查找等,但不同的应用所涉及对线性表的操作也不尽相同。

线性表的抽象数据类型定义如下:

```
ADT List{
    数据对象:D={ai|ai∈ElemSet,i=1,2,…,n,n≥0,ElemSet为元素集合}
    数据关系:R={〈ai-1,ai〉|ai-1,ai∈D,i=2,…,n}
    基本操作(P):
InitList(&L)
    操作结果:创建一个空的线性表L。
DestroyList(&L)
    操作结果:销毁线性表L。
    参数说明:线性表L已存在。
ClearList(&L)
    操作结果:将线性表L置空。
    参数说明:线性表L已存在。
ListEmpty(L)
    操作结果:检测线性表L是否为空,若线性表L为空则返回TRUE;否则返回FALSE。
    参数说明:线性表L已存在。
ListLength(L)
    操作结果:返回线性表L中的元素个数,即线性表长度。
    参数说明:线性表L已存在。
GetElem(L,i,&e)
    操作结果:将线性表L中位序为i的元素通过参数e返回。
    参数说明:线性表L已存在,且1≤i≤ListLength(L)。
LocateItem(L,e)
    操作结果:返回线性表L中首个e元素的位序。若不存在e则返回值为0。
    参数说明:线性表L已存在。
PriorElem(L,cur_e,&pre_e)
    操作结果:若cur_e非线性表L的第一个元素,则将pre_e赋值为cur_e的直接前驱元素,同时返回
             TRUE;否则返回FALSE。
    参数说明:线性表L已存在。
NextElem(L,cur_e,&next_e)
    操作结果:若cur_e非线性表L的最后一个元素,则将next_e赋值为cur_e的直接后继元素,同时返
             回TRUE;否则返回FALSE。
    参数说明:线性表L已存在。
```

```
ListInsert(&L,i,e)
    操作结果:在线性表 L 中位序为 i 的元素前面插入元素 e,线性表长度增加 1。
    参数说明:线性表 L 已存在,且 1≤i≤ListLength(L)+1。
ListDelete(&L,i,&e)
    操作结果:删除线性表 L 中位序为 i 的元素,并将其值通过 e 返回,线性表长度减少 1。
    参数说明:线性表 L 已存在,且 1≤i≤ListLength(L)。
ListTravers(L)
    操作结果:按元素的位序依次输出线性表 L 中的所有元素。
    参数说明:线性表 L 已存在。
}end ADT List
```

上述线性表 ADT 描述中的操作仅仅是一种抽象的描述,并没有涉及具体的存储结构和高级语言的实现。当我们用具体的高级语言如 Pascal、C++ 等来表示线性表的存储结构时,相应地,上述操作也就都可以使用对应的高级语言来实现了。这些基本操作一般可以用于研究算法或构建更复杂的操作,因为针对具体的应用有时需要更多的复杂操作。通过对这些基本操作的调用,我们可以避开数据结构的实现细节,集中主要精力面向应用逻辑,展开深入的讨论和研究。

例 2.4 利用两个线性表 La 和 Lb 分别表示两个集合 A 和 B,求集合 $A = A \cup B$。例如 La=(2,3,5,8),Lb=(4,6,8,10),则结果为(2,3,5,8,4,6,10)。

从线性表角度描述这个问题:把线性表 Lb 中存在而 La 中没有的元素插入到 La 中。由于集合内元素是没有顺序之分的,因此可以插在任意位置。我们这里选择插在最后一个元素后面。这个问题我们可以使用线性表 ADT 的基本操作来实现,而不必关注线性表具体存储是怎么实现的。具体算法步骤如下(算法 2.1):

(1) 取 Lb 中一个元素并从 Lb 中删除;

(2) 在 La 中查询有没有该元素;

(3) 若 La 中不存在该元素,则将该元素插入到 La 中;

(4) 重复(1)～(3)步骤直到 Lb 为空,销毁 Lb。

算法 2.1

```
void union(List &La,List &Lb)
{
    La_len=ListLength(La);          //求 La 的长度
    while(!ListEmpty(Lb)) {         //循环处理 Lb 中的元素
        ListDelete(Lb,1,e);         //删除 Lb 中第一个元素并赋予 e
        If(!LocateItem(La,e))ListInsert(La,++La_len,e);
                                    //若 e 不在 La 中则插入 La 的最后一个元素后面
    }//end while
    DestroyList(Lb);
}//end unoin
```

例 2.5　利用两个线性表 La 和 Lb 分别表示两个集合 A 和 B，求一个新的集合 $A = A - B$。

该例与前例类似，从线性表角度描述这个问题可以描述为：把线性表 Lb 中存在且在 La 中也存在的元素从 La 中删除。具体操作步骤如下：

(1) 取 Lb 中一个元素并从 Lb 中删除；

(2) 在 La 中查询有没有该元素；

(3) 若 La 中存在该元素，则将该元素从 La 中删除；

(4) 重复(1)～(3)直到 Lb 为空，销毁 Lb。

算法 2.2

```
void  minus(List &La,List &Lb)
{
    while(!ListEmpty(Lb)) {     //循环处理 Lb 中的元素
      ListDelete(Lb,1,e);       //删除 Lb 中第一个元素并赋予 e
      If((i = LocateItem(La,e))! = 0)ListDelete(La,i,e);
                                //若 e 在 La 中则从 La 中删除
    }//end while
    DestroyList(Lb);
}//end minus
```

2.2　线性表的顺序表示

前一节介绍了线性表的逻辑结构是一种线性的结构，表中的元素通过相对位置来确定其相互之间的关系。那么线性表如何在存储器中存储呢？这就是线性表的物理结构(或称存储结构)了。大多数数据结构的存储一般都考虑两种方式：顺序存储和链式存储。所谓顺序存储就是在存储器一块连续的区域中把元素按照存储器单元的自然次序一一存放，借助于存储器单元的连续性来体现元素之间的逻辑关系。这样存储的结果就是元素的逻辑位置和物理位置是保持一致的。而链式(链接)存储则是利用指针链接来反映元素之间的逻辑关系，这时元素的逻辑位置和物理位置就未必一致了。下面分别介绍这两种存储方式。

2.2.1　顺序表

使用顺序的存储方式来实现的线性表，就称为顺序线性表，简称顺序表。这种方式使用一组地址连续的存储单元来存储线性表的元素。在 C 语言中的一维数组正是这样的一组地址连续的存储区域。例如数组 elem[n]可以用来存储 n 个元素的线性表。elem[0]存储位序为 1 的元素，elem[1]存储位序为 2 的元素，……，elem[$n-1$]存储位序为 n 的元素。有时在 elem[0]用来存储其他信息,并不用来存储线性表的元素,这样线性表的位序就可以和数组下标相等了。本书中 elem[0]也用来存储数据元素,这样位序 $i=j+1(j=0,1,2,\cdots,n-1,j$ 为数组下标)。

由于数组在建立时并不能预知将来可能存储的元素是多少,所以在创建数组时一般只能根据估算设定数组的规模。此外,由于线性表中当前的元素是可以增删的,其个数也就是线性表的长度是不定的(图 2.1)。因此数组的长度和线性表的长度是两个不同的概念,当前线性表的长度总是应该小于数组长度的。故线性表的顺序表示如下:

```
#define LIST_INIT_SIZE  100
#define LIST_INC_SIZE  20
    typedef struct{
      ElemType   *elem;      //数据元素类型的指针
      int   listsize;        //线性表分配的初始数组长度(单位:ElemType)
      int   length;          //线性表的长度
    }SqList;
```

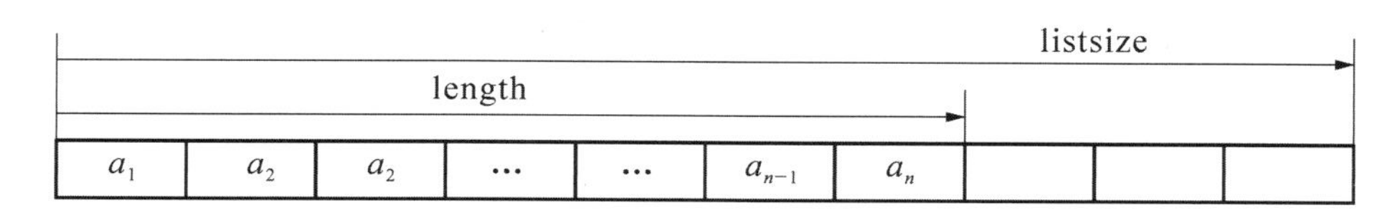

图 2.1　线性顺序表的存储映像示意图

上述定义中,ElemType 元素类型,在不同的应用中元素类型可以有不同的定义。例如在例 2.1、例 2.2 中 ElemType 是 char 型,在例 2.3 学生基本信息表中 ElemType 则应该是一个结构体,该结构包括学号、姓名和性别等。

2.2.2　顺序表的基本操作实现

当确定了线性表的顺序存储方式后,就可以很容易实现上一节中提到的线性表的基本操作了。在实现顺序表的过程中,要注意到两个特点:一是顺序表的长度由 length 给出;另一个是顺序表的元素位序 $i=j+1(j=0,1,2,\cdots,n-1,j$ 为数组 elem 的下标)。下面给出顺序表部分基本操作的实现。

1. 顺序表的初始化 InitList_sq

顺序表的初始化主要是为结构 Sqlist 分配空间。为了有效利用内存资源,一般采用动态地为顺序表的数组分配存储区域,InitList 和 DestroyList 正是实现动态分配和销毁的两个基本操作。初始化顺序表除了要给 elem 指针分配内存,还需要给 listsize 和 length 赋值,可以在 msize 参数中指定,也可以采用缺省值 LIST_INIT_SIZE。

算法 2.3

```
void InitList_sq(SqList &L,int msize=LIST_INIT_SIZE)
{                                      //构造一个容量是 msize 的顺序表 L
    L.elem=new ElemType[msize];        //为 elem 指针动态分配长度为 msize 的数组
    L.listsize=msize;                  //顺序表的最大容量
    L.length=0;                        //顺序表初始长度为 0
}//end InitList_sq
```

2. 顺序表的销毁操作 DestroyList_sq

顺序表的销毁操作和初始化操作相对应，释放已经分配的内存空间。在某些应用中如果线性表特别庞大，不再使用后应及时在程序中销毁。

算法 2.4

```
void DestroyList_sq(SqList &L)
{                           //销毁顺序表 L
    delete [] L.elem;       //释放数组空间
    L.length=0;
    L.listsize=0;
}// end DestroyList_sq
```

3. 检测线性表空、满和获取长度 ListEmpty/ListFull/ListLength

这几个操作都和 length 这个结构体成员有关。ListEmpty 通过检查 length 是否为 0 来判断顺序表是否为空；ListFull 通过检查 length 是否和 listsize 相等来判断顺序表是否满了；ListLength 则直接返回 length。

算法 2.5

```
bool ListEmpty_sq(SqList L)
{//判断 L 是否空
    return (L.lenth==0);
}//end ListEmpty_sq
```

算法 2.6

```
bool ListFull_sq(SqList L)
{//判断 L 是否满
    return (L.lenth==L.listsize);
}// end ListFull_sq
```

算法 2.7

```
int ListLength_sq(SqList L)
{//返回顺序表 L 的长度
    return L.lenth;
}// end ListLength_sq
```

4. 查找和获取元素 LocateItem/GetItem

这两个操作都和查找元素有关。LocateItem 是已知某个元素的值，在顺序表中查找第一次出现该元素的位置。如果存在则返回位序，如果不存在则返回 0。而 GetItem 则是已知元素的位序，从顺序表中获取该元素的值。

算法 2.8

```
int LocateItem_sq(SqList L,ElemType e)
{//在顺序表 L 中查找第一个值为 e 的元素，若找到则返回位序，否则返回 0
    for(i=1;i<=L.length;i++)        //依次查找每个元素
      if(L.elem[i-1]==e)return i;   //找到位序为 i 的元素
    return 0;                       //没有找到值为 e 的元素
}// end LocateItem_sq
```

算法 2.9

```
void GetItem_sq(SqList L,int i,ElemType &e)
{//将顺序表 L 中位序为 i 的元素值赋予 e
    e=L.elem[i-1];
}// end GetItem_sq
```

5. 插入元素 ListInsert

顺序表的插入操作是一个相对比较复杂的操作。当在顺序表 L 中位序为 i 的元素（即 L.elem[$i-1$]）前插入一个新的元素 e 时，需要将 L.elem[L.length-1]至 L.elem[$i-1$]所有元素都向后移动一个单元。很显然，在插入之前顺序表不能是满状态，至少需要有一个空位置，否则就需要重新为顺序表分配更大的空间。例如在顺序表 L(6,9,11,20,40,48,52,69)中第 5 个元素前插入 25,25 插入后就变成 elem[4]。如图 2.2 所示。

算法 2.10

```
void ListInsert_sq(SqList &L,int i,ElemType e)
{//在顺序表 L 中位序为 i 的元素前插入一个新的元素 e
 //如果在插入之前顺序表已经处于满状态，则需要先增加顺序表容量
 //同时需要考虑 i 的合法性
  if(i<1||i>L.length+1){ErrorMsg("i 值非法！");return;}
  if(L.length==L.listsize)Increment(L);   //当前 L 已满
```

```
    for(j=L.length-1;j>=i-1;j--)          //由后往前逐个后移元素
      L.elem[j+1]=L.elem[j];
    L.elem[i-1]=e;                        //在 L.elem[i-1]放入 e
    ++L.length;
}// end ListInsert_sq
```

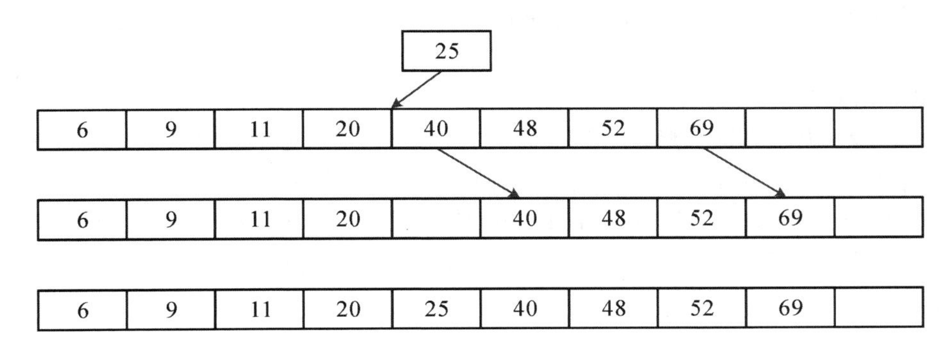

图2.2 顺序表插入示意图

上面的算法中调用了 Increment 方法,该方法用来增加顺序表的容量,由于数组不一定能在原区域基础上扩大,所以必须重新为顺序表分配更大的存储空间,并把原来的数据元素复制过去(C 语言中 realloc 函数也实现了类似功能),如算法2.11所示。在上面的算法中还用到了 ErrorMsg 方法,这是一个错误处理函数,一个完整的算法应该有针对各种异常情况的处理能力,即容错性。该函数仅调用了简单的 IO 函数将错误信息显示给用户,如 C 中的 printf 或者 C++ 中的 cout 等。本书后续章节均使用 ErrorMsg 作为错误处理函数,不再说明。

算法2.11

```
#define LIST_INC_SIZE 20
void Increment(SqList &L,int inc_size=LIST_INC_SIZE)
{   //增加顺序表 L 的容量为 listsize+inc_size
    ElemType *a;
    a=new ElemType[L.listsize+inc_size];  //给 a 指针动态分配内存
    if(!a){ErrorMsg("分配内存错误!");return;}
    for(i=0;i<L.length;i++)a[i]=L.elem[i];
                                          //将原数组的元素复制到新数组
    delete [] L.elem;                     //释放原数组空间
    L.elem=a;                             //将新的数组赋予顺序表的指针
    L.listsize+=inc_size;                 //顺序表的容量增加 inc_size
}// end Increment
```

通过上面的算法我们可以看出,顺序表的插入操作与插入点有关。长度为 n 的顺序表中,如果插入位置为 $n+1$,那么元素移动的次数是0;如果插入位置是1,那么元素移动的次数是 n。一般地,如果插入的位置是 i,则元素移动的次数是 $n+1-i$。

如果考虑在所有位置插入的概率相同，那么每个位置插入的概率都是$1/(n+1)$，这样在等概率情况下顺序表插入元素的平均移动次数是

$$E_{\text{in}} = \sum_{i=n+1}^{1} P_i C_i = \frac{1}{n+1} \sum_{i=n+1}^{1} (n+1-i) = \frac{1}{n+1} \frac{n(n+1)}{2} = \frac{n}{2} \tag{2.2}$$

因此顺序表插入元素的时间复杂度为 $O(n)$。此外，顺序表的扩容也相当耗费时间，需要将所有的元素都移动一次。所以我们在设计顺序表时尽量一次分配好空间，以避免频繁地动态增加容量。

6. 删除元素 ListDelete

和插入元素相反，删除顺序表中位序为 i 的元素的时候，需要将之后的所有元素均向前移动一个单元，以保证顺序表在存储空间上的连续性。当删除顺序表 L 中位序为 i 的元素（即 L.elem[$i-1$]）时，需要将 L.elem[L.length − 1]至 L.elem[i]所有元素均向前移动一个单元。例如在顺序表 L(6,9,11,20,25,40,48,52,69)中删除第 6 个元素，则元素移动情况如图 2.3 所示。

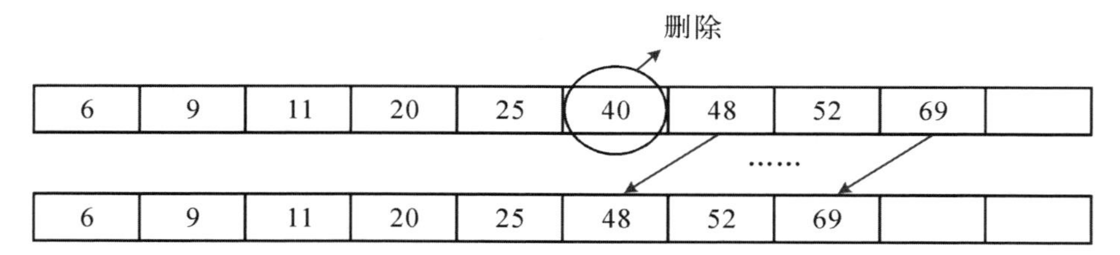

图 2.3 顺序表删除示意图

算法 2.12

```
void ListDelete_sq(SqList &L,int i,ElemType &e)
{//从顺序表 L 中删除位序为 i 的元素并把值赋予 e
    if(i<1||i>L.length){ErrorMsg("i 值非法！");return;}
    e = L.elem[i - 1];                          //保存 L.elem[i - 1]到 e
    for(j = i;j< = L.length - 1;j ++ )          //由前往后逐个前移元素
      L.elem[j - 1] = L.elem[j];
    L.length -- ;
}// end ListDelete_sq
```

通过上面的算法可以看出，顺序表的删除操作也和被删除元素的位置有关。在长度为 n 的顺序表中，若删除位序为 n，则元素移动的次数是 0；若删除位序为 1，则元素移动的次数是 $n-1$。一般地，若删除元素位序是 i，则元素移动的次数是 $n-i$。

若假设删除每个位置元素的概率相同，那么删除每个位置元素的概率都是$1/n$，这样在等概率情况下顺序表删除元素的平均移动次数是

$$E_{\text{del}} = \sum_{i=1}^{n} P_i C_i = \frac{1}{n} \sum_{i=1}^{n} (n-i) = \frac{1}{n} \frac{n(n-1)}{2} = \frac{n-1}{2} \tag{2.3}$$

因此顺序表删除元素的时间复杂度也是 $O(n)$。由式(2.2)和式(2.3)可以看出，顺序

表的插入和删除平均都要移动约一半数量的元素。当顺序表的长度非常大时，这个时间的消耗还是不容忽视的，这也是顺序存储的一大缺陷。这个缺陷正是由于顺序表需要依靠内存的连续性来反映元素之间的逻辑关系而造成的。因此顺序表常常用于那些无需频繁插入和删除元素的应用。

2.2.3 顺序表应用举例

在线性表的顺序存储方式下，再回看例 2.4 中集合的并操作。在算法 2.1 中并没有涉及线性表的存储，只是利用了线性表的抽象操作来完成了具体的应用。下面的算法 2.13 则是完全针对顺序存储用 C 语言来实现的。在实际的应用中我们是不建议使用算法 2.13 的方式来实现的，因为这样的算法实际是把应用的业务逻辑和基本抽象操作的实现掺和到一起。它既考虑了应用的业务逻辑，也给出了顺序存储方式下一些基本操作的实现，如 LocateItem、ListInsert 等，而且针对具体的应用把这些操作的实现做了修改，如这里的 ListInsert 仅考虑在线性表的最后插入一元素。

例 2.6 利用两个顺序表 La 和 Lb 分别表示两个集合 A 和 B，求集合 $A=A\cup B$。

算法 2.13

```
void Union_sq(SqList &La,SqList &Lb)
{//实现顺序表 La 和 Lb 所表示的集合的并,结果放在 La,销毁 Lb
    for(i = 0;i<Lb.length;i++){                    //逐个处理 Lb 的元素
      e = Lb.elem[i];                              //取 Lb 中第 i 个元素
      j = 0;
      while(j<La.length&&La.elem[j]! = e) ++j;     //在 La 中查找 e
      if(j == La.length){                          //La 中没有找到 e
        La.elem[La.length] = e;                    //e 插入到 La 的最后
        La.length++;                               //La 长度增加 1
      }//end if
    }//end for
    delete [] Lb.elem;                             //释放 Lb 内存
    Lb.length = 0;Lb.listsize = 0;
}// end Union_sq
```

2.3 线性表的链式表示

如前所述，顺序表的插入和删除平均都要移动约一半的元素。当顺序表的长度非常大时，这个时间的消耗还是不容忽视的，因此顺序表常常用于那些无需频繁插入和删除元素的应用。那么对于需要频繁插入和删除的线性表采用什么样的存储方式呢？本节将介绍另一种存储表示方法——链式存储方法。链式存储不再依靠内存的连续性来反映元素之间的逻辑关系，而是通过指针链接来体现元素之间的逻辑关系。使用链式存储的方式实现的线性表称为**链表**。链表避开了顺序表所要求的存储必须连续的弱点，但也失去了顺序表按位序随机存取任一个元素的优点。

2.3.1 单链表

顺序表是用一组连续的存储单元来存储元素，存储单元的相邻关系体现了元素之间的序偶关系，因此每个存储单元仅仅存储数据元素本身。而链表则无需连续的存储单元来存储数据元素，因此每个存储单元除了要存储数据元素本身外，还需要存储一个指示其后继元素的信息——指针。这两部分信息构成一个**结点**。结点中表示数据元素的域称为**数据域**，指向后继元素存储位置的域称为**指针域**。链表的这种存储结构使得链表无需像顺序表那样预先分配好所有的存储空间，而是在插入一个新元素时临时为新的元素分配空间。本节介绍的链表只包含一个指针域，区别于后面介绍的多指针域，称之为**单链表**。单链表的存储结构用 C 语言表示如下：

```
typedef struct LNode{
    ElemType  data;
    struct LNode * next;
}LNode, * LinkList;              //LinkList 就可以用来表示一个单链表
```

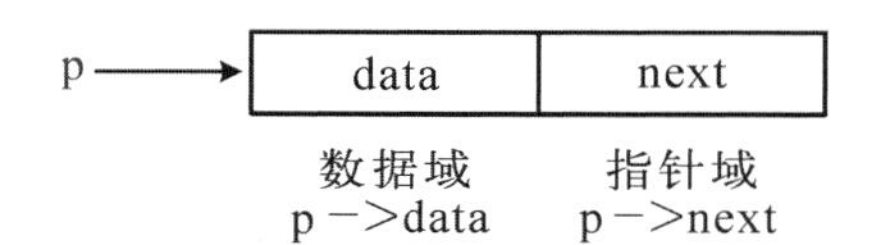

图 2.4　单链表结点示意图

图 2.4 给出了一个结点的示意图，图中 p 是一个指向 LNode 类型的指针变量。如果一个指针指向一个结点，那么就可以通过 p->data 来访问该结点的数据域，通过 p->next 访问该结点的指针域。

由于 p->next 也是一个指针，其指向当前结点的下一个结点，因此通过 p->next->data 就可以访问下一结点的数据域。以此类推，从第一个结点开始就可以依次访问到链表中的所有结点。

图 2.5 给出了一个单链表 H 的逻辑结构示意图。图中 H 是一个 LNode 型指针变量，指向链表的第一个结点，称为头指针。最后一个结点因其没有后继结点，其指针域是一个空指针 NULL，一般用“∧”表示。

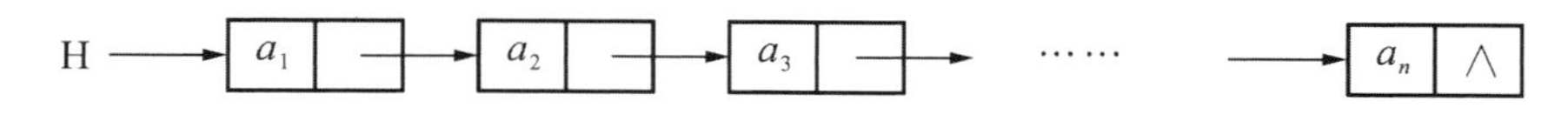

图 2.5　单链表结构示意图

此外，常常会在第一个结点之前附加一个“头结点”，令头指针指向它，头结点不存放任何数据元素，而线性表第一个元素所在的结点则称为“首元结点”(图 2.6)。

在介绍链表的操作前，先简单回顾一下 C 语言中有关指针的操作。根据上述 LNode 结构的定义，LNode 是一个自定义数据类型。我们可以这样来定义 LNode 类型的指针变量：

LNode　*p，*q；

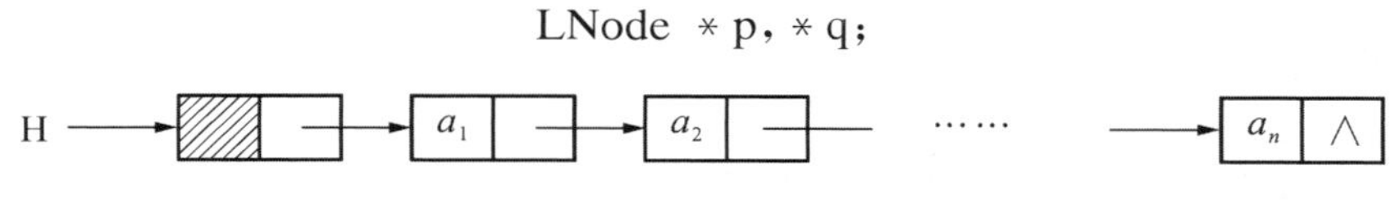

图 2.6　带头结点的单链表结构示意图

因 LinkList 被定义为 LNode 类型的指针，下面的定义是等价的：

LinkList p,q;

需要注意一下运算符“－>”和“.”的区别：“－>”是指向运算符，用于访问指针所指结构体变量中的成员；而“.”是成员运算符，用于访问结构体变量的成员。如下面的变量定义：

LNode　*p,q;

那么在完成相应的内存分配后，要访问变量的数据域应该使用下面的操作符：p－>data 或 q.data。当然使用下面的方式访问也可以：(*p).data 或(&q)－>data。

在 C 语言中为一个指针分配内存的语法为

p＝(LNode　*)malloc(sizeof(LNode))；

其对应的释放内存语法为

free(p)；

在 C++ 中的分配内存的语法是

p＝new LNode；

对应的释放内存语法为

delete p；

本书后续章节均采用 C++ 的分配存储方法，略显简洁。在链表的操作中，经常会用到关于指针的各种操作，归纳起来有图 2.7 所示的几种。

操作内容及语句	操作前	操作后
指针指向结点 p＝q	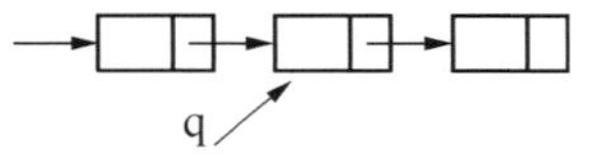 q	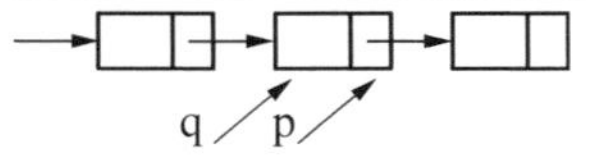 q p
指针指向后继 p＝q－>next	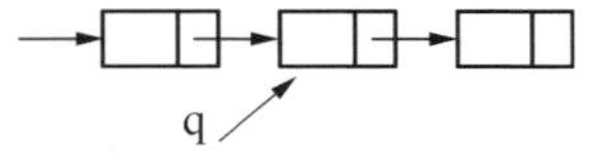 q	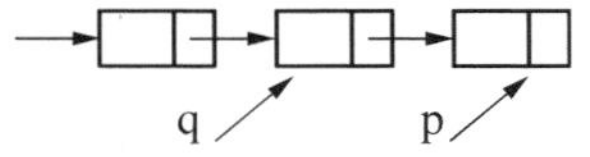 q p
指针向后移动 p＝p－>next	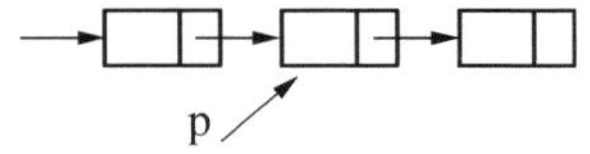 p	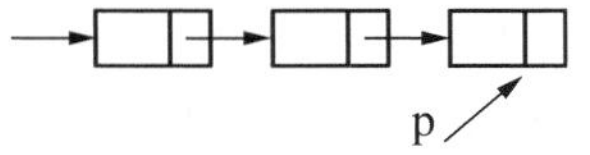 p
指针改链接 p－>next＝q	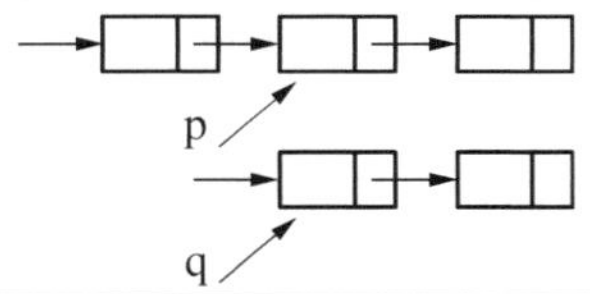 p q	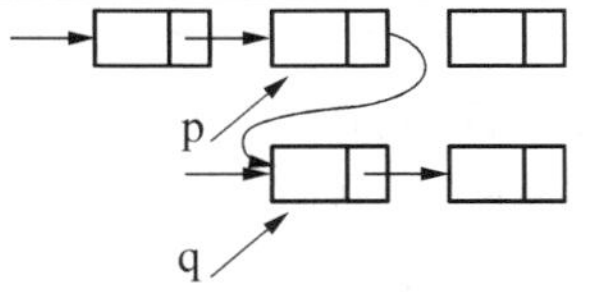 p q
指针改接后继 p－>next＝q－>next	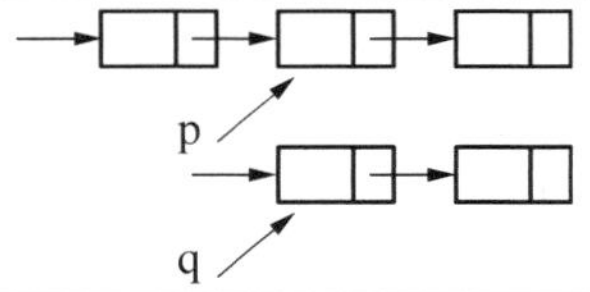 p q	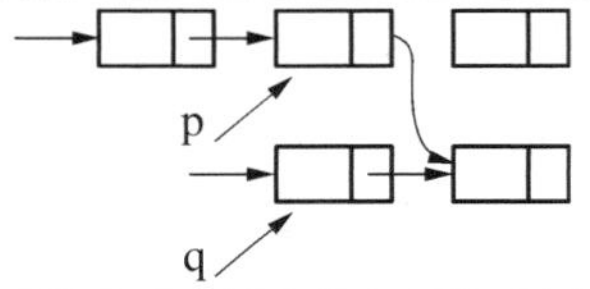 p q

图 2.7　指针相关操作示意图

2.3.2 单链表的基本操作

使用单链表存储方式来实现线性表时，其基本操作如下：

1. 初始化 InitList_L

单链表的初始化操作很简单，由于链表不需要像顺序表那样预先分配所有的空间，因此链表的初始化只需要定义一个空指针(算法 2.14)。

算法 2.14

```
void InitList_L(LinkList &L)
{//初始化链表 L
    L = NULL;
}//end InitList_L
```

2. 求链表长度 ListLength_L

和顺序表不同，单链表的长度获取相对复杂些。由于链表没有一个专门的属性来表示链表的元素个数，因此需要采取逐个遍历计数的方法来实现(算法 2.15)。

算法 2.15

```
int ListLength_L(LinkList L)
{//求链表 L 的长度
    p = L;k = 0;
    while(p){
      k++;p = p->next;
    }//while
    return k;
}//end ListLength_L
```

上述算法中，k 初值为 0，当 L 是 NULL 时，不进入循环体，函数直接返回 0；若 L 不空，则令指针变量 p = L，指针 p 不断向后移动扫描整个链表，每经过一个结点 k 加 1，直到 p 为 NULL 为止，此时 p 为最后一个结点的 next 值。因此此时 k 值即链表的长度。可以看出链表求长度的算法扫描了每个结点，因此算法复杂度为 $O(n)$，n 为结点数。

3. 链表查找元素 LocateItem_L

链表的查找和顺序表的查找很相似，但也有不同之处。相似之处是均从第一个元素开始逐一比较，直至发现要找的元素。不同之处是找到元素后不是返回位序，而是返回该结点的指针，如果找不到，则返回 NULL 指针。虽然也可以通过类似 ListLength 的方法返回该结点的位序，但由于链表中无法直接访某位序的结点，因此返回指向结点的指针(地址)更加实用。此外，链表不能像顺序表那样已知长度，直接 for 循环“线性表长度”次，链表是以指针变量指向 NULL 为遍历结束条件的。

算法 2.16

```
LNode * LocateItem_L(LinkList L,ElemType e)
{//在链表 L 中查找元素 e
    p=L;
    while(p&&p->data!=e)p=p->next;
    return p;
}//end LocateItem_L
```

可以看出,查找元素和求长度差不多,都需要逐个遍历元素,不同的是查找不一定遍历完所有的元素,当发现第一个 e 元素后就返回了。根据前面对顺序表的分析,不难得出,在等概率的条件下,链表查找元素平均比较的次数是$(n+1)/2$,因此其时间复杂度也是$O(n)$。

4. 链表插入元素 ListInsert_L

由于链表并不依靠存储区域的连续性来体现元素之间的逻辑序偶关系,而是通过指针链接来体现元素的逻辑关系。因此当我们在链表中插入元素时就不需要移动元素来保持存储的连续性,而是增加一个新的结点,然后通过修改相应的指针来实现逻辑上把该元素插入链表。此外由于位序的概念在链表中很不方便使用,因此我们插入时不再以位序作为参数,而是直接以某个结点的指针作为参数,将结点插在它的前面或后面。

在讨论顺序表插入元素时,待插元素总是插在位序为 i 的元素前面,其实插在位序为 i 的元素前面或后面对于顺序表而言操作几乎是同样的,只是移动的元素少了一个而已。但对于链表而言,则差别很大。

看下面的例子。假设 s 是指向待插入结点的指针,p 是链表中某个结点的指针,现把 s 指向的结点插在 p 所指结点的后面,称之为**后插**。插入前后如图 2.8 所示。

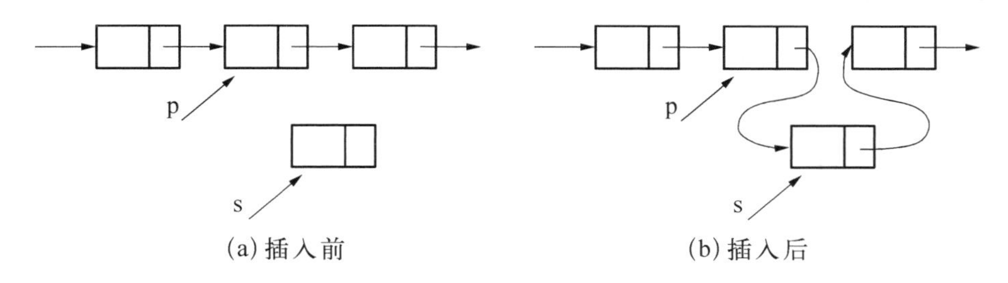

图 2.8 链表后插示意图

图 2.8 中的后插操作主要包括下面的两个指针操作,这两个操作次序是不可以颠倒的,否则在 p->next 被赋值为 s 后,p 原来的后继结点将无法再被访问。

```
s->next=p->next;    //s 的后继置为 p 的原后继
p->next=s;          //p 的后继置为 s
```

下面考虑将 s 插在 p 的前面的情形,称之为前插。要使 s 插在 p 的前面,必须使 p 的原前驱的指针指向 s,s 的指针指向 p。但从已知的 p 指针是无法获得其前驱地址的,因此必须从链表的头指针开始寻找 p 的前驱,找到 p 的前驱(假设为 q 指针所指结点)后便可以按照前述后插的方法将 s 插在 q 的后面了(图 2.9)。

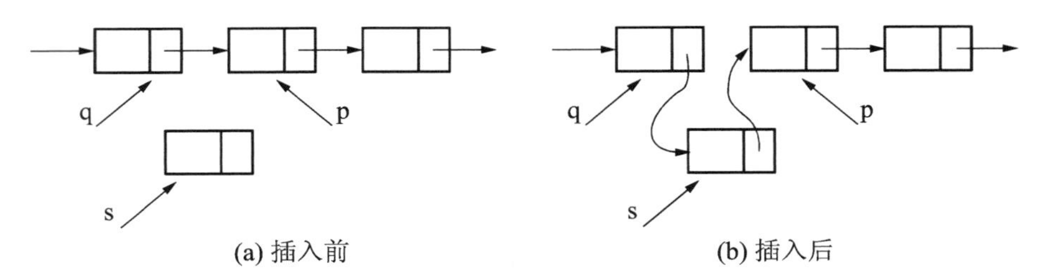

图 2.9 链表前插示意图

q->next=s; //p 的原前驱的后继置为 s

s->next=p; //s 的后继置为 p

由此可见,前插操作比后插操作要复杂,复杂主要体现在要寻找给定结点 p 的前驱。寻找的过程是从头指针开始,逐个比较其后继是否为 p。这里要考虑一个特例,若 p 是第一个结点,那么其不存在前驱,这时 s 插在 p 前面将变成第一个结点。这种情况其实只需要直接修改头指针指向 s 即可。如果设置一个头结点,则不需要考虑这个特例了,这也是很多应用设计带头结点链表的原因。算法 2.17 给出了对不同情况的具体处理。

算法 2.17

```
void ListInsert_L(LinkList &L,LNode *p,LNode *s)
{//在单链表 L 中,在 p 所指结点前插入 s 所指的结点
    if(p==L){                                   //p 是第一个结点
        s->next=L;
        L=s;
    }//end if
    else {                                      //p 不是第一个结点
        q=L;
        while(q&&q->next!=p)q=q->next;         //q 逐个后移,找到后继是 p 的结点
        if(q){q->next=s;s->next=p;}            //在 p 前插入 s
        else ErrorMsg("p 不是 L 中的结点");      //q 为空说明 p 不是 L 中的结点
    }//end else
}//end ListInsert_L
```

链表的插入操作中,后插比较简单,和表长度无关,因此其时间复杂度为 $O(1)$;而前插操作需要从链表的表头开始逐个比较查找前驱,根据前述分析,各个插入点等概率条件下平均比较的次数大约是 $n/2$,所以其时间复杂度为 $O(n)$,其中 n 为链表长度。另外前插也可以这样来考虑:首先把 s 后插在 p 后面,然后交换两个指针的数据域,这样也实现了 s 的前插,同时可以使得前插的操作时间复杂度达到 $O(1)$。

s->next=p->next; //s 的后继置为 p 的原后继

p->next=s; //p 的后继置为 s

s->data←→ p->data //交换 s 和 p 的数据域

5. 链表删除结点 ListDelete_L

和链表的插入结点类似，链表删除结点也不需要像顺序表那样移动元素，只需要修改相应的指针就可以实现。由于修改的指针涉及前驱结点，因此也需要像前插那样寻找待删除结点的前驱，当然如果链表没有头结点也同样要考虑 p 没有前驱的特例。假设 p 指针所指结点是待删除结点，q 是需要寻找的 p 的前驱，那么所需要修改的指针就是把 q 的后继直接指向 p 的后继(图 2.10)，即

q－>next＝p－>next

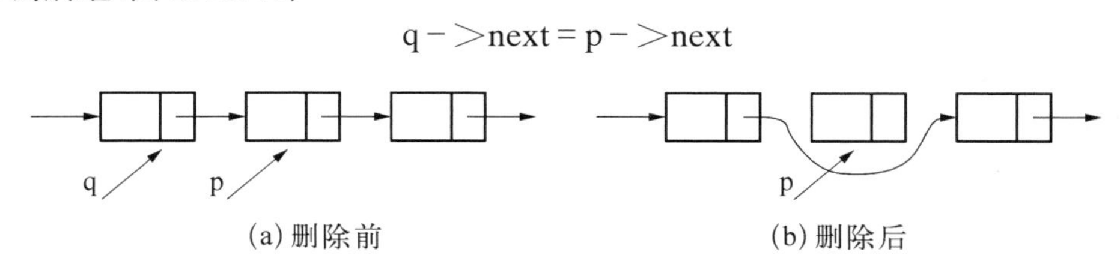

图 2.10 链表删除结点示意图

因链表的结点是插入时动态分配的内存，故在删除结点时也需要释放相应的内存空间，被删除结点的元素值通过参数 e 返回(算法 2.18)。

算法 2.18

```
void ListDelete_L(LinkList &L,LNode *p,ElemType &e)
{//在链表 L 中，删除 p 所指结点
    if(p==L)L=p->next;                      //p 是第一个结点
    else {                                  //p 不是第一个结点
        q=L;
        while(q&&q->next!=p)q=q->next;      //q 逐个后移，找到后继是 p 的结点
        if(q)q->next=p->next;               //使 p 的原前驱直接指向 p 的后继
        else ErrorMsg("p 不是 L 中的结点");   //q 空说明 p 不是 L 中的结点
    }//else
    e=p->data;delete p;                     //保存被删除的元素值，释放结点空间
}//end ListDelete_L
```

和链表的插入操作类似，链表的删除操作也需要从链表头指针开始逐个查找待删除结点的前驱，删除第一个结点比较的次数最少，删除最后一个结点比较的次数最多。各个结点等概率的情况下平均查找比较的次数大约是 $n/2$。因此链表删除操作的时间复杂度也是$O(n)$。

2.3.3 单链表的应用

现依然考虑前面章节中两个集合并的问题。使用单链表的存储方式来看看如何解决例 2.4 的问题。

由于链表在删除结点时，删除第一个结点查询的次数最少，因此从 Lb 中删除结点时选择删除第一个结点效率最高。在 La 中插入结点时，也是插在第一个结点前最快，但由于在

La 中查找某元素是否存在时已经遍历了 La，因此也可以考虑把新增加的元素链接在链表的最后。具体如算法 2.19 所示。

例 2.7 利用两个单链表 La 和 Lb 分别表示两个集合 A 和 B，求集合 $A=A\cup B$。

算法 2.19

```
void Union_L(LinkList &La,LinkList &Lb)
{//将链表 La 中不存在的 Lb 中元素结点插到 La 中，插在最后一个结点的后面
    if(!La){La = Lb;return;}           //La 为空，Lb 直接赋值给 La
    while(Lb){                         //Lb 还有结点没有处理
        s = Lb;Lb = Lb->next;          //Lb 中删除第一个结点，指针赋予 s
        p = La;
        while(p&&p->data! = s->data){  //在 La 中查找值和 s 结点相等的结点
            pre = p;                   //保存前一个结点指针在 pre
            p = p->next;
        }//while
        if(p) delete s;                //La 中存在相同的元素，直接删除 s
        else {pre->next = s;s->next = NULL;}
                                       //把 s 链接在 La 的最后一个元素后面
    }//while
}//end Union_L
```

上述算法中对 La 的空表检测不可少，否则会导致下面的 pre 为空指针而访问 pre->next。这个算法还可以做一些优化，例如按照集合的概念 Lb 内部不应该有元素相等的两个结点，那么这些结点在插入 La 后就不需要再和后来插入的 Lb 中的结点比较了。可以通过设置一个指针指向初始 La 的最后一个结点，这样每次在 La 中查找时查到此结点为止，但这样一来 pre 就无法指向表尾了。因此可以考虑另一个方法，将 Lb 中的元素都前插在 La 的头部，这样我们就需要设置一个指针来保存 La 的原头指针了。当然，如果前插也就无需找到最后一个结点了。以下是相应的算法。

算法 2.20

```
void Union1_L(LinkList &La,LinkList &Lb)
{//将链表 La 中不存在的 Lb 中元素结点插到 La 中，插在 La 的头部
    pa = La;                           //La 的原头指针保存在 pa
    while(Lb){                         //Lb 还有结点没有处理
        s = Lb;Lb = Lb->next;          //Lb 中删除第一个结点，指针赋予 s
        p = pa;                        //仅从 La 的原头指针开始查找
        while(p&&p->data! = s->data)   //在 La 中查找值和 s 结点相等的结点
          p = p->next;
        if(p) delete s;                //La 中存在相同的元素，直接删除 s
        else{s->next = La;La = s;}     //把 s 插在 La 的第一个元素前面
```

```
    }//while
}// end Union1_L
```

2.4 线性结构的深入

在本节将介绍一些线性结构的其他存储方法以及一些应用示例。

2.4.1 循环链表

循环链表是单链表的一种变化形式，把单链表的最后一个结点的 next 指针指向第一个结点，整个链表就成了一个环。这样在环上任意一个结点出发顺着 next 指针都可以遍历整个链表。一般循序链表都会设置一个头结点，并把头指针指向最后一个结点，这样可以做到首尾兼顾，在头部和尾部插入结点都较容易。一个空的循环链表就是一个头结点，结点的 next 指针指向自身(图 2.11)。头指针也指向该头结点。

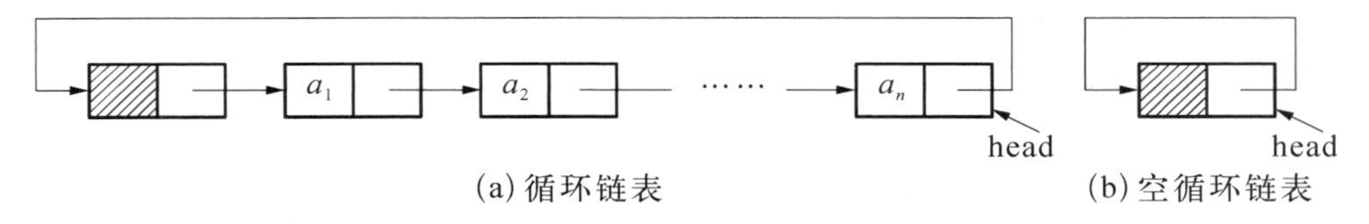

图 2.11 循环链表示意图

循环链表和单链表的方法基本一致，主要是判断链表遍历结束的方法不一样。在单链表中使用 p==NULL 来判断，而在循环链表中则通过 p==head－>next 来判断。循环链表相比于单链表的优点主要体现在表尾插入结点很方便。单链表中要在表尾插入结点必须从头指针开始找到指向最后一个结点的指针，因此时间复杂度为 $O(n)$；而在循环链表中因为头指针指向最后一个结点，因此可以直接插在头指针所指结点的后面，其时间复杂度为 $O(1)$。

2.4.2 双向链表

在前面的讨论中可以看到，无论是链表的前插操作还是删除操作都需要找到某个结点的前驱，而在单链表中访问一个结点的前驱就必须从头指针开始查找，从而导致时间复杂度是 $O(n)$。既然我们可以为每个结点设立一个指向后继的指针，当然也可以设立一个指向前驱的指针，这样在获取一个结点的前驱或后继时就都可以直接访问了。对于这种每个结点设置两个指针分别指向前驱和后继的链表，称为**双向链表**(Double Linked List)。要注意的是，后继指针代表逻辑关系，而前驱指针不代表元素之间的逻辑关系。

和单链表相比，双向链表主要多了一个指针域 prior，其结构的 C 语言描述如下：

```
typedef struct DLNode{
    ElemType  data;
    struct DLNode * prior;
    struct DLNode * next;
}DLNode, * DLinkList;
```

双向链表一般也采用带头结点的循环链表,并且有一个头指针指向头结点,所以称为**双向循环链表**。空的双向循环链表只有一个头结点,并且前驱和后继的指针都指向自身。如图 2.12 所示。

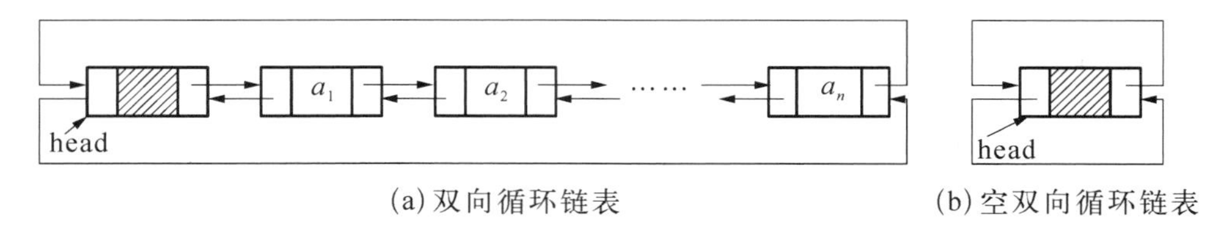

(a) 双向循环链表　　(b) 空双向循环链表

图 2.12　双向循环链表示意图

双向链表的结构极大地方便了链表的前插和删除操作,避免了从头结点开始的查找前驱操作,使原来链表中前插和删除操作的时间复杂度均达到 $O(1)$。图 2.13 和图 2.14 分别给出了链表的前插操作和删除操作示意图。

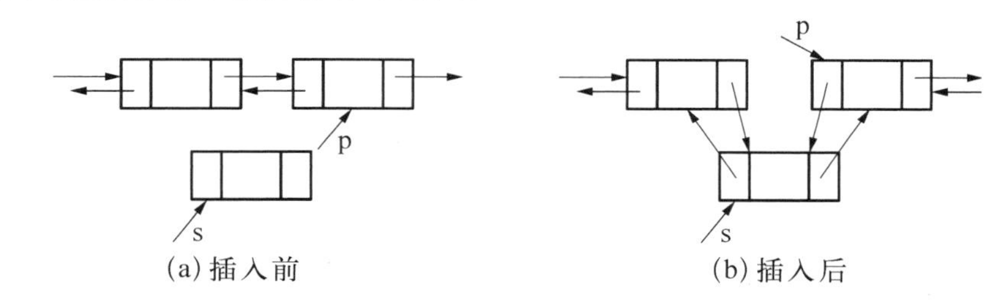

(a) 插入前　　(b) 插入后

图 2.13　双向循环链表前插结点示意图

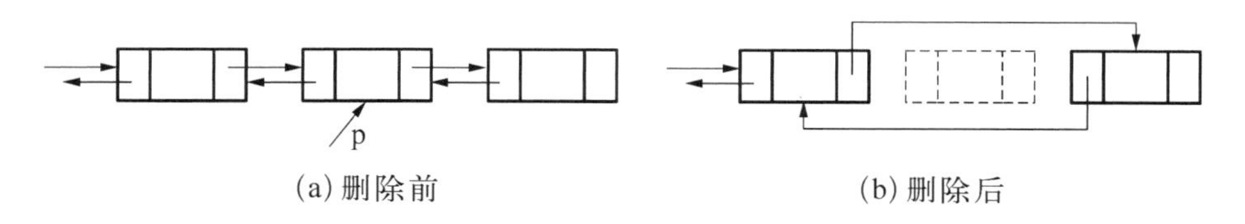

(a) 删除前　　(b) 删除后

图 2.14　双向循环链表删除结点示意图

双向链表中结点插入操作的实现如算法 2.21 所示。

算法 2.21

```
void ListInsert_DL(DLinkList &L,DLNode * p,DLNode * s)
{//在双向循环链表 L 中结点 p 前插入结点 s
```

```
    s->prior=p->prior;
    s->next=p;
    p->prior->next=s;
    p->prior=s;                 //后面两个指针赋值次序不能颠倒
}//end ListInsert_DL
```

双向链表中结点的删除操作的实现如算法 2.22 所示。

算法 2.22

```
void ListDelete_DL(DLinkList &L,DLNode *p,ElemType &e)
{//将双向循环链表 L 中 p 结点删除,并把元素值赋予 e
    e=p->data;
    p->prior->next=p->next;
    p->next->prior=p->prior;
    delete p;
}// end ListDelete_DL
```

上述讨论的循环链表和双向链表都是单链表的一种变化,在实际应用中我们还可以根据应用的实际情况,对链表的结构做有利于应用的针对性变化。例如循环链表有利于快速定位到尾结点;双向链表有利于快速找到前驱;针对链表求长度的困难我们也可以定义一个链表结构,使其一个属性成员为表长,甚至包括尾指针。例如我们可以定义这样一个高级链表类型:

```
typedef struct{
    LinkList head,tail;
    int length;
}AdvLinkList;
```

针对这样的结构存储来看一个例子。

例 2.8 把数组 $A[n]$所表示的顺序表的元素按序创建 AdvLinkList。

如前所述,在单链表中把元素接在表尾是很不方便的,需要从头指针开始查找最后一个结点,然后修改其 next 指针由 NULL 指向待插入的结点,显然其时间复杂度为 $O(n)$。因此单链表的插入经常会选择在表头插入,这样对于本例中要求创建后的元素次序和原顺序表一致,就需要采用逆插的方法:也就是 A 数组的最后一个元素 $A[n-1]$最先插入单链表,接下来 $A[n-2]$插在 $A[n-1]$前面,……,一直到 $A[0]$插在 $A[1]$的前面。

而对于使用 AdvLinkList 存储结构来实现本例就不需要进行逆插了,因为有专门的 tail 指针指向表尾部。因此就可以按照正常的顺序把元素插在链表末端。

算法 2.23

```
void CreateList_AdvL(AdvLinkList &L,ElemType A[],int n)
{//把数组 A[n]的元素按序存储在 AdvLinkList 中
    L.head = L.tail = new LNode; //产生头结点
    L.head->next = NULL;
    L.length = 0;
    for(i = 0;i<= n-1;i++){
      s = new LNode;          //产生新结点
      s->data = A[i];         //新结点赋值
      s->next = NULL;
      L.tail->next = s;       //新结点插在表末端
      L.tail = s;             //tail 指向新结点
      L.length++ ;
    }//for
}//end CreateList_AdvL
```

2.4.3 有序表

线性表中元素之间的逻辑关系是序偶关系。对元素值并没有任何的约束。若在元素值上加以约束,如按照值的大小来依次排列元素,那么很多算法就会得到简化。

如果一个线性表中元素之间可比较大小,并且对于所有的元素都按照非递减或非递增有序排列,即 $a_i \leqslant a_{i+1}$ 或 $a_i \geqslant a_{i+1}(i=1,2,\cdots,n-1)$,那么称该线性表为**有序表**。有序表既可以是顺序存储的,也可以是链式存储的。

有序表的插入操作也有相应限制,插入元素后依然要使元素之间满足有序表的约束关系。因此有序表的插入元素就不能随意给定插入的位置了,而是由其值来决定应该插入的位置。有序表的插入总是需要从线性表的第一个元素开始依次比较其与待插入元素的大小,其时间复杂度和顺序表的前插操作一样为 $O(n)$,但在某些情况下有序表可以表现出很好的特性,如本书后面将要讨论的两分法查找等。

例 2.9 把一个顺序有序表 L 表示的非纯集合(即集合内有相同的元素)进行纯化,把相同的元素删除掉。

这个例子可以借助例 2.4 的思想,把 La 看作空表,Lb 看作现在的 L。这样,仍然是每次从 Lb 中删除一个元素查询其在 La 是否存在,如果没有就插入 La。显然当 Lb 中所有元素都处理完以后,La 就是一个纯化的集合。通过前面的分析很容易得到对于每个 Lb 的元素都需要和已经插入 La 的元素比较,即每个元素的处理时间复杂度是 $O(n)$,因此算法的时间复杂度是 $O(n^2)$。

而本例中因 L 是有序表,所以操作将会大大简化(算法 2.24)。

算法 2.24

```
void Purge(SqList &L)
{//把顺序有序表 L 中相同的元素删除
    i = -1;j = 0;
    while(j<L.length){
      if(j == 0||L.elem[j]! = L.elem[i])
        L.elem[++i] = L.elem[j];
      j++;
    }//while
    L.length = i+1;
}//end Purge
```

由于 L 是有序表，因此如果 L 中有值相同的元素必定是连续的。我们只需要从 L 的第一个元素开始扫描一遍有序表，发现后一个元素和前一个相同就扔弃它，继续考察其后面的元素直至发现值不同的元素才把它复制过来。于是我们可以把 L 看成是顺序表 La 和 Lb 的结合体，La 初始为空，Lb 初始为 L。设置一个变量 i 用来指示 La 最后一个元素的下标，再设置一个变量 j 用来指示当前 Lb 第一个元素的下标。很显然初始时 $i=-1,j=0$。在处理过程中，La 的最大元素总是不大于 Lb 的最小元素。我们只需要比较 La 的最后一个元素和 Lb 的第一个元素以决定该元素是否插入到 La。如果不等则通过 L.elem[++i] = L.elem[j]把 Lb 的第一个元素复制到 La 的最后一个元素后面；否则通过 j++ 扔弃 Lb 的第一个元素。La 最终的元素数应该是 $i+1$。

在这个算法中只扫描了一遍 L，因此时间复杂度是 $O(n)$。而在前述章节介绍的利用顺序表或链表来解决本例的算法复杂度都是 $O(n^2)$。

2.4.4　线性结构的应用示例

例 2.10　设计一个算法，用尽可能少的辅助空间实现顺序表中前 m 个元素和后 n 个元素的整体互换。即把线性表$(a_1,a_2,\cdots,a_m,b_1,b_2,\cdots,b_n)$变为$(b_1,b_2,\cdots,b_n,a_1,a_2,\cdots,a_m)$。

算法 2.25

```
void exchange(SqList &L,int m,int n)
{//实现 L 中前 m 个元素和后 n 个元素的交换
    for(k = 1;k< = n;k++){              //对 b1,b2,…,bn 逐个处理
      w = L.elem[m+k-1];                //移出 bk
      for(j = m+k-1;j> = k;j--)         //a1,a2,…,am 均后移
        L.elem[j] = L.elem[j-1];
      L.elem[k-1] = w;                  //bk 放到 a1 前
    }//for
}//end exchange
```

上面的算法是很容易理解的：把每个 b_k 移动到 a_1 前面，每个 b_k 需要移动 m 次，因此共需要移动 $n*m$ 次，其时间复杂度是 $O(n*m)$。

接下来看看下面的算法 2.26、2.27。

算法 2.26

```
void invert(ElemType &R[],int s,int t)
{//实现数组 R 中从下标 s 到 t 的逆置
    for(k=s;k<=(s+t)/2;k++){
      w=R[k];                          //交换 R[k]和 R[t-k+s]
      R[k]=R[t-k+s];
      R[t-k+s]=w;
    }//for
}//end invert
```

算法 2.27

```
void exchange2(SqList &L,int m,int n)
{
    //利用 invert 实现 L 中前 m 个元素和后 n 个元素的交换
    invert(L.elem,0,m+n-1);
    invert(L.elem,0,n-1);
    invert(L.elem,n,m+n-1);
}//end exchange2
```

算法 2.26 的 invert 实现了把 R[s..t]中的元素进行了反序。这样可以通过三次 invert 的调用实现 L 的前 m 个元素和后 n 个元素的交换。invert 的时间复杂度是 $O(t-s)$，因此三次调用的时间复杂度是 $O(m+n)$。对比前后两种方法的算法复杂度可以看出，代码看似简洁的算法未必是最高效的。

例 2.11 元素值递增的带头结点的单向循环有序链表 La 和 Lb 分别表示两个集合 A 和 B，求表示集合 $A \cup B$ 的有序链表 Lc。

根据集合的定义，Lc 的元素来自于 La 和 Lb 的元素和，相同的元素只取一个。我们用三个指针 pa、pb、rc 分别指向 La、Lb 的当前结点以及 Lc 的最后一个结点。pa 的初值指向 La 的首元结点 pa=La->next->next；pb 的初值指向 Lb 首元结点 pb=Lb->next->next；用 La 的头结点作为 Lc 的头结点，故 rc 的初值指向 rc=La->next。然后每次比较 La 和 Lb 中的最小值结点（显然是 pa、pb 所指），值小的结点加入 rc，若值相同则删掉其中一个，另一个插入 rc。当一个链表处理完以后，直接把另一个链表剩余的部分链入 rc（图 2.15）。

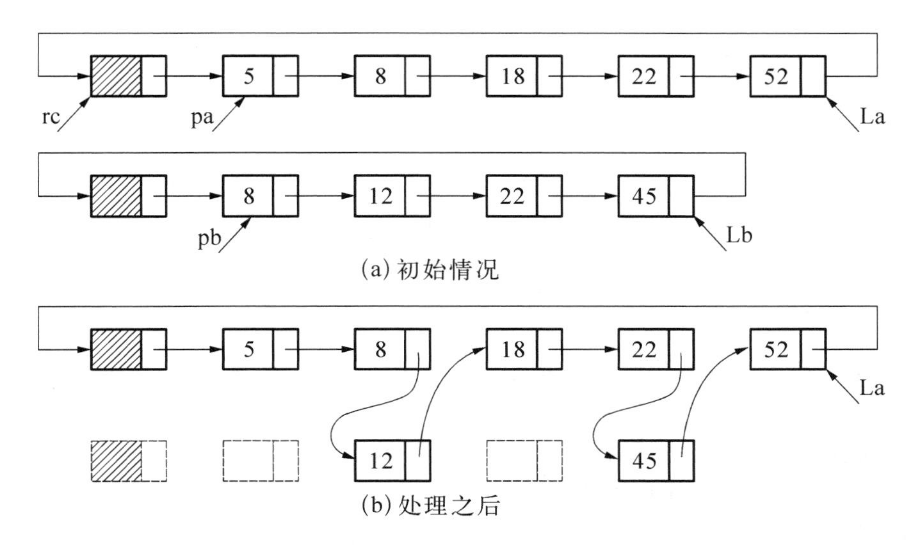

图 2.15 有序链表求并示意图

算法 2.28

```
void union_ord(LinkList &La,linkList &Lb)
{//有序循环链表 La、Lb 表示的集合 A、B,求表示集合 A∪B 的链表 Lc(Lc 利用原 La 的头结点)
    pa = La->next->next;                        //pa、pb、rc 赋初值
    pb = Lb->next->next;
    rc = La->next;
    ha = La->next; hb = Lb->next;               //保留头结点指针
    while(pa! = ha && pb! = hb){
        if(pa->data<pb->data){                  //pa 所指结点值小
          rc->next = pa;rc = pa;pa = pa->next;  //pa 插入 Lc
        }
        else if(pa->data > pb->data){           //pb 所指结点值小
          rc->next = pb;rc = pb;pb = pb->next;  //pb 插入 Lc
        }
        else{
          rc->next = pa;rc = pa;pa = pa->next;  //pa 插入 Lc
          qb = pb;pb = pb->next;delete qb;      //删除 pb 所指结点
        }
    }//while
    if(pb == hb)rc->next = pa;                  //Lb 结束直接链入 La 剩余部分
    else{
      rc->next = pb;                            //直接链入 Lb 剩余部分
      Lb->next = ha;La = Lb;
    }//else
    delete pb;                                  //释放 Lb 头结点
```

```
}//end union_ord
```

本 章 小 结

本章主要讨论了线性表的概念以及线性表的两种存储实现方式:顺序表和链表,顺序表和链表各有利弊。顺序存储利用内存的自然顺序来体现线性表的逻辑序偶关系,顺序存储可以随机存取任一位序的元素,但为了保持元素的连续性,在删除和插入操作时都要做大量的元素移动操作;链表则是在每个结点除了存储数据本身以外,还存储了指针来指向该元素的后继或前驱,而对每个结点的存储位置没有任何要求。链表的优点是删除元素和插入元素不再需要大量移动元素,可以直接通过改变指针的指向来实现,但链表不能像顺序表那样根据位序随机存取元素,链表的长度也不容易获得。既然这两种存储实现方式各有利弊,那么我们在实际应用中如何选取线性表的存储呢?一般可以考虑以下因素:

1. 线性表的长度 n 是否可预先确定?在程序运行过程中 n 的变化范围如何?

由于顺序表是事先分配一定长度的内存空间的,后期的重新分配需要大量移动元素,因此最好是一次性分配好应用可能需要的空间。然而如果分配得过大又会造成空间的浪费,所以对于长度预先确定或基本可以确定、变化不大的应用,宜采用顺序表;而对于那些在运行过程中 n 变化范围大的、长度不易确定的应用,则宜采用链表。

2. 考虑对线性表的主要操作

我们知道顺序表是以内存的连续性来体现元素间的逻辑关系的,因而造成其删除和插入元素都需要大量的移动元素。而链表对插入和删除操作只需要修改指针的指向即可,因此对于插入和删除频繁的应用不宜采用顺序存储。

顺序表中的元素可以按照位序随机访问,而链表则难以做到,因此对于需要按位序频繁访问元素的应用宜采用顺序存储结构。

习 题

2.1 描述以下三个概念的区别:头指针、头结点、首元结点。

2.2 描述以下几个概念:顺序存储结构、链式存储结构、顺序表、有序表。

2.3 已知顺序表 La 中数据元素按非递减有序排列。试写一个算法,将元素 x 插到 La 的合适位置上,保持该表的有序性。

2.4 已知单链表 La 中数据元素按非递减有序排列。按两种不同情况,分别写出算法,将元素 x 插到 La

的合适位置上，保持该表的有序性：

(1) La带头结点；

(2) La不带头结点。

2.5 试写一个算法，实现顺序表的就地逆置，即在原表的存储空间将线性表$(a_1,a_2,\cdots,a_{n-1},a_n)$逆置为$(a_n,a_{n-1},\cdots,a_2,a_1)$。

2.6 试写一个算法，对带头结点的单链表实现就地逆置。

2.7 设有两个非递减有序的单链表A和B。请写出算法，将A和B"就地"归并成一个按元素值非递增有序的单链表C。

2.8 已知线性表用顺序存储结构表示，表中数据元素为n个正整数。试写一算法，分离该表中的奇数和偶数，使得所有奇数集中放在左侧，偶数集中放在右侧。要求：

(1) 不借助辅助数组；

(2) 时间复杂度为$O(n)$。

2.9 设以带头结点的双向循环链表表示的线性表$L=(a_1,a_2,a_3,\cdots,a_n)$。试写一时间复杂度为$O(n)$的算法，将L改造为$L=(a_1,a_3,\cdots,a_n,\cdots,a_4,a_2)$。

2.10 已知线性表L采用顺序存储结构存放。对两种不同情况分别写出算法，删除L中值相同的多余元素，使得L中没有重复元素：

(1) L中数据元素无序排列；

(2) L中数据元素非递减有序排列。

2.11 设有一个长度大于1的单向循环链表，表中既无头结点，也无头指针，s为指向表中某个结点的指针，如题图所示。试编写一个算法，删除链表中指针s所指结点的直接前驱。

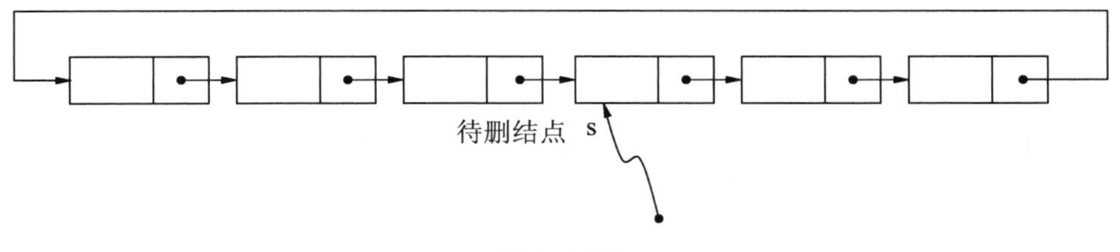

题2.11图

2.12 已知两个单链表A和B，其头指针分别为La和Lb，编写一个算法从单链表A中删除自第i个元素起的共len个元素，然后将单链表A插入到单链表B的第j个元素之前。

2.13 给定一个带表头结点的单链表，设L为头指针，data域为整型元素，指针域为next，试写算法按非递减次序输出单链表中各结点的数据元素，并释放结点所占的存储空间。(要求空间复杂度为$O(1)$)

2.14 已知两个带头结点的线性链表A、B的结点均依元素值非递减排列(可能存在两个以上值相同的结点)，编写算法对A表进行操作，使操作后的链表A中仅留下两个表中均包含的数据元素的结点，且没有值相同的结点，并释放所有无用的结点。限定算法的时间复杂度为$O(m+n)$，其中m、n分别为A、B的长度，空间复杂度为$O(1)$。

第3章　栈和队列

线性数据结构中有两个典型代表——栈和队列。它们的逻辑结构和线性表一样，不同之处在于其操作的特殊性：栈的插入和删除操作只能在线性表的一端进行，并且元素遵循"后进先出"的原则；而队列的插入和删除操作分布在两端，插入的一端是队尾，删除的一端是队首，并且元素遵循"先进先出"的原则。与一般线性表相比，栈和队列的插入和删除操作受到了更多的约束和限制，故又称限定性线性表结构。

3.1　栈的基本概念

栈(Stack)是一种线性结构，是一种限定只能在表的一端进行插入和删除操作的线性表。后进入栈的元素将最先出栈，因此栈又称 LIFO(Last In First Out)表。在栈中，允许插入和删除元素的一端称为"栈顶"(Top)，另一端则称为"栈底"(Bottom)。

图 3.1 是元素 $a_1,a_2,\cdots,a_n$ 依次入栈后的情况，a_1 是最先入栈的，a_n 是最后入栈的，而出栈时 a_n 先出栈，a_1 最后出栈。

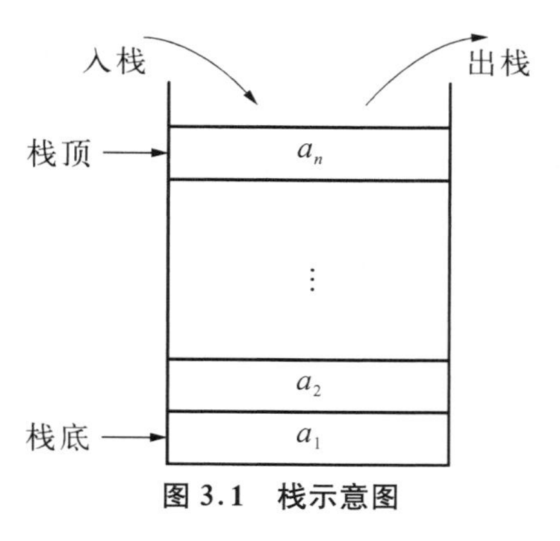

图 3.1　栈示意图

栈的基本操作主要是插入(入栈)和删除(出栈)操作。这两个操作都是在栈顶完成。

下面给出栈的抽象数据类型定义：

```
ADT Stack{
    数据对象:D={ai|ai∈ElemSet,i=1,2,…,n,n≥0,ElemSet为元素集合}
    数据关系:R={<ai-1,ai>|ai-1,ai∈D,i=2,…,n}
    基本操作:
    InitStack(&S)
        操作结果:创建一个空的栈S。
    DestroyStack(&S)
        操作结果:销毁栈S。
        参数说明:栈S已存在。
    ClearStack(&S)
        操作结果:将栈S清空。
        参数说明:栈S已存在。
    StackEmpty(S)
        操作结果:若栈S为空则返回TRUE;否则返回FALSE。
        参数说明:栈S已存在。
    StackLength(S)
        操作结果:返回栈S中的元素个数,即栈的长度。
        参数说明:栈S已存在。
    GetTop(S,&e)
        操作结果:将栈S的栈顶元素的值通过e返回。
        参数说明:栈S已存在且非空。
    Push(&S,e)
        操作结果:将e插入为栈S新的栈顶元素。
        参数说明:栈S已存在。
    PoP(&S,&e)
        操作结果:若栈非空,删除栈S的栈顶元素,并将其值赋给e。
        参数说明:栈S已存在。
    StackTraverse(S)
        操作结果:从栈底到栈顶依次输出S中各个元素。
        参数说明:栈S已存在。
}end ADT Stack
```

3.2 栈的表示与实现

栈的实现方式和线性表类似,也有顺序和链式两种实现方式。首先介绍顺序栈。

3.2.1 顺序栈

和顺序表类似,顺序栈也是利用顺序存储来实现栈的。即利用一组连续的存储单元来依次存放自栈底到栈顶的元素。顺序栈一般设置一个静态指针 top 来表示栈顶元素在顺序栈中的位置(图 3.2)。注意这不是一个物理指针(内存地址),而是一个静态指针(整型的值),它表示的是栈顶元素的数组下标。在 C 语言中数组下标从 0 开始,因此一般用 top = −1 表示空栈(其他语言实现的栈中也有使用 top = 0 来表示空栈的)。top = 0 表示仅有一个栈底元素,因此栈长度应为 top + 1。顺序栈也是预先分配数组空间的,n 个元素空间的顺序栈可以存储 n 个栈元素,满栈时 top = n − 1。

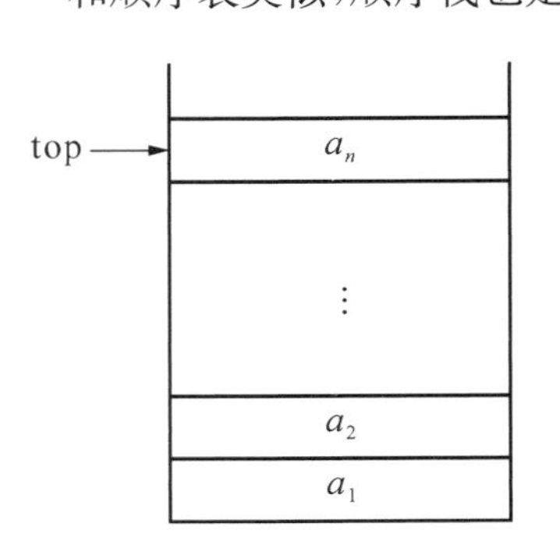

图 3.2　顺序栈示意图

C 语言中的顺序栈表示如下:

```
#define STACK_INIT_SIZE  100       //栈的初始化空间大小
   typedef struct{
     ElemType   *elem;              //数据元素类型的指针
     int   stacksize;               //以 ElemType 为单位栈的最大容量
     int   top;                     //栈顶指针
   }SqStack;
```

由于顺序栈的主要操作插入和删除都限制在栈顶进行,因此相对于线性表而言,栈的操作要简单多了。下面给出部分栈操作的顺序存储实现。

1. 顺序栈的初始化 InitStack_sq

顺序栈的初始化主要是为结构 SqStack 分配空间。和顺序表类似,一般也采用动态方法为数组分配存储区域,InitStack 和 DestroyStack 实现了动态分配和销毁的两个基本操作。初始化顺序栈需要给 stacksize 和 top 赋值,可以在 msize 参数中指定,也可以采用缺省值。

算法 3.1

```
void InitStack_sq(SqStack &S,int msize = STACK_INIT_SIZE)
{//构造一个容量是 msize 的顺序栈 S
    S.elem = new ElemType[msize];  //给 elem 指针动态分配 msize 长度的数组
    S.stacksize = msize;           //顺序栈的最大容量
    S.top = -1;                    //顺序栈初始时空栈
}//end InitStack_sq
```

2. 顺序栈的销毁操作 DestroyStack_sq

顺序栈的销毁操作和初始化操作相对应,释放已经分配的内存空间。特别是在某些应用中如果栈特别庞大，不使用后应及时销毁。

算法 3.2

```
void DestroyStack_sq(SqStack &S)
{//销毁顺序栈 S
    delete [] S.elem;           //释放数组空间
    S.top = -1;
    S.stacksize = 0;
}//end DestroyStack_sq
```

3. 顺序栈获取栈顶元素 GetTop_sq

GetTop 操作从栈顶获取元素并返回。GetTop 仅仅从栈顶读取元素值，并不会改变栈的内容。

算法 3.3

```
bool GetTop_sq(SqStack S,ElemType &e)
{//若顺序栈 S 非空，用 e 返回 S 的栈顶元素，并返回 TRUE，否则返回 FALSE
    if(S.top == -1)return FALSE;
    e = S.elem[S.top];
    return TRUE;
}//end GetTop_sq
```

4. 入栈操作 Push_sq

将某元素插入到栈顶，作为新的栈顶元素，这种栈插入操作常被称为“入栈”。和顺序表一样，插入元素需要考虑顺序栈是否已经到达最大容量。

算法 3.4

```
void Push_sq(SqStack &S,ElemType e)
{//将 e 插入栈 S，作为 S 新的栈顶元素
    if(S.top == S.stacksize - 1)Increment(S);  //如果栈满则增加空间
                                                //Increment 算法和顺序表的相似
    S.elem[++S.top] = e;
}// end Push_sq
```

5. 出栈操作 Pop_sq

若栈非空，将栈顶元素删除，原栈顶元素的下一个元素成为新的栈顶元素。这种栈删除操作被称为“出栈”。

算法 3.5

```
bool Pop_sq(SqStack &S,ElemType &e)
{//若顺序栈 S 非空,删除栈顶元素并赋予 e,返回 TRUE,栈空则返回 FALSE
    if(S.top == -1)return FALSE;
    e = S.elem[S.top--];
    return TRUE;
}//end Pop_sq
```

与顺序表一样,顺序栈也是初始化时分配好最大的使用空间,如果在使用过程中发现栈满情况,就不得不重新分配一个更大块的连续空间,进行大批量的元素转移,因此应该尽量避免。如果无法预测栈可能的最大空间,则可以使用下面介绍的链栈来实现。

3.2.2 链栈

用链式存储结构实现的栈称为链栈(图 3.3)。链表的优点在链栈中也得以体现,链栈的存储空间并不在初始化的时候分配,而是在入栈操作时临时分配空间,因此链栈在存储空间上没有顺序栈的“最大空间”限制,也就不会有栈满状态和大量元素转移复制的情况出现。

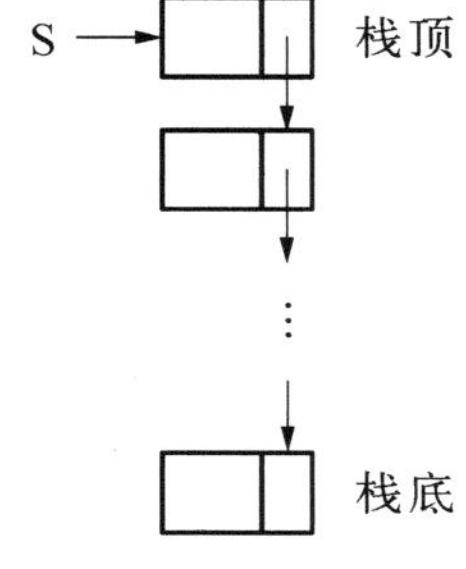

图 3.3 链栈示意图

链栈的 C 语言表示:

```
typedef LinkList LinkStack;
```

可见链栈和链表的类型定义完全一样。使用了一个 LNode 类型的指针来表示链栈,该指针指向了链栈的栈顶。

链栈的基本操作实现如下:

1. 链栈的初始化 InitStack_L

链栈的初始化很简单,不需要分配内存空间,只需要声明一个空指针。

算法 3.6

```
void InitStack_L(LinkStack &S)
{//初始化链栈 S
    S = NULL;                    //链栈栈初始时空栈
}//end InitStack_L
```

2. 链栈的销毁操作 DestroyStack_L

链栈的销毁操作并不能相对于初始化操作仅仅简单地将栈顶指针置空,而是需要释放当前栈内所有元素的内存空间。

算法 3.7

```
void DestroyStack_L(LinkStack &S)
{//销毁链栈 S
    while(S){
      p=S;
      S=S->next;                  //S 指针后移
      delete p;
    }
}//end DestroyStack_L
```

3. 链栈获取栈顶元素 GetTop_L

链栈 GetTop 操作从栈顶获取元素并返回,并不会改变栈的内容。

算法 3.8

```
bool GetTop_L(LinkStack S,ElemType &e)
{//若链栈 S 非空,用 e 返回 S 的栈顶元素,并返回 TRUE;否则返回 FALSE
    if(!S) return FALSE;
    e=S->data;
    return TRUE;
}//end GetTop_L
```

4. 入栈操作 Push_L

将元素 e 插入到栈顶,作为新的栈顶元素,相当于单链表中头插操作。

算法 3.9

```
void Push_L(LinkStack &S,ElemType e)
{//将 e 插入 S 的栈顶,作为 S 新的栈顶元素
    p=new LNode;
    p->data=e;p->next=S;
    S=p;
}//end Push_L
```

5. 出栈操作 Pop_L

若栈非空,将栈顶元素删除,原栈顶元素的下一个元素成为新的栈顶元素。

算法 3.10

```
bool Pop_L(LinkStack &S,ElemType &e)
    {//若链栈 S 非空,删除栈顶元素并赋予 e,返回 TRUE,栈空则返回 FALSE
    if(!S) return FALSE;
```

```
    p = S;
    S = S - >next;                          //S 删除栈顶元素
    e = p - >data;
    delete p;                               //释放该结点内存空间
    return TRUE;
}//end Pop_L
```

可以看出，由于栈限制了插入和删除操作只能在栈顶，用链式存储实现栈正是发挥了链表的长处，避免了链表中前插和删除需要查询前驱元素的不足。此外，由于顺序栈有最大空间限制问题，因此和顺序存储相比，链式存储是实现栈更好的选择。

3.3 栈 的 应 用

“先进后出”的特点使得栈在程序设计中被广泛使用。下面看一些经典的例子。

例 3.1 数制转换问题：把非负整数 N 转换为 d 进制数。

数制转换的原理是基于下面的多项式的，十进制整数 N 总可以表示为

$$(N)_{10} = a_n d^n + a_{n-1} d^{n-1} + \cdots + a_1 d^1 + a_0, \quad 0 \leqslant a_i < d, i = 0,1,\cdots,n$$

那么 N 表示为 d 进制数就是$(a_n a_{n-1} \cdots a_1 a_0)_d$。因此将 N 转换为 d 进制数就变成求 $a_n a_{n-1} \cdots a_1 a_0$ 序列，并按照 $a_n, a_{n-1}, \cdots, a_0$ 的次序输出。

在求解过程中先求 $a_0 = N\%d$，而 N/d（整除）应该是 $a_n d^{n-1} + a_{n-1} d^{n-2} + \cdots + a_1$。$N/d$ 的结果再对 d 取模就是 $a_1 = (N/d)\%d$。如此重复就可以不断地求得 $a_2, a_3, \cdots, a_{n-1}, a_n$。也就是说我们最先求得的是 d 进制数的最低位 a_0，最后求得的是 d 进制数的最高位 a_n。而我们输出的需要是 $a_n a_{n-1} \cdots a_1 a_0$，因此可以利用栈的“先进后出”的特性来输出 d 进制各个数位。

算法 3.11

```
void conversion(int N,int d)
{//把非负整数 N 转换为 d 进制数，并按从高到低的顺序输出数位
    InitStack(S);                   //初始化栈 S
    while(N){                       //N 非零继续处理
      push(S,N % d);                //取模入栈
      N = N/d;                      //N/d 再赋予 N 循环处理
    }//end while
    while(!StackEmpty(s)){
      pop(S,e);
      cout<<e;
```

```
    }//end while
}//end conversion
```

这个例子是一个最简单的应用，只是利用了栈的 LIFO 特性把一个序列反序，先是 n 个元素全部入栈，然后是全部出栈，中间并没有交叉出、入操作，还没有真正体现出栈的威力。当然这个反序操作完全可以使用数组来实现，但是引入了栈使得我们简化了程序设计，更多地关注于应用逻辑本身。

例 3.2 括号匹配问题。

在表达式中常常会用到很多括号，括号有多种如(　)、[　]、{　}等，括号也可以嵌套，如{[　](( ))}就是合法的嵌套，而有些嵌套则是不允许的，如{[(　])}。如何检测出一个表达式中的括号是否正确匹配即合法的嵌套，并不是一件很容易的事。考虑下面的括号序列，这是表达式剔除了非括号的操作数后的结果：

{ ([ ] ( )) }

1 2 3 4 5 6 7 8

假设设计一个算法来处理这些括号，那么当第 1 个括号“{”接受到后，它就希望接下来接收的是和第 1 个“{”相匹配的“}”，从而完成快速匹配；但接下来接收的并不是“}”，而是第 2 个括号“(”，这时对“}”的期望不是最迫切的了，而对“)”的期望最迫切。接下来接收的是第 3 个括号“[”，于是最迫切的期望是“]”，对“)”的期望次之，对“}”的期望再次之。第 4 个恰巧出现的就是“]”，于是“消解”了刚刚的最期望的任务，次之的期望——“)”的出现再次变成最迫切的期望。如此一直处理下去直至括号序列处理完毕。在这样的过程中我们发现，每次最后接受的左括号都会变成最迫切的任务，期望有对应的右括号匹配它。越是先接受的括号其迫切程度越低，这正是栈的特点——最后接受的括号期望最先得到匹配。

于是我们可以使用栈来处理这样的括号匹配问题。每当接受到一个左括号，就做入栈处理，每当碰到一个右括号就做完成匹配处理——出栈。原栈顶的下一个括号变成新的栈顶等待匹配，直至括号序列处理完。那么怎么判别不匹配的情况呢？比如例中第 4 个括号不是“]”，而是“)”，那么就是不匹配情况。用栈的情况来描述就是，当接收的是右括号，但和栈顶的左括号又不能形成一对时，就是不匹配情况出现了。

此外，还有两种情况需要考虑，一种形如({[(　)]}，也就是括号序列处理完后还有没匹配上的左括号，从栈的角度考虑就是当处理完括号序列后，栈非空；另一种形如{[(　)]})，也就是右括号比左括号数量多，在栈中体现为当栈空时仍出现了待匹配的右括号。综合上述可以有下面的算法 3.12。

假设 exp 为括号序列，以“#”结束。

算法 3.12

```
bool match(char exp[])
{//检查表达式 exp 中的括号是否嵌套正确，是则返回 TRUE，否则返回 FALSE
    int matchstat = 1;                  //匹配状态，当为 0 时表示不匹配
    InitStack(S);                       //初始化栈 S
```

```
    ch = *exp++;
    while(ch! = '#' && matchstat){          //exp 没有处理完
      switch (ch){
        case '(':
        case '[':
        case '{':
          push(S,ch);
          break;
        case ')':
          if(!Pop(S,e)||e! = '(')matchstat = 0;
          break;                             //栈空或栈顶不是“(”,则表示不匹配
        case ']':
          if(!Pop(S,e)||e! = '[')matchstat = 0;
          break;
        case '}':
          if(!Pop(S,e)||e! = '{')matchstat = 0;
          break;
      }// end switch
      ch = *exp++;
    }// end while
    if(matchstat && StackEmpty(S)) return TRUE;
    else return FALSE;
}//end match
```

例 3.3 背包问题求解。假设有一个体积为 T 的背包和 n 个体积分别为 $w_1, w_2, \cdots, w_n$ 的物品,任意从 n 个物品中抽取 k 个,使其恰好装满背包(体积之和为 T),即 $w_{i1} + w_{i2} + \cdots + w_{ik} = T$。

求解的这类问题需要给出所有可能的解,因此需要穷举所有的物品组合。那么怎样才能遍历所有可能的组合而又简化编程代码呢?通常使用“回溯”的设计思想来实现。

首先将所有物品排成一列,然后顺序选取物品放入背包,如果当前选取的物品不能装入背包(即包中已有的物品体积加上当前选取的物品体积超出了 T),则放弃它继续选取下一个物品,直至背包装满为止。如果装入某个物品后,剩下的物品都“不合适”再装入背包(即一直尝试到最后一个物品都不能放进背包),那么说明我们最后一个放进背包的物品“不合适”,需要取出它,并从它下一个物品继续尝试。如果某个物品放入背包后,恰巧装满背包,那么就需要输出当前的背包内物品作为一组解,然后再取出最后一个放进去的物品,从它下一个物品继续尝试下一个解(图 3.4)。

这种从背包中取出最后一个放进去的物品再继续尝试的策略称为**回溯**。很显然,回溯时取出物品的次序和之前放入的次序刚好相反,最后放进去的最先被取出来,这和栈的“后进先出”特性是一致的。如果把背包用一个栈来表示,每次放入一个物品就是入栈,那么回溯时取出物品的操作实际上就是一个出栈操作。

还需要注意的问题是，入栈时栈元素的数据域内容不是物品的体积，而是物品排列的序号 k，这样方便回溯时容易找到“下一个”序号的物品。如果用 $w[n]$来存储各个物品的体积，那么 k 的取值为 $0,1,\cdots,n-1$，k 号物品的体积是 $w[k]$，当 k 号物品不合适时，就需要尝试 $k+1$ 号物品。

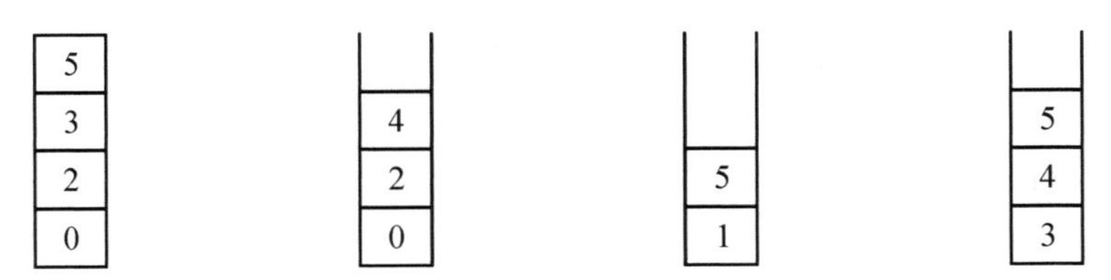

图 3.4 背包问题的几组解的栈示意图

例如对于 $T=10, w[6]=\{1,8,4,3,5,2\}$ 的情况，k 取值为 $0,1,\cdots,5$。首先从体积是 1($k=0$)的物品开始，显然可以放入背包，则将 $k=0$ 入栈。继续尝试体积为 8($k=1$)的物品，也可以放进去，但其后的所有物品都不能再放入背包了。因此可以认为最后放进的体积为 8($k=1$)的物品不合适，将其($k=1$)出栈后再继续入栈体积为 4($k=2$)和体积为 3($k=3$)的物品。接着尝试放体积为 5($k=4$)的物品，不合适，最后体积为 2($k=5$)的物品恰好可以放进去。于是此时栈里的元素 $k=0,2,3,5$(对应的体积 1,3,4,2 的物品)是一组解。再接下来就是出栈 $k=5$，因 $k=5$ 后面已经没有物品需要继续回溯，继续出栈 $k=3$，再继续尝试 $k=4$，得到另一组解 $k=0,2,4,\cdots$。

相应算法如下：

算法 3.13

```
void knapsack(int w[],int T,int n)
{//体积为 T 的背包和 n 个体积分别为 w[0],w[1],…,w[n-1]的物品，任意从 n 个物品中
 //抽取 k 个，使得其体积之和恰好为 T，输出所有可能的解。
 //在算法中，T 表示背包装入物品后剩余的容积。
    InitStack(S);k=0;                //初始化栈 S
    do{
      while(T>0 && k<n){             //背包未满，物品也没有尝试到最后一个
        if(T-w[k]>=0){               //序号为 k 的物品可以放进背包
          push(S,k);                 //当前物品入栈
          T-=w[k];                   //背包剩余体积减小
        }//if
        k++;                         //继续考虑下一个物品
      }//while                         //循环结束时：T==0 找到解或 k==n 尝试到最后一个物品
      if(T==0)StackTraverse(S);      //找到一组解，输出
      if(!StackEmpty(S)){            //无论是找到一组解还是尝试到最后物品均要回溯
        pop(S,k);T+=w[k];            //退出栈顶物品，背包剩余体积增加
        k++;                         //从退出物品下一个继续尝试
      }//if
```

```
    }while(!StackEmpty(S) || k! = n)
    DestroyStack(S);
}//end knapsack
```

例 3.4 表达式求值问题。

一个表达式总是由操作数(Operand)、运算符(Operator)和界限符(Delimiter)构成。操作数可以是常数也可以是变量或常量的宏定义等。运算符可以分为算术运算符、关系运算符和逻辑运算符几类。界限符则主要是指体现运算优先级的括号以及表达式结束符等。

一个表达式可以表示成“操作数 运算符 操作数”的形式,对于一元运算符而言,可能只有一个操作数,此处仅讨论二元运算符。表达式中的操作数可以是简单变量、常数,甚至可以是表达式。由于操作数可以嵌套表达式,使表达式变得非常复杂。

如果以 S1 表示第一个操作数,S2 表示第二个操作数,OP 表示运算符,那么一个表达式可以有下面三种表现方式:

前缀表达式:OP S1 S2,又称波兰式

中缀表达式:S1 OP S2

后缀表达式:S1 S2 OP,又称逆波兰式

例如表达式 $\exp = a \times b + (c - d/e) \times f$,其相应的表现方式如下:

前缀表达式:$+ \times ab \times - c/def$

中缀表达式:$a \times b + c - d/e \times f$

后缀表达式:$ab \times cde/ - f \times +$

上面三种表达式中中缀表达式直接丢弃了括号,因此失去了原表达式的运算次序信息(为了区别于中缀表达式,我们把带括号的表达式称作原表达式)。而后缀和前缀表达式都保留了原表达式的运算次序信息。前缀表达式的运算规则是:连续出现的两个操作数和它们之前紧挨的运算符构成一个最小表达式,最小表达式直接运算后形成新的操作数代入原前缀表达式重复上述规则;后缀表达式的运算规则是:每个运算符和它们之前紧挨的两个操作数构成一个最小表达式,最小表达式直接运算后形成新的操作数代入原后缀表达式重复上述规则。后缀表达式中运算符的排列顺序正好是表达式的运算次序。因此后缀表达式更加适合计算机做运算处理,而中缀表达式是人类最习惯的表达方式。

若要计算后缀表达式的值只需要从左至右顺序扫描表达式。在扫描过程中,如果碰到运算符就开始作运算,运算的操作数就是在其前刚刚扫描到的两个操作数,如何取得“刚刚扫描到”的操作数呢?可以利用栈来实现。在扫描过程中,如果碰到操作数就直接入栈,碰到运算符后从栈顶出栈两个操作数,先出栈的作为第二操作数。运算的结果作为新的操作数入栈,继续扫描表达式,直至碰到表达式结束符,则栈里的元素值即为表达式的值。

在下面的算法中,我们使用 operate(S1,OP,S2)来表示使用运算符 OP 对 S1、S2 进行运算的结果;使用 isoperator(ch)来判断 ch 是否为运算符,若是则返回 TRUE。为了简化算法,这里假设所有的操作数也是单字符的。

算法 3.14

```
int calculate(char suffix[])
{//对串 suffix 表示的后缀表达式求值,表达式以'#'结束
    char *p = suffix;
    InitStack(S);                    //初始化栈 S
    ch = *p++;
    while(ch! = '#'){                //表达式没有结束
        if(!isoperator(ch))push(S,ch);  //非运算符直接入栈
        else {
          pop(S,b);pop(S,a);         //两个操作数出栈
          push(S,operate(a,ch,b));
        }
        ch = *p++;                   //继续处理下一个
    }//while
    pop(S,e);                        //表达式结果
    DestroyStack(S);
    return e;
}//end calculate
```

可以看出,后缀表达式的求值使用栈来实现非常方便,那么如何把我们所熟悉的原表达式转换成后缀表达式呢?由于原表达式需要借助于运算符本身以及括号来体现优先级关系,因此我们需要给出以下的优先级关系表(表3.1)。

表3.1 符号优先级

运算符	#	(	+	-	*	/
优先级	-1	0	1	1	2	2

假设原表达式是由"#"结束的字符串,求取后缀表达式的规则如下:

(1) 设立运算符栈,预设栈底元素"#";

(2) 从左向右扫描原表达式,若当前字符是操作数,则直接发送到后缀表达式;

(3) 若当前运算符是"(",则直接入栈;若当前运算符为")",则弹出栈顶运算符发送到后缀表达式,直至弹出"("为止,"("不发往后缀表达式;

(4) 若当前字符为运算符且优先级大于栈顶元素则入栈,否则出栈顶运算符发送到后缀表达式,重复此过程直至当前运算符优先级大于栈顶元素,再将当前运算符入栈("#"不入栈)。

注意符号优先级表中的运算符都是在栈中可能出现的运算符,像")"只会出现在当前运算符中而不会出现在栈中,规则做了特殊处理故不在表中列出其优先级。"("的优先级也是指其位于栈内时的优先级,因此其优先级很低。这样,若当前为+ - ×/等运算符时优先级都高于它,均可直接入栈;而当"("出现在当前运算符中时,规则也是做了特殊处理,其实也可以认为其优先级最高,直接入栈而起着隔离作用;")"的出现则意味着其和"("之间的运算

符都要输出，因此将一直出栈栈顶运算符到后缀表达式，直至碰到“(”，“(”本身出栈但不发往后缀表达式，“)”本身也不入栈。另外，“#”不入栈是为了原表达式结束时栈空而结束循环。具体如算法 3.15 所示。

算法 3.15

```
void getsuffix(char exp[],char suffix[])
{//将串 exp 表示的原表达式(#结束)转换为后缀表达式 suffix
    InitStack(S); push(S,'#');                //初始化栈 S
    char *p = exp;
    k = 0;                                    //初始化后缀表达式下标
    while(!StackEmpty(S)){
        ch = *p++;                            //处理原表达式一个字符
        if(!isoperator(ch)){
            suffix[k++] = ch;continue;        //非运算符直接发送
        }
        switch(ch){
            case '(':Push(S,ch);break;
            case ')':
                while(Pop(S,c)&&c! = '(')suffix[k++] = c;
                break;
            default:
                while(GetTop(S,c)&&preop(c,ch))
                  {suffix[k++] = c;Pop(S,c);}
                if(ch! = '#')push(S,ch);      //'#'除外当前字符入栈
                break;
        }//switch
    }//while
    suffix[k] = '\0';DestroyStack(S);
}//end getsuffix
```

在上述算法中，函数 preop(c,ch)是用来比较运算符 c 和 ch 的优先级的，如果 c 的优先级≥ch 的优先级，则返回 TRUE，否则返回 FALSE。有了算法 3.14 和 3.15，那么能否实现直接对一个中缀表达式的求值而不经过中缀到后缀表达式的转换过程呢？答案是肯定的。操作数依然设置一个栈 SVAL 来暂存，而运算符也设置一个栈 SOP 来暂存，当算法 3.15 中需要发往后缀表达式的运算符出现时，不再发送，而是直接运算，因为后缀表达式运算符的出现次序就是实际计算的次序。代码如算法 3.16 所示。

算法 3.16

```
OperandType EvaluateExp(char exp[])
{//对串 exp 表示的原表达式求值(#结束)
```

```
    InitStack(SOP); Push(SOP,'#');           //初始化运算符栈
    InitStack(SVAL);                         //初始化操作数栈
    char *p=exp;
    while(!StackEmpty(SOP)){
        ch=*p++;                             //处理原表达式一个字符
        if(!isoperator(ch)){
            Push(SVAL,ch);continue;          //非运算符直接入操作数栈
        }
        switch(ch){
        case '(':Push(SOP,ch);break;
        case ')':                            //碰到右括号一直出栈运算符,直到'('
          while(Pop(SOP,c)&&c!='('){
            Pop(SVAL,b); Pop(SVAL,a);        //出栈两操作数
            Push(SVAL,operate(a,c,b));       //计算后再入栈
          }
          break;
        default:
          while(GetTop(SOP,c)&&preop(c,ch)){
            Pop(SOP,c);                      //栈顶运算符优先级不低于当前运算符,出栈
            if(ch!='#'){
                Pop(SVAL,b); Pop(SVAL,a);    //出栈两操作数
                Push(SVAL,operate(a,c,b));   //计算后再入栈
            }
          }
          if(ch!='#')Push(SOP,ch);           //除'#'外当前运算符入栈
          break;
        }//switch
    }//while
    GetTop(SVAL,e);                          //操作数栈中是计算的结果
    DestroyStack(SOP); DestroyStack(SVAL);
    return e;
}//end EvaluateExp
```

还需注意的是,此算法中操作数或变量依然是单字符的,若要考虑复杂的变量或操作数,尚需要进行较复杂的操作数识别操作,在此不再赘述。

3.4　队列的基本概念

队列(Queue)也是一种线性结构,是一种限定只能在表的一端进行插入、另一端进行删

除操作的线性表。在队列中，插入元素的一端称为“队尾”(Rear)，删除元素的一端则称为“队首”(Front)。先进队列的元素将先出队列，因此队列又称 FIFO(First In First Out)表。

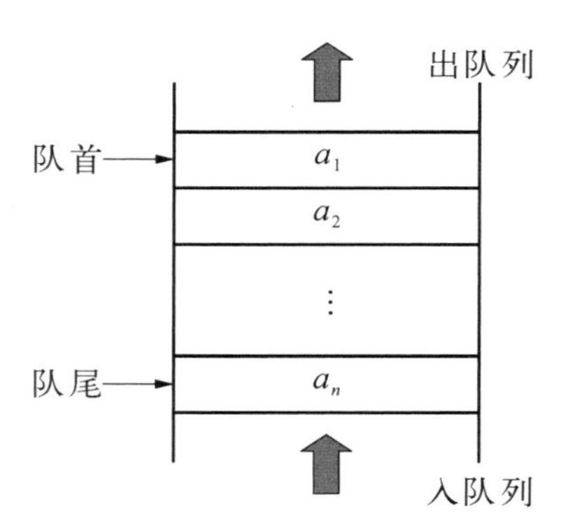

图 3.5　队列结构示意图

在日常生活中也常常会遇到类似队列的场景，比如医院的门诊挂号队伍，银行的柜台服务队伍，都是一个队列。后来的人必须排在队伍的“尾部”(队尾)，排在最前面(队首)的人最先办理业务，办完后就离开队伍。我们要研究的队列正是这种“队伍”的一种抽象，因为我们不需考虑插队和提前离队等一些实际生活中可能存在的“特殊”情况。

如图 3.5 所示，队列元素按照 $a_1, a_2, \cdots, a_n$ 的次序进入队列，那么出队列也必须依照此次序进行。

队列的基本操作主要是插入(入队列)和删除(出队列)操作。下面给出队列的抽象数据类型定义：

```
ADT Queue{
数据对象:D = {ai|ai∈ElemSet,i = 1,2,…,n,n≥0,ElemSet 为元素集合}
数据关系:R = {〈ai-1,ai〉|ai-1,ai∈D,i = 2,…,n}
基本操作:
InitQueue(&Q)
    操作结果:创建一个空的队列 Q。
DestroyQueue(&Q)
    操作结果:销毁队列 Q。
    参数说明:队列 Q 已存在。
ClearQueue(&Q)
    操作结果:将队列 Q 清空。
    参数说明:队列 Q 已存在。
QueueEmpty(Q)
    操作结果:若队列 Q 为空则返回 TRUE;否则返回 FALSE。
    参数说明:队列 Q 已存在。
QueueLength(Q)
    操作结果:返回队列 Q 中的元素数,亦即队列的长度。
    参数说明:队列 Q 已存在。
GetHead(Q,&e)
    操作结果:将 e 赋值为队列 Q 的队首元素。
    参数说明:队列 Q 已存在且非空。
EnQueue(&Q,e)
    操作结果:将 e 插入队列 Q 成为新的队尾元素。
    参数说明:队列 Q 已存在。
DeQueue(&Q,&e)
    操作结果:若队列非空,删除队列 Q 的队首元素,并将其值赋给 e。
```

```
    参数说明：队列Q已存在。
QueueTraverse(Q)
    操作结果：从队首到队尾依次输出Q中各个数据元素。
    参数说明：队列Q已存在。
}end ADT Queue
```

3.5 队列表示与实现

队列的实现也有顺序和链式两种存储方式。首先介绍顺序存储方式——顺序队列。

3.5.1 顺序队列

和顺序栈相似，顺序队列也是利用顺序存储来实现的。即利用一组连续的存储单元来依次存放自队首到队尾的所有元素。顺序队列一般设置两个静态指针 front（头指针）和 rear（尾指针）来分别表示队首元素和队尾元素在队列中的位置。注意这个“指针”也不是内存地址，而是一个 int 类型的值，它表示的是数组存储单元的下标。一般约定，初始空队列时 front = rear = 0；每当在队尾插入一个元素时 rear 加 1，每当在队首删除一个元素时 front 加 1。这样，front 始终指向队列中的队首元素，而 rear 指针则指向队尾元素的“下一个”位置。如图 3.6(a)是一个空队列。当 $a_1,a_2,\cdots,a_5$ 依次入队列后，当然这中间可以穿插着 a_1,a_2 元素出队列，如图 3.6(b)所示，那么这时 rear 指针按定义应该指向 a_5 的下一个位置（图中虚箭头所指），超出了数组的边界，而实际上这时队列空间并没有装满。为了解决这种情况，我们把顺序队列想象成一个首尾相接的循环空间，认为逻辑上 a_5 的下一个位置又从数组空间的 0 下标开始，可以通过取模((rear + 1)mod 5 = 0)来实现。因此习惯上把这样的顺序队列称为循环队列。

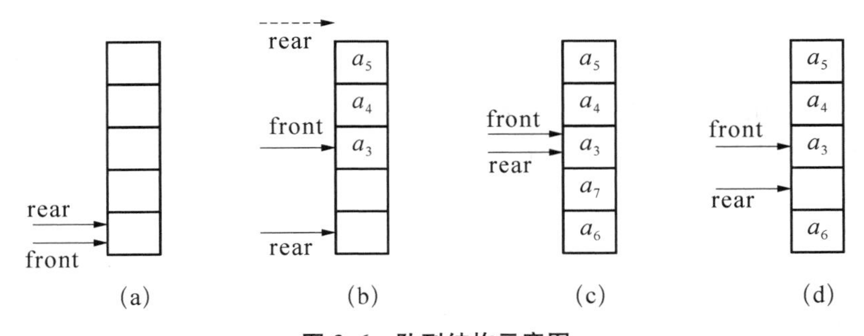

图 3.6 队列结构示意图

图 3.6(b)继续入队列元素 a_6、a_7 后形成了(c)的情况，这时队列处于满状态，对比(a)

图我们可以发现这时 front 和 rear 值都相等,无法区别开是满的还是空的。解决这样的问题一般有两种方法:一种是在队列定义中增加一个指示变量,用来指示队列的空满状态,但这样就需要在入、出队列时都去维护该指示变量的值,比较麻烦;另一种是少用一个队列空间,当 a_6 入队列后,就认为队列满了,此时(rear+1) mod 5==front。于是可以有这样的约定:rear==front 时队列空,(rear+1) mod Qsize==front 时队列满。本书亦采用后者实现循环队列,其中 Qsize 表示数组的长度。

C 语言中的循环队列实现如下:

```
#define QUEUE_INIT_SIZE  100
    typedef struct{
      ElemType   *elem;       //数据元素类型的指针
      int   queuesize;        //分配的初始数组长度
      int   front;
      int   rear;
    }SqQueue;
```

循环队列的主要操作插入和删除都限制在两端进行,相对于顺序表而言,顺序队列的操作要简单多了,下面给出循环队列部分操作的实现。

1. 循环队列的初始化 InitQueue_sq

初始化主要是为结构体 SqQueue 分配空间。初始化顺序队列需要给 queuesize 赋值,可以在 msize 参数中指定,也可以采用缺省值。

算法 3.17

```
void InitQueue_sq(SqQueue &Q,int msize = QUEUE_INIT_SIZE)
{//构造一个容量是 msize 的循环队列 Q,实际存储元素最多为 msize-1
    Q.elem = new ElemType[msize];  //给 elem 指针动态分配 msize 长度的数组
    Q.queuesize = msize;           //顺序栈的最大容量(实际存储 msize-1)
    Q.front = Q.rear = 0;          //顺序栈初始时空栈
}//end InitQueue_sq
```

2. 循环队列的销毁操作 DestroyQueue_sq

循环队列的销毁操作和初始化操作相对应,释放已经分配的内存空间。

算法 3.18

```
void DestroyQueue_sq(SqQueue &Q)
{//销毁循环队列 Q
    delete [] Q.elem;           // 释放数组空间
    Q.front = Q.rear = 0;
    Q.queuesize = 0;
```

```
}//end DestroyQueue_sq
```

3. 获取循环队列的长度 Queulength_sq

Queulength_sq 返回循环队列的长度，即元素数。

算法 3.19

```
int Queuelength_sq(SqQueue Q)
{//返回循环队列的长度
    return (Q.rear+Q.queuesize-Q.front)%Q.queuesize;
}//end Queuelength_sq
```

4. 入队列操作 Enqueue_sq

将某元素插入到队尾作为新的队尾元素，需要考虑队列是否已满。

算法 3.20

```
void Enqueue_sq(SqQueue &Q,ElemType e)
{//将 e 插入 Q 队尾，作为 Q 新的队尾元素
    if((Q.rear+1)%Q.queuesize==Q.front)Increment(Q);
                                    //如果队列满则增加空间
    Q.elem[Q.rear]=e;
    Q.rear=(Q.rear+1)%Q.queuesize;
}//end Enqueue_sq
```

5. 出队列操作 DeQueue_sq

若队列非空，将队首元素删除，并移动队首指针。

算法 3.21

```
bool DeQueue_sq(SqQueue &Q,ElemType &e)
{//若循环队列 Q 非空，删除队首元素并赋值给 e，返回 TRUE；若队列空则返回 FALSE
    if(Q.front==Q.rear)return FALSE;
    e=Q.elem[Q.front];
    Q.front=(Q.front+1)%Q.queuesize;
    return TRUE;
}//end DeQueue_sq
```

和顺序表一样，循环队列也是预先分配好最大的使用空间，如果在使用过程中发现队列满的情况，就不得不重新分配一个更大的连续空间，实行大批量的元素转移。这里的 Increment 函数和顺序表的不完全一样，不能照搬顺序表的方法，需要按照从队首到队尾的次序重新排列到新的存储空间，因此不能使用 realloc 函数来实现，这里不再赘述，留给读者

自己思考。为了避免这种队列满的情况出现,采用链队列是一种很好的选择。

3.5.2 链队列

链式存储方式实现的队列称为链队列。链表的优点在链队列中也一样存在,链队列在存储空间上没有“最大空间”的限制,也不会有队列满状态和大量元素转移复制的情况出现。链队列的C语言实现如下:

```
typedef LinkList Queueptr;
typedef struct{
    Queueptr front;            //队首指针
    Queueptr rear;             //队尾指针
}LinkQueue;
```

可见链队列的结点和链表中结点的定义完全一样。链队列使用了两个LNode类型的指针来分别指向队列的队首和队尾。为了方便管理,链队列一般采用带头结点的单链表实现。注意队首指针指向头结点,而不是队首元素。空队列时front和rear都指向头结点(图3.7)。

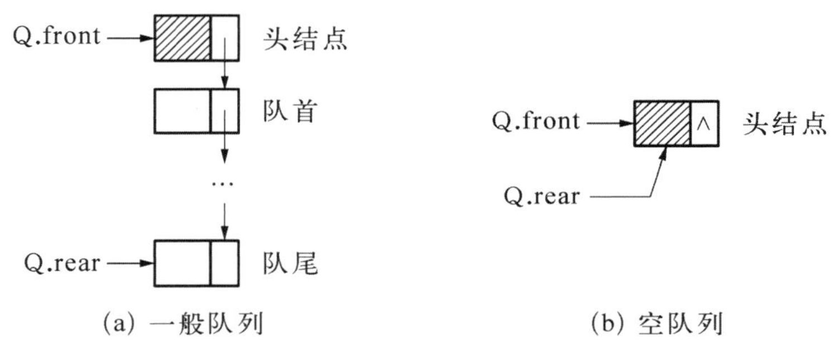

图3.7 链队列示意图

链队列的基本操作实现如下:

1. 链队列的初始化 InitQueue_L

链栈的初始化需要创建一个头结点,并赋予两个指针。

算法 3.22

```
void InitQueue_L(LinkQueue &Q)
{//初始化链队列Q
    Q.front = Q.rear = New LNode;
    Q.front->next = NULL;
}// end InitQueue_L
```

2. 链队列的销毁 DestroyQueue_L

链队列的销毁操作需要释放当前队列内所有元素的内存空间,包括头结点。

算法 3.23

```
void DestroyQueue_L(LinkQueue &Q)
{//销毁链队列 Q
    while(Q.front){
      Q.rear = Q.front->next;           //Q.rear 不断后移指针
      delete Q.front;                   //释放 Q.front 结点
      Q.front = Q.rear;
    }
}//end DestroyQueue_L
```

3. 链队列获取队首元素 GetHead_L

链队列 GetHead 操作返回队首元素,不改变队列的内容。

算法 3.24

```
bool GetHead_L(LinkQueue Q,ElemType &e)
{//若链队列 Q 非空,用 e 返回 Q 的队首元素,并返回 TRUE,否则返回 FALSE
    if(Q.front == Q.rear)return FALSE;
    e = Q.front->next->data;
    return TRUE;
}//end GetHead_L
```

4. 入队列操作 EnQueue_L

将元素 e 插入到队尾,作为新的队尾元素。

算法 3.25

```
void Enqueue_L(LinkQueue &Q,ElemType e)
{//将 e 插入 Q 的队尾,作为 Q 新的队尾元素
    p = new LNode;
    p->data = e;p->next = NULL;
    Q.rear->next = p;
    Q.rear = p
}// end Enqueue_L
```

5. 出队列操作 DeQueue_L

若队列非空,将队首元素删除,下一个元素成为新的队首元素。

算法 3.26

```
bool DeQueue_L(LinkQueue &Q,ElemType &e)
{//若链队列 Q 非空,删除队首元素并赋给 e,返回 TRUE;若队列空则返回 FALSE
    if(Q.front = Q.rear)return FALSE;
    p = Q.front->next;
    Q.front->next = p->next;
    e = p->data;
    if(Q.rear == p)Q.rear = Q.front;        //删掉的恰好是最后一个结点
    delete p;                               //释放该结点内存空间
    return TRUE;
}// end DeQueue_L
```

出队列操作时,如果删除的结点是队列中唯一的元素结点,那么在删除该结点之后还需要修改 rear 指针。可以看出,和顺序存储相比,链式存储是实现队列更好的选择。

3.6 队列的应用

队列常常被用于仿真系统中排队的模拟,本节通过一些简单的例子来介绍队列的应用。

例 3.5 编写一个打印二项式系数表(杨辉三角)的算法。

众所周知,二项式系数表中第 k 行有 $k+1$ 个数,第 1 个和最后一个是 1,其他的值是由 $k-1$ 行计算出来的,每个数都等于其左上和右上角数据之和。

```
    1  1
  1  2  1
1  3  3  1
   …  …
```

图 3.8 二项式系数

本例也可以通过设立两个 $n+1$ 长度的数组作为辅助空间来计算出 n 阶二项式系数。但我们通过使用循环队列来看看它是如何减少辅助空间的。要计算前 n 阶的二项式系数,需要的队列最大空间是 $n+2$。假设已经计算出 k 行的二项式系数并存放在队列中,行间插入一个 0 作为行界。队首指针指向 k 行前面的 0,尾指针指向 k 行最后的 1 后一个单元。现在通过循环队列来计算 $k+1$ 行的二项式系数。

对于 $k+1$ 行的每个数据可以这样获得,出队列一个元素(左上方),再取队首元素(右上方),二者之和作为当前数据入队列。队首的"0"(k 行前行界)也可以看作是 $k+1$ 行第一个 1 的左上方数据。在计算第 $k+1$ 行前,先入队列一个行界符"0"。如此,从 $k=1$ 开始,队列的初值应该是"0 1 1",然后就可以用循环方式求得 $k=n$ 行的值。在循环过程中,计算 $k+1$ 行的同时可以输出 k 行的值。

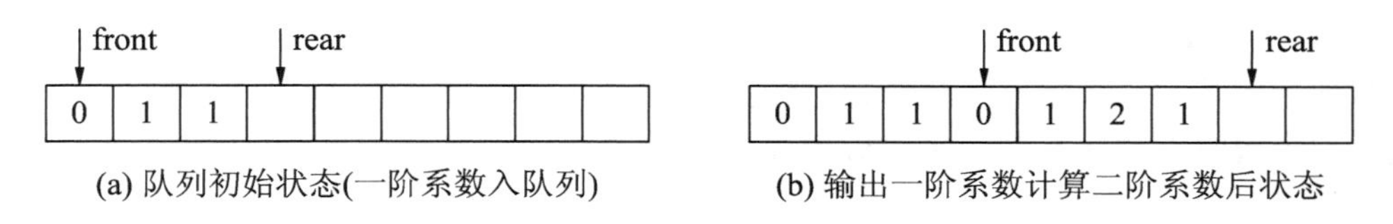

(a) 队列初始状态(一阶系数入队列)　　(b) 输出一阶系数计算二阶系数后状态

图 3.9　二项式系数求解过程队列状态

具体如算法 3.27 所示。

算法 3.27

```
void yanghui(int n)
{//输出 n 阶的二项式系数表
   SqQueue Q;
   InitQueue(Q,n+2);
   EnQueue(Q,0);
   EnQueue(Q,1);
   EnQueue(Q,1);                          //一阶系数入队列"0 1 1"
   k=1;
   while(k<n){                            //计算出 n 行系数,输出前 n-1 行系数
     for(i=1;i<=n-k;i++)cout<<' ';        //根据 k 输出空格保持三角形
     EnQueue(Q,0);                        //入队列行界符"0"
     do{
       DeQueue(Q,s);                      //出队首元素(左上方)
       GetHead(Q,e);                      //读取队首元素(右上方)
       if(e)cout<<e<<' ';                 //e 非行界"0",输出
       else cout<<endl;                   //是行界则换行
       EnQueue(Q,s+e);                    //k+1 行数据入队列
     }while(e!=0);                        //k+1 行数据计算结束
     k++;
   }//while
   DeQueue(Q,e);                          //n 行行界符"0"出队列
   while(!QueueEmpty(Q)){                 //单独输出 n 行数据
     DeQueue(Q,e);
     cout<<e<<' ';
   }
}// end yanghui
```

例 3.6　舞伴组合问题。某舞厅举行舞会,约定男士只能和女士组成舞伴,参加舞会的男士人数多于女士,且舞厅最多只能容下 X 对舞伴同时跳舞。这样始终都会有一部分人处于等待中,一对舞伴跳完后可以重新组合舞伴。为了让大家获得舞伴以及跳舞的机会均等,可以事先进行舞伴组合。

假设男士有 m 人,姓名存储在 M_name[m]中 女士有 n 人,姓名存储在 F_name[n]

中，且 $m>n>X$。开始时，把男士和女士分别进入两个队列 Qm 和 Qf，舞会开始后，每次从两个队列各出队列一人组成一对舞伴，共有 X 对舞伴在跳舞，其后每当一对舞伴跳完后再进入队列等候时新的一对舞伴才可以跳舞。下面算法模拟舞会进程，打印出每一对进入舞池舞伴的姓名。

算法 3.28

```
void DancePartner()
{//为 m 位男士和 n 位女士组合舞伴，一次最多 X 对舞伴可以同时跳舞 m>n>X
    Queue Qm,Qf;
    InitQueue(Qm,m);          //初始化男士队列
    InitQueue(Qf,n);          //初始化女士队列
    for(i=0;i<m;i++)
        EnQueue(Qm,i);        //男士入队列，入的是数组下标
    for(i=0;i<n;i++)
        EnQueue(Qf,i);        //女士入队列
    for(i=0;i<X;i++){
        DeQueue(Qm,mk);
        DeQueue(Qf,nk);
        printf("%s和%s组成舞伴。\n",M_name[mk],F_name[nk]);
    }
    endflg=0;                 //舞会结束标志
    while(!endflg){
      evt=getevent();         //取得下一个事件，E表示有舞伴跳完，Q表示舞会结束
      switch(evt){
        case 'E':             //有舞伴跳完，进入队列，新的组合进入舞池
          getcurid(mk,nk);    //获得当前结束舞伴的男女 id(数组下标)
          EnQueue(Qm,mk);     //刚跳完的舞伴进入队列排队
          EnQueue(Qf,nk);
          printf("%s和%s跳舞结束。\n",M_name[mk],F_name[nk]);
          DeQueue(Qm,mk);     //队列首部的男士和女士组成舞伴
          DeQueue(Qf,nk);
          printf("%s和%s组成舞伴。\n",M_name[mk],F_name[nk]);
          break;
        case 'Q':
          printf("舞会结束！\n");
          endflg=1;
          break;
        }//switch
    }//while
    Destroy(Qm);Destroy(Qf);  //销毁队列
}//end DancePartner
```

3.7 递归应用示例

高级语言中的函数调用一般都是使用栈来实现的，因为函数调用时需要保存两方面的信息：

（1）函数调用时的实际参数以及函数返回的地址需要传递给被调用函数；

（2）保存调用函数时的“现场”，包括当前的局部变量、参数等。

一般在函数调用前保存信息入栈，在函数调用后再将保存的信息出栈。在高级语言如C语言中调用函数时似乎并没有感觉到栈的存在，那是因为栈的使用都被编译程序在内部实现，这使得高级语言的编写更简洁方便。而递归函数和普通的函数基本一样，所不同的是，递归函数需要反复地调用自身，而且是在当前函数调用并未结束的情况下再次调用。因此栈的元素会不断增加，直到递归结束的条件满足，再层层返回，栈里的元素也就一一出栈。下面我们避开编译系统对栈的处理，直接使用栈来实现递归函数，从而了解栈的工作过程，加深对栈的理解。

例 3.7 Ackerman 递归函数的实现。

Ackerman 函数的定义如下：

$$A(n,x,y)=\begin{cases} x+1, & n=0 \\ x, & n=1,y=0 \\ 0, & n=2,y=0 \\ 1, & n=3,y=0 \\ 2, & n\geqslant 4,y=0 \\ A(n-1,A(n,x,y-1),x), & n\neq 0,y\neq 0 \end{cases}$$

这个函数使用递归方式很容易实现，如算法 3.29 所示。

算法 3.29

```
void Ackerman1(int n,int x,int y)
{//使用递归函数方式实现 Ackerman 函数
    if(n==0)return (x+1);
    if(y==0)return (n==1)? x:
                   (n==2)? 0:
                   (n==3)? 1:2;
    return Ackerman1(n-1,Ackerman1(n,x,y-1),x);
}//end Ackerman1
```

可以看出，递归函数的实现基本上就是按照函数原型去编写的，不需要考虑递归究竟是如何使用栈来实现的。下面我们用非递归函数借助栈的操作来实现上述递归函数，先考虑栈的元素类型定义如下：

```
typedef struct{
    int n;
    int x;
    int y;
}ElemType;
```

假设需要求解的是 Ackerman(n,x,y)，那么将(n,x,y)构成的 e 元素入栈表示初始任务，如果 $n\neq0$ 且 $y\neq0$，那么该任务目前是无法直接完成的。根据函数的定义，必须知道 Ackerman($n,x,y-1$)的值，于是当前最迫切的任务变成求 Ackerman($n,x,y-1$)的值。因此再把有($n,x,y-1$)构成的 e 元素入栈，如此重复直至 $n=0$ 或 $y=0$ 可以计算出函数值。当 Ackerman($n,x,y-1$)可直接求解出来并假设值为 v，还需要求解 Ackerman($n-1,v,x$)即可获得 Ackerman(n,x,y)的值。Ackerman($n-1,v,x$)能否直接求解还需看 $n-1$ 和 x 的值，如果不能求解还需再入栈，继续根据函数定义求更低阶的函数。如算法 3.30 所示。

算法 3.30

```
void Ackerman2(int n,int x,int y)
{//使用非递归函数方式实现 Ackerman 函数
    InitStack(S);
    e = {n,x,y};
    push(S,e);                    //初始化任务(n,x,y)
    do{
      GetTop(S,e);
      while(e.n! = 0 && e.y! = 0){  //无法直接求解
        e.y--;                     //形成任务(n,x,y-1)
        push(S,e);
      }//while
      pop(S,e);
      u = getvalue(e.n,e.x,e.y);   //e.y = 0,e 可以直接求解
      if(!StackEmpty(S)){          //e 不是初始任务
        pop(S,e);                  //出栈(n,x,y)
        e.n--;e.y = e.x;e.x = u;   //形成(n,x,y)的等价任务(n-1,u,x)
        push(S,e);                 //入栈(n-1,u,x)
      }//if
    }while(!StackEmpty(S))
    return u;
}//end Ackerman2
int getvalue(int n,int x,int y)
```

```
{//计算 n=0 或 y=0 时 Ackerman 函数的值 (n,x,y)可以直接计算
    if(n==0)return(x+1);
    return  (n==1)? x:
            (n==2)? 0:
            (n==3)? 1:2;
}//end getvlaue
```

在算法中,使用了 getvalue 函数,对比 getvalue 和算法 3.29 的 Ackerman1 函数,我们可以发现,两个函数的形式非常类似,所不同的是调用 getvalue 的函数参数必须满足 $n==0$ 或者 $y==0$,而在 Ackerman1 中,参数可以是任意的非负整数。

对于算法 3.30 还需要注意到一个问题,虽然可以使用栈来保存需要求解的 Ackerman 函数的三个参数(n,x,y),但是两个相邻元素之间的关系如何呢?也就是当已经求出栈顶元素的 Ackerman 函数值后,栈顶下面的一个元素对应的函数值怎么求解?二者关系如何?在本例中两个元素之间的关系正是 Ackerman 函数给出的递推关系:假设栈顶元素(n,x,y)构成的 Ackerman 函数值是 u,那么下一个元素构成的 Ackerman 函数值就应该是 $A(n-1,u,x)$。因此每当计算出一个栈顶元素的 Ackerman 函数值后(栈顶元素出栈),立即再计算 $A(n-1,u,x)$并取代当前栈顶元素。Ackerman(3,1,1)函数的求解过程栈变化示意图如图 3.10 所示。

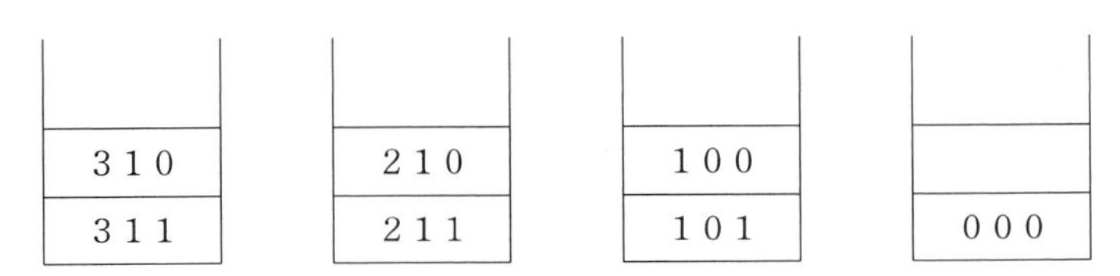

图 3.10 A(3,1,1)求解过程的栈变化示意图

例 3.8 汉诺塔问题。

有这么一个传说,布拉马圣殿的教士们有一个黄铜浇铸的平台,上立 A、B、C 三根金刚石柱子,其中 A 柱子上有 64 个金盘子,每个盘子都比它下面的盘子略小一些,当教士们把全部盘子从 A 移到 C 之后,世界就到了末日。移动的条件是每次只能移动一个盘子,并且任何大盘子都不能放在小盘子上面,B 柱子可以做临时缓冲放置盘子。要把全部盘子从 A 到 C 的移动,总共需要移动 $2^{64}-1$ 次,如果每秒移动一次,那么全部完成操作需要 5000 亿年,当然这只是一个神话传说。

如何移动每一个金盘似乎很复杂,但若用递归的方法来处理,就会显得比较简单。首先考虑 A 上只有一个金盘的情况,显然可以直接把它移动到 C,我们把这个移动使用函数 move$(A,1,C)$来表示(图 3.11)。

现使用递归的思想来考虑,假设已经可以实现把 $n-1$ 个盘从一个柱子移动到另一个柱子,那么怎样才能实现把 n 个盘子从A 移动到C 呢?方法很简单:首先把上面的 $n-1$ 个盘子移动到 B,再把第 n 个盘子移动到C,然后再次把 $n-1$ 个盘子移动到 C 的上面,问题解决。那么现在的问题就变成了怎样把 $n-1$ 个盘从一个柱子移动到另一个柱子?同样可以假设 $n-2$ 个盘子的移动已经可以实现……

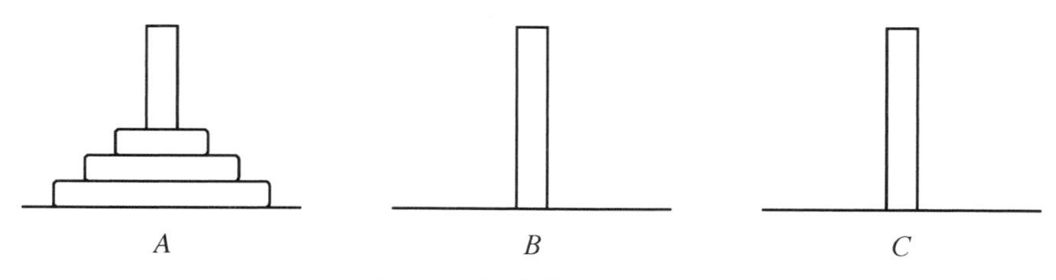

图 3.11 汉诺塔问题示意图

以此类推,发现最终只要能实现一个盘子的移动就可以递归完成 n 个盘子的移动了。而一个盘子的移动显然是可以直接完成,不需要再递归了。具体如算法 3.31 所示。

算法 3.31

```
void hannuo( int n,char A,char B,char C)
{//将汉诺塔中 A 柱子上的 n 个盘移动到 C 柱子,B 用作辅助柱子
    if(n==1)move(A,1,C);              //一个盘子直接移动到 C
    else{
      hannuo(n-1,A,C,B);              //把 n-1 的盘子 A->B,C 作辅助
      move(A,n,C);                    //把第 n 个盘 A->C
      hannuo(n-1,B,A,C);              //把 n-1 的盘子 B->C,A 作辅助
    }
}//end hannuo
```

可以看出,使用递归思想的算法变得非常清晰和简洁,其复杂的过程都由系统使用栈完成了。

例 3.9 八皇后问题。

在国际象棋的 8×8 的棋盘上,摆放 8 个皇后,使得每个皇后之间都相互吃不到对方。由于国际象棋中皇后可以横、竖和对角线方向行走,因此意味着每一行每一列以及对角线方向上都只能有一个皇后(图 3.12)。

假设用 $R[0..7][0..7]$来表示 8×8 棋盘的格子,$R[0,0]$在左上角。为了检测某一列是否已经放有皇后,我们使用数组 $A[0..7]$来表示 8 个列是不是有皇后,1 表示有,0 表示没有;在左下到右上的对角线及其平行线上(斜率为 +1),元素的两个下标值之和在每条线内都是相等的,共有 15 条线,下标之和分别从 0 到 14,现用 $B[0..14]$来表示这 15 个斜率为 +1的对角线上是否有皇后;相应地,在左上到右下方向(斜率为 -1)的对角线也有 15 条,该方向的特点是某条线上元素下标之差为定值(从 -7 到 7),如 i、j 分别表示横竖下标,那么 $i-j+7$在这 15 条对角线上的值对应是 0 到 14,现使用数组 $C[0..14]$来表示每条 -1 斜率对角线上是否有皇后。

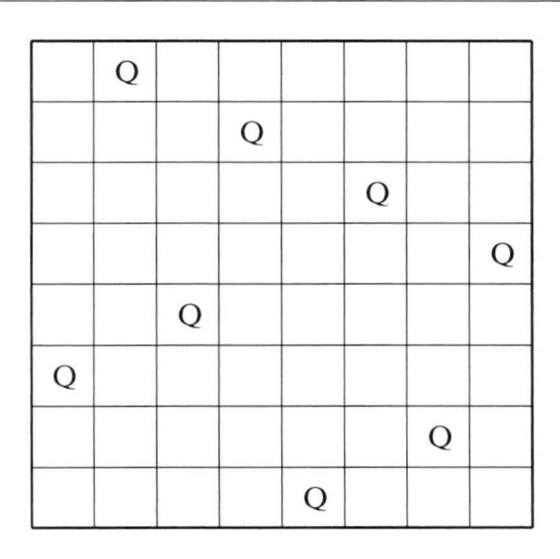

图 3.12　八皇后问题一组解向量(1,3,5,7,2,0,6,4)

使用 $X[0..7]$来表示解向量，即 $X[0]$表示 0 行皇后所在的列，$X[1]$表示 1 行皇后所在的列，……，$X[7]$表示 7 行皇后所在的列。

在求解时，先从 0 行开始尝试放皇后($i=0$)，求得 $X[0]$，再放 1 行的皇后，求得 $X[1]$，……，直至放下 7 行的皇后，求得 $X[7]$，然后输出一组解。在这个过程中，对于每一个放成功的皇后，都有一个回溯过程，使得算法可以获得全部的解。

具体如算法 3.32 所示。

算法 3.32

```
#define N 8
int X[N];                              //存放解向量
int B[2*N-1];C[2*N-1];                 //+1 和 -1 斜率对角线是否有皇后的标记
int A[N];                              //某一列是否有皇后的标记
void mark(int i,int j,int flag)
{//在 R[i,j]放入或取走皇后,flag=1 放入,flag=0 取走
  A[j]=B[i+j]=C[i-j+7]=flag;
}//end mark
bool place(int i,int j)
{//检查 R[i,j]是否可以放皇后,TRUE 表示可以放
  return (A[j]==0 && B[i+j]==0 && C[i-j+7]==0);
}//end place
void Queen(int i)
{//从 i 行开始放第 i 个皇后,调用 Queen(0)就可以得到全部的解
    for (j=0;j<N;j++){                 //逐列尝试
      if (place(i,j)){                 //R(i,j)能放置吗
        X[i]=j;                        //第 i 个皇后放在 j 列
        mark(i,j,1);                   //标记 R(i,j)已放置皇后
        if(i==N-1){for(k=0;k<N;k++)cout<<X[k];cout<<endl;}
                                       //最后一个皇后已放入,输出解向量
        else queen(i+1);               //接着试下一行的皇后
        mark(i,j,0);                   //回溯,取走刚刚放置的 j 列皇后,尝试下一个 j
```

```
        }//if
    }//for
}//end Queen
```

在算法中使用递归来实现下一个皇后的摆放,同时还使用了回溯的方法去求解全部的解。需要说明的是,这里的解没有考虑解的旋转情况,即一组解如果旋转 90 度或 180 度后恰巧和另一组解相同,在本例中也被认为是两组不同的解。可以看出,递归大大简化了算法代码。

本 章 小 结

本章主要介绍了数据结构栈和队列的基本概念以及相应的表示和存储实现,着重给读者展示了栈和队列在解决实际问题中的作用,特别列举了一些栈和队列的经典应用。队列在事件模拟方面也具有相当重要的作用,限于篇幅关系,在此并没有完全展开去讨论。

作为一种特殊的线性表,或者说有约束限制的线性表,栈和队列都继承了线性表的一些共性,由于本身的一些操作限制,线性表的顺序存储的缺陷在栈和队列中表现得并不明显。例如顺序表在表中插入和删除元素会引起大量元素的移动,而由于栈和队列的插入和删除操作都限制在端点进行,因此避开了顺序表的此缺陷。

当然,顺序存储的另一些缺陷,如需要预先分配最大存储空间在栈和队列中依然存在,当顺序存储的队列和栈满时就需要重新分配更大的空间并进行相应的元素复制。相比而言,链式存储的栈和队列就不存在这一问题。同时链表的缺点也因栈和队列不会在表中间删除和插入元素而得以避免。就此而言,链式存储的栈和队列要优于顺序存储。

递归问题因其广泛的应用被单独列出来作为一节讨论。递归问题是对栈的典型应用,递归方法可以用于解决数学上的递归函数的求解,因这类函数本身就是以递归形式表达的,因此很方便用递归方法来实现,只需要设置好递归的"终止"条件即可;递归方法还可以用来解决相似度高的重复性操作问题,如汉诺塔和八皇后问题。

解决这类问题的核心思想有两点:① 把 n 规模的问题表达成 $n-1$ 规模问题的描述;② 找出递归终止的条件。如在汉诺塔问题中,把移动 n 个盘子可以分解描述成移动 $n-1$ 个盘子和第 n 个盘子;当移动的盘是单个盘时就终止递归了。

习 题

3.1 简述栈和线性表的区别。

3.2　如果进栈序列为 A、B、C、D，写出所有可能的出栈序列。

3.3　已知栈 S 中存放了 8 个数据元素，自栈底至栈顶依次为(1,2,3,4,5,6,7,8)。

(1) 写出在执行了函数调用 func1(S)后，S 中的元素序列。

(2) 在(1)的基础上，又执行了函数调用 func2(S,5)，写出此时 S 中的元素序列。

```
void func1(Stack &S){
    int a[10],i,n = 0;
    while(!StackEmpty(S)){n++;Pop(S,a[n]);}
    for(i = 1;i<= n;i++) Push(S,a[i]);
}
void func2(Stack &S,int e){
    Stack T;
    int d;
    InitStack(T);
    while(!EmptyStack(S)){
        Pop(S,d);
        if(d! = e) Push(T,d);
    }
    while(!StackEmpty(T)){
        Pop(T,d);
        Push(S,d);
    }
}
```

3.4　已知队列 Q 中自队首至队尾依次存放着(1,2,3,4,5,6,7,8)。写出在执行了函数调用 func3(Q)后，Q 中的元素序列。

```
void func3(Queue &Q){
    Stack S;    int d;
    InitStack(S);
    while(!QueueEmpty(Q)){
        DeQueue(Q,d); Push(S,d);
    }
    while(!StackEmpty(S)){
        Pop(S,d); EnQueue(Q,d);
    }
}
```

3.5　试写一个算法，判断以＃为结束符的字符序列是否为形如“序列$_1$@序列$_2$”模式的字符序列。其中，序列$_1$ 和序列$_2$ 中都不包含字符‘@’，且序列$_2$ 是序列$_1$ 的逆序。例如，“xyz@zyx”是属于该模式的字符序列。

3.6　假设一个算术表达式中可以包含三种符号：圆括号“(”和“)”、方括号“[”和“]”、花括号“{”和“}”，且这三种括号可按任意次序嵌套使用。编写判别给定表达式中所含的括号是否是正确配对的算法(已知以#结束的表达式已存入数据元素为字符的顺序表中)。

3.7 设中缀表达式由单字母变量、双目运算符和圆括号组成,如“$(a*(b+c)-d)/e$”。试写一个算法,将一个书写正确的中缀表达式转换为逆波兰式。

3.8 试用类C写一个算法,对逆波兰式求值。

3.9 假设以带头结点的单循环链表表示队列,只设一个尾指针指向队尾元素,不设头指针。试编写相应的队列初始化、入队和出队的算法。

3.10 假设将循环队列定义为:以 rear 和 length 分别指示队尾元素和队列长度。试给出此循环队列的队满条件,并写出相应的入队和出队算法(在出队算法中要传回队首元素)。

3.11 试写一个算法:判别读入的一个以‘#’为结束符的字符序列是否是“回文”(所谓“回文”是指正读和反读都相同的字符序列,如“xyzyx”是回文)。

3.12 数组 $A[n]$的元素是整型数,试写出递归算法求出 A 中的最大元素。

3.13 尝试把下列递归函数改写为非递归形式:

```
void func(int &s){
    int x;
    scanf("%d",&x);
    if(x==0) {s=0;return;}
    func(s);s+=x;
    printf("s=%d\n",s);
}
```

3.14 已知求两个正整数 m 与 n 的最大公因子的过程用语言可以表述为反复执行如下动作:第一步:$r=m\%n$;第二步:若 $r=0$,则返回 n,算法结束;否则,$m=n$,$n=r$,返回第一步。

(1) 将上述过程用递归函数表达出来;

(2) 写出求解该递归函数的非递归算法。

第4章　串和数组

串并不是一种新的数据结构，而是一种特殊的线性表，即以字符为元素的线性表。由于字符串的广泛使用，很多高级语言中不用一般线性表的操作方法来处理字符串，因为字符串的常用操作和一般线性表的操作不完全一致。比如线性表中的插入和删除元素在字符串中用得并不多，而字符串中的连接操作、求子串操作等，在一般的线性表中也很少用到。所以高级语言中一般都专门设置字符串数据类型，并定义了此数据类型上的各种基本操作。

4.1　串的基本概念

串(String)又称字符串，与线性表的定义类似，串是由若干个字符组成的序列，记作：

$$s = \text{“}a_0 a_1 \cdots a_{n-1}\text{”} \quad (n \geqslant 0)$$

式中 s 是串的名字，双引号(或单引号)括起来的部分是字符串的值，字符串不包括引号本身。$a_i(0 \leqslant i \leqslant n-1)$可以是字母、数字或其他字符。字符的个数 n 称为字符串的长度。当 $n=0$ 时称 s 是空串。字符的序号是从 0 开始的，这一点和线性表的位序是不一样的，主要是为了和 C 语言中数组下标从 0 开始的习惯保持一致。

串中连续的任意多个字符组成的子序列称为该串的**子串**，包含子串的串相应地被称为**主串**。子串中第 0 个字符在主串中的序号称为子串在主串中的位置。如下面 A、B、C、D 几个字符串：

$$A = \text{“Bei”}, \quad B = \text{“Jing”}, \quad C = \text{“BeiJing”}, \quad D = \text{“Bei Jing”}$$

四个字符串的长度分别为 3、4、7、8(注意 D 串中有个空格，空格也是一个字符)。其中 A、B 都是C、D 的子串，A、B 在C 中的位置是 0 和 3，而在 D 中的位置是 0 和 4。

字符串可以比较大小，两个字符串相等是指两个字符串的长度相等，并且每个对应位置的字符都相同。空串小于任何非空串，对于两个非空串怎么比较大小呢？首先我们需要确定字符大小的比较。在 C 语言中，字符大小是由该字符的 ASCII 码值大小确定的，比如‘a’<‘b’，‘A’<‘a’。在不同的高级语言中字符大小关系未必完全一样。有了字符的大小关系就可以来比较两个字符串的大小了。首先从两个字符串的第 0 个字符开始比较，如果一个串的字符大于另一个串的，那么字符值大的串值也大；如果第 0 个字符相等，那么字符串

的大小由剩下的子串(即第 0 个字符除外的字符串)决定。两个子串的比较可以重复上面的过程,直至出现首字符不相等的两个子串,或者出现一个空串。

由于串的应用不同于一般的线性表,其基本操作与线性表相差很大,在大多数高级语言里,都为串设计了专门的操作函数,下面给出串的抽象数据类型定义:

```
ADT String{
    数据对象:D = {a_i | a_i ∈ CharSet, i = 0,1,…,n-1, n≥0}
    数据关系:R = {<a_{i-1}, a_i> | a_{i-1}, a_i ∈ D, i = 1,…,n-1}
    基本操作:
    StrAssign(&T,chars)
        操作结果:把字符串常量 chars 赋给 T。
        参数说明:chars 是字符串常量,T 是字符串变量。
    StrCopy(&T,S)
        操作结果:串 S 复制到串 T。
        参数说明:串 S 已存在。
    StrEmpty(S)
        操作结果:若串 S 为空则返回 TRUE;否则返回 FALSE。
        参数说明:串 S 已存在。
    StrLength(S)
        操作结果:返回栈 S 中的元素(字符)个数,亦即串的长度。
        参数说明:串 S 已存在。
    StrCompare(S,T)
        操作结果:若 S<T 返回负数,若 S=T 返回 0,若 S>T 返回正数。
        参数说明:串 S、T 已存在。
    StrConcat(&T,S1,S2)
        操作结果:S1、S2 连接成新串并用 T 返回。
        参数说明:串 S1、S2 已存在。
    SubString(&Sub,S,pos,len)
        操作结果:用 Sub 返回串 S 中起始位置是 pos、长度为 len 的子串。
        参数说明:串 S 已存在,0≤pos≤StrLength(S)-1,0≤len≤StrLength(S)-pos。
    Index(S,T,pos)
        操作结果:若串 S 中从 pos 位置开始存在子串 T,则返回第一次出现 T 的位置,否则返回 -1。
        参数说明:串 S 已存在,0≤pos≤StrLength(S)-1,T 已存在。
    Replace(&S,T,V)
        操作结果:若串 S 中存在子串 T,则用 V 替换所有不重叠的 T。
        参数说明:串 S、V 已存在,T 非空。
    StrInsert(&S,pos,T)
        操作结果:在串 S 中 pos 位置插入子串 T。
        参数说明:串 S、T 已存在,0≤pos≤StrLength(S),pos = StrLength(S)时表示插在 S 最后一个字
                  符后面。
```

```
    StrDelete(&S,pos,len)
        操作结果:在串 S 中 pos 位置删除长度为 len 的子串。
        参数说明:串 S 已存在,0≤pos≤StrLength(S) - 1,0≤len≤StrLength(S) - pos。
    DestroyString(&S)
        操作结果:销毁串 S。
        参数说明:串 S 已存在。
}end ADT String
```

在以上操作方法中,基本的操作包括:StrAssign、StrCompare、StrLength、StrConcat 和 SubString。其他的操作都可以用这 5 个操作来实现,因此我们称这 5 个操作构成最小操作子集。

4.2　串的表示与实现

串作为一种线性结构,也可以有顺序和链式两种实现方式。但由于字符串操作的特殊性,链式存储的方式不利于字符串的实现,实际上也很少使用。本节主要介绍顺序存储的两种方法,然后简要说明链式存储。

4.2.1　顺序存储

和线性表的顺序存储一样,顺序存储的字符串也用一组连续的空间来存储字符序列。顺序存储从空间分配的过程来看,又可以分成静态和动态两种。

1. 静态顺序存储

静态顺序存储是在程序开始运行时分配一个内存,程序运行后不能改变空间的大小,也不能释放,程序结束时内存空间随程序一起释放。在 C 语言中一般用字符数组来实现。字符数组中的字符构成字符串,并以'\0'字符结束。数组中'\0'之前的字符都是字符串的内容,'\0'本身占一个位置,这样 C 语言中长度为 n 的字符串需要的数组空间是 $n+1$。例如:

```
char  mystr[10];
```

mystr 最多可以存储 9 个字符的字符串。如果 mystr 存储字符串"abc",则 mystr[0] = 'a',mystr[1] = 'b',mystr[2] = 'c',mystr[3] = '\0'。

在有些高级语言中,如 Pascal,并不以'\0'作为串结束符,而是在数组的第 0 个单元存储字符串的长度,从第 1 个单元开始存储字符串的有效字符。我们也可以在 C 语言中通过类型定义来模拟这种方式存储。例如:

```
#define MAXLEN 255
    typedef unsigned char SString[MAXLEN + 1];
```

这样 SString 也是一种字符数组实现的字符串类型，该类型最大能存储 MAXLEN 长度的字符串，其中数组的第 0 个单元存储的是字符串的长度。如：

SString mysstr = “abc”;

那么 mysstr[0] = 3, mysstr[1] = ‘a’, mysstr[2] = ‘b’, mysstr[3] = ‘c’。

下面根据上述两种存储方式，分别实现 Concat 操作，可以比较一下二者的区别。这里我们假设 T 的空间足以存放 $S1$、$S2$ 连接的新串。

算法 4.1

```
void Concat_sq1(char T[],char S1[],char S2[])
{//用 T 返回以 '\0' 为结束符的串 S1、S2 连接成的新串
    i = j = 0;
    while(S1[i]! = '\0')T[j ++ ] = S1[i ++ ];        //复制串 S1
    i = 0;
    while(S2[i]! = '\0')T[j ++ ] = S2[i ++ ];        //复制串 S2
    T[j] = '\0';                                     //置 T 串的结束符
    }// end Concat_sq1
```

算法 4.2

```
void Concat_sq2(SString T,SString S1,SString S2)
{//用 T 返回 SString 类型串 S1、S2 连接成的新串
    for(i = 1;i< = S1[0];i ++ )T[i] = S1[i];         //复制串 S1
    for(i = 1;i< = S2[0];i ++ )T[i + S1[0]] = S2[i];//复制串 S2
    T[0] = S1[0] + S2[0];                            //置 T 串的长度
}// end Concat_sq2
```

2. 动态顺序存储

动态顺序存储字符串是指存储空间在要使用时才分配，而不是在程序一开始就分配，而且在使用后可以立即释放，因此称为动态存储。在 C 语言中用 malloc 来分配空间，在 C++ 中用 new 来分配。例如可以这样来分配 10 个字符的字符串空间：

char *p = new char[11];

其中，p 就是一个字符指针。p 也指向字符串的第一个字符，可以像访问数组那样访问 p，p[0]表示串的第 0 个字符，等价于 *p。p[n]的值是‘\0’（其中 n 是字符串长度），等价于 *(p + n)。

如用 p 指向的空间来存储串“abc”，那么 p[0] = ‘a’，p[1] = ‘b’，p[2] = ‘c’，p[3] = ‘\0’。

动态顺序存储的字符串空间使用相应的方法释放，C 语言中使用 free 函数，C++ 中使用 delete 方法。

大多数的高级语言都设计了专门的针对字符串的操作。下面给出部分字符串操作的顺序存储实现，其中串都是以'\0'为结束符的存储方法。

(1) 求字符串长度 StrLength_sq

利用 C 语言中的 strlen 也可以直接实现此功能。

算法 4.3

```
int StrLength_sq(char * S)
{//求串 S 的长度
    i = 0;
    while(S[i]! = '\0')i ++ ;
    return i;
}//end StrLength_sq
```

(2) 字符串比较 StrCompare_sq

比较两个字符串 S、T 的大小，若 $S>T$ 则返回正数，若相等则返回 0，若 $S<T$ 则返回负数。本操作也可以通过 C 语言中的 strcmp 直接实现，如 strcmp(S, T)。

算法 4.4

```
int StrCompare_sq(char * S,char * T)
{//比较字符串 S、T 的大小，若 S>T 则返回正数，若相等则返回 0，若 S<T 则返回负数
    for(i = 0;S[i]! = '\0'&&T[i]! = '\0';i ++ )
      if(S[i]! = T[i])return (S[i] - T[i]);
    return (S[i] - T[i]);  //先结束的字符串当前字符为 '\0'，即 0
}//end StrCompare_sq
```

(3) 字符串取子串 SubString_sq

本操作也可以通过 C 语言中的 strncpy 来直接实现，例如 strncpy(Sub,&S[pos],len)。

算法 4.5

```
void SubString_sq(char * Sub,char * S,int pos,int len)
{//用 Sub 返回串 S 中位置为 pos、长度为 len 的子串
    slen = StrLength_sq(S);
    if(pos<0||pos>slen - 1||len<0||len>slen - pos)
    {ErrorMsg(" 非法输入！ ");return;}
    for(i = 0;i<len;i ++ )Sub[i] = S[pos + i];
    Sub[len] = '\0';                    //置 Sub 串的结束符
}//end Substring_sq
```

4.2.2 块链存储字符串

虽然也可以模仿链表那样使用链式存储来存储字符串，但是由于字符串中每个元素是一个字符，如果使用一个结点来存储一个字符，指针会占用大量存储，造成很大的空间浪费。此外，由于字符串常用的取子串等操作并不能发挥链式存储的优势，因此一般不用链式存储来直接存储字符串的每个字符，而是采用一种称为块链的结构，即每个结点不是存储一个字符而是多个字符。例如我们可以设定每个结点的存储字符数是4，这样一来在字符串中插入和删除一个子串时如果不是正好4的倍数将会导致有的结点存储不满的情况。此外，如果字符串长度不是每个结点容量的整数倍时也会引起最后一个结点不满。对于这些空的单元还需要设置一个专门的符号以示其空闲而不属于字符串内容。常常使用存储密度来表示块链字符串的空闲单元情况。

$$\text{存储密度} = \frac{\text{串实际占用存储单元数}}{\text{已经分配的存储单元数}}$$

块链存储字符串的C语言实现如下：

```
#define CHSIZE  4
typedef struct Chunk{
    char ch[CHSIZE];
    struct Chunk * next;
}Chunk;
typedef struct{
    Chunk * head, * tail;              //指向头、尾的指针
    int length;                        //串长度
}CHString;
```

4.3 串的应用

正文编辑程序是一种广泛应用的服务程序，如办公室公文编写、报刊编辑等都需要用到这类程序。目前常用的办公编辑软件有微软公司的Office、金山公司的WPS等。正文编辑的实质就是字符串的操作。大多数正文编辑的软件都会包括串的查找、插入、删除、替换等功能。

为了方便编辑，用户常常可以通过加入换页符和换行符把正文划分为若干页或若干行。如果把整个正文看作是一个正文串的话，那么页则是正文串的子串，而行则是页的子串。

编辑软件为了管理正文中的页和行，一般都需要为正文串建立相应的页表和行表。页表的每一项列出页号和该页的起始行号；行表的每一项列出每一行的行号、起始地址和该行子串的长度。因此正文编辑软件一般设立三个指针：页面指针、行指针和字符指针，分别指

向页表、行表和字符。

若要在某行插入和删除字符,则需要修改行表中该行的长度;若插入的内容超出了原分配给该行的空间,则要为该行重新分配空间,并修改该行的起始位置;若删除的行恰好是所在页的首行,则还需要修改页表中相应的起始行号。

总的来说,页表和行表可以看作是正文串存储情况的一种索引。由于正文编辑功能在大多数操作系统都有相应的系统软件提供,因此不再展开赘述。

4.4 模式匹配

字符串的基本操作 Index 是在主串中查找子串第一次出现的位置,这种查找就是一种匹配的过程。常把要查找的子串称为“模式”,这种查找过程也称模式匹配。大多数编辑软件如 Windows 下的记事本(Notepad)、Unix 下的 vi 等,都具有“查找”(Search)的功能,即在被编辑的正文中查找“指定子串”的功能。本节将讨论模式匹配的算法。

4.4.1 BF 算法

BF(Brute-Force)算法的思想是:假设主串 $S=$“$s_0s_1s_2\cdots s_{n-1}$”,模式串 $P=$“$p_0p_1p_2\cdots p_{m-1}$”,从主串的第 0 个字符 s_0 开始,与模式串的第 0 个字符 p_0 比较。若相等,则继续比较 P 和 S 的下一个字符;若不相等,则从 S 的第 1 个字符与 P 的第 0 个字符开始比较。如此不断重复,直到模式 P 中每一个字符都和主串 S 的相应字符相等,称为匹配成功。结果需要返回的是当前 P 在 S 中的位置,即 P 的第 0 个字符在 S 中对应的位置。

为了能在 S 中反复查找某个模式串,可以设置一个查找的起点位置 start,查找不是从 s_0 开始,而是从 S 串的 start 位置 s_{start} 开始。BF 算法代码见算法 4.6。

算法 4.6

```
int Index_BF(char *S,char *P,int start)
{//在串 S 中从 start 位置开始,查找第一次出现模式 P 的位置返回,没找到返回 -1
    if(start<0||start>strlen(S) - strlen(P))
      {ErrorMSG('非法 start 值!');return -1;}
    i = start;j = 0;
    while(i<strlen(S)&&j<strlen(P))
      if(S[i] == P[j]){i++;j++}          //当前字符相等,继续下一个
      else {i = i - j + 1;j = 0;}         //当前字符不等,回溯指针
    if(j == strlen(P))return (i - j);     //匹配成功,返回匹配开始的字符位置
    return -1;
}//end Index_BF
```

从上述 BF 算法中可以看出，当模式 P 和主串 S 逐个字符进行比较时，如果发现不相等，S 的指针就回退到本次匹配开始字符的下一个，而 P 的指针则回退到 0。

如果在匹配过程中，每次匹配时 P 的第 0 个字符和 S 的字符都不相等，那么匹配结束时，总共需要比较的次数是 $n-m+1$ 次；如果每次匹配时前面的 $m-1$ 个字符都和主串相同，只有最后一个字符不同，那么匹配结束时总共比较的次数应该是 $(n-m+1)*m$ 次。因此 BF 算法的时间复杂度最差情况是 $O(n\times m)$，最好情况是 $O(n)$，这里考虑一般情况下 n 远大于 m。

BF 算法最大的问题是主串指针的不断回退，造成了复杂度较高，下面介绍的 KMP 算法很好地解决了这个问题。

4.4.2 KMP 算法

KMP 算法是由 D.E.Knuth、V.R.Pratt 和 J.H.Morris 三人同时提出的，因此用三人姓氏首字母命名为 KMP 算法。该算法主要针对 BF 算法的不足做了改进，使得主串的指针不必回退。

先看一个例子，设主串 $S=$“abcabcabcd”，模式 $P=$“abcabcd”。

在图 4.1 中，按照 BF 算法，S 和 P 的前 6 个字符都相等，直到 $i=6,j=6$ 时，$S[6]\neq P[6]$，如图(a)，这时 S、P 的指针都需要回退，S 的指针回退到 1，P 的指针回到 0，重新开始比较 $S[1]$和 $P[0]$是否相等，如图(b)。但是其实可以推理得出 $S[1]$一定不等于 $P[0]$。由于 P 给定为“abcabcd”就意味着 $P[0..2]=P[3..5]$，且 $P[0]$、$P[1]$、$P[2]$各不相等。无论 S 串如何，当比较到 $S[6]$不等于 $P[6]$时(称之为失配)，$S[0..5]$必然等于 $P[0..5]$，即 $S[1]=P[1]$，而模式串中已知 $P[0]\neq P[1]$，所以必然有 $S[1]=P[1]\neq P[0]$。

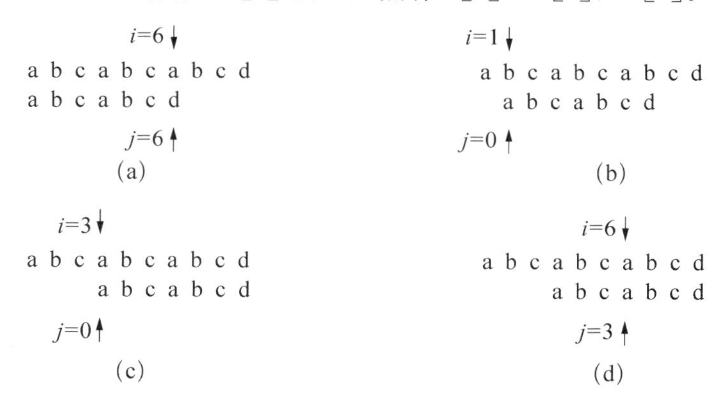

图 4.1 模式匹配过程示意图

换句话说，模式串 P 的内部序列特征决定了当 $P[6]$失配时，$P[0]$一定不等于 $S[1]$，这就是说没有必要把 S 的指针回到 1、P 的指针回到 0。同样也可以推理出 $S[2]\neq P[0]$。而对于 $S[3]$是不是要和 $P[0]$比较呢？如图(c)。也不需要，因为 $S[3]=P[3]=P[0]$。

当 $S[3]=P[0]$后，接下来的 $S[4]$、$S[5]$和 $P[1]$、$P[2]$的情况如何呢？留意子串自身结构，很显然也有 $S[4..5]=P[4..5]=P[1..2]$。

综合上面的分析，我们可以得出这样的结论：主串 S 在和 P 的匹配过程中，当 S 在第 i

位和$P[j]$失配后,S 的指针 i 并不需要回退,因为 i 前面的 j 个字符和 P 中字符一一对应相等,和 P 中其他字符的关系也就确定(当然我们需要先已知子串 P 的结构特征),不需要再一一比较,只需要继续和 P 中的某个字符(设为第 k 个)比较,那么 k 应取决于 j,我们用 next$[j]$表示。那么 next$[j]$如何求得?下面来看。

设 $S=$"$s_0 s_1 s_2 \cdots s_{n-1}$",模式串 $P=$"$p_0 p_1 p_2 \cdots p_{m-1}$",当 S 中第 i 个字符和 P 中第 j 个字符失配时,即 $s_i \neq p_j$,假设这时 s_i 只需要继续和 p_k 做比较,这时模式 P 的前 $k-1$ 个字符构成的子串必须满足

$$p_0 p_1 \cdots p_{k-1} = s_{i-k} s_{i-k+1} \cdots s_{i-1} \tag{4.1}$$

而前面已经匹配的结果意味着

$$p_{j-k} p_{j-k+1} \cdots p_{j-1} = s_{i-k} s_{i-k+1} \cdots s_{i-1} \tag{4.2}$$

由式(4.1)和式(4.2)可以得到

$$p_0 p_1 \cdots p_{k-1} = p_{j-k} p_{j-k+1} \cdots p_{j-1} \tag{4.3}$$

也就是说,如果模式 P 满足(4.3)式,当其在第 j 位失配时,仅仅需要将 P 向右滑动,使其第 k 个字符继续和主串的第 i 个字符对齐继续比较。

显然 k 即为前述的 next$[j]$,next$[j]$可以表述为:当模式 P 中第 j 个字符和主串当前字符失配时,在模式中需要重新和主串中当前字符进行比较的字符的位置。由此得到 next 的如下定义:

$$\text{next}[j] = \begin{cases} -1, & j = 0 \\ \max\{k \mid 0 \leqslant k < j \text{ 且 } p_0 p_1 \cdots p_{k-1} = p_{j-k} p_{j-k+1} \cdots p_{j-1}\} \end{cases} \tag{4.4}$$

简单理解,就是当某个字符紧挨着的前面最多若有 k 个字符的子串和模式的前 k 个字符子串相等(不存在这样的子串时 $k=0$),那么其 next 的函数值即为 k。根据这个定义,可以求出 $P=$"abcabcd"的 next 函数值(表 4.1)。

表 4.1

j	0	1	2	3	4	5	6
模式串	a	b	c	a	b	c	d
next$[j]$	−1	0	0	0	1	2	3

当 $j=0$ 时,next$[0]=-1$ 表示当 P 的第 0 个字符就失配,意味着主串需要移动指针到下一个字符即 $i+1$ 了,而模式串指针不动;next[1..3]均为 0 表示 P 在第 1 到 3 个字符上失配时都需要向右滑动,使得 P 的第 0 个字符与主串当前字符比较;next$[6]=3$ 表示 P 在第 6 字符上失配时只需要重新使 P 的第 3 个字符与主串当前字符比较,如图 4.1(d)所示。由图可见,在图 4.1(a)中不匹配发生时,不再需要经过(b)、(c)图的指针回退,而是直接跳到(d)图,模式向右滑动,不再回溯主串的指针。

再看一看 $P=$"abaabcac"的 next 函数值情况(表 4.2)。

前面提到,模式的 next 函数仅仅和模式本身有关,是由模式内字符串的排列特征所决定的,和主串无关。有了模式的 next 函数后,就可以很简单地实现 KMP 算法了。

表 4.2

j	0	1	2	3	4	5	6	7
模式串	a	b	a	a	b	c	a	c
next[j]	-1	0	0	1	1	2	0	1

算法 4.7

```
int Index_KMP(char *S,char *P,int start)
{//在串 S 中从 start 位置开始,查找第一次出现模式 P 的位置返回,没找到返回 -1
    if(start<0||start>strlen(S)-strlen(P))
      {ErrorMSG('非法 start 值!');return -1;}
    i=start;j=0;
    while(i<strlen(S)&&j<(int)strlen(P))
      if(j==-1||S[i]==P[j]){i++;j++}    //当前字符相等,继续下一个
      else j=next[j];                    //当前字符不等,滑动模式
    if(j==strlen(P))return (i-j);        //匹配成功,返回匹配开始的字符位置
    return -1;
}//end Index_KMP
```

注意,算法中把 $j=-1$ 的情况和 $S[i]==P[j]$的情况合并起来考虑,很显然当 $j=-1$ 时,执行{i++;j++},相当于 $j=0$,主串指针 i 向右移动一位,这恰好和前面 next[0]的定义一致。

KMP 算法是对 BF 算法做了有效改进的结果,其主要是依赖模式的 next 函数来进行匹配过程的。前面已经分析了 next 函数的含义以及如何求得一个模式串的 next 的函数。那么如何通过算法来获得一个模式的 next 函数呢?

可以考虑通过递推的方法来求解 next 函数。由前面的定义知道:

$$\text{next}[0]=-1; \tag{4.5}$$

设 next[j] $=k$,我们来考虑 next[$j+1$]的情况。next[j] $=k$ 说明模式有以下关系:

$$p_0p_1\cdots p_{k-1} = p_{j-k}p_{j-k+1}\cdots p_{j-1} \tag{4.6}$$

其中 $0\leqslant k<j$,且 k 是满足式(4.6)的最大值,即不存在 $k'>k$ 满足式(4.6)。现在考虑 p_k 和 p_j:

(1) 若 $p_k=p_j$,则说明

$$p_0p_1\cdots p_{k-1}\ p_k = p_{j-k}p_{j-k+1}\cdots p_{j-1}\ p_j \tag{4.7}$$

并且不可能存在 $k'>k$ 满足式(4.7),也就是说 next[$j+1$] $=k+1$。

(2) 若 $p_k\neq p_j$,则说明

$$p_0p_1\cdots p_{k-1}\ p_k \neq p_{j-k}p_{j-k+1}\cdots p_{j-1}\ p_j \tag{4.8}$$

也就是说模式中第 $j+1$ 个元素前面不存在 $k+1$ 个字符的子串和模式的前 $k+1$ 个字符子串相等,那么有没有 $k'+1$ ($k'<k$)个字符子串和模式前 $k'+1$ 字符子串相等呢?这正是模式匹配的过程,只是在这里主串和模式串都是现在的模式串。当 $p_k\neq p_j$ 时,需要滑动模

式指针 k 到 $k'=\text{next}[k]$，若 $p_{k'}=p_j$ 则有

$$p_0 p_1 \cdots p_{k'-1} p_{k'} = p_{j-k'} p_{j-k'+1} \cdots p_{j-1} p_j \quad (1<k'<k<j) \tag{4.9}$$

说明模式中第 $j+1$ 个元素前面存在 $k'+1$ 个字符的子串和模式的前 $k'+1$ 个字符子串相等，所以

$$\text{next}[j+1] = k'+1 = \text{next}[k]+1 \tag{4.10}$$

若依然 $p_{k'}\neq p_j$，就需要继续查看 next$[k']$，此过程就是模式匹配过程，直到没有任何 k' $(0\leqslant k'<j)$满足式(4.9)，则有

$$\text{next}[j+1] = 0; \tag{4.11}$$

例如对于前面 $P=$“abaabcac”的 next 函数，如果已经求出 next[0..5]的值，下面求 next[6]和 next[7]。因为 next[5]=2，而 $p_5\neq p_2$，需要比较 p_5 和 p_0（因 next[2]=0），由于 $p_5\neq p_0$，而 next[0]=−1，所以 next[6]=next[0]+1=0。

对于 next[7]，因 next[6]=0，$p_6=p_0$，所以 next[7]=next[6]+1=1。

由于求 next 函数的过程类似于匹配过程，可以得到以下求 next 函数的算法 4.8。

算法 4.8

```
int get_next(char *P,int next[])
{//求模式串 P 的 next 函数并写入数组 next[]
    j=0;k=-1;next[0]=-1;
    while(j<=strlen(P)-1)
      if(k==-1||P[j]==P[k]){j++;k++;next[j]=k;}
      else k=next[k];
}//end get_next
```

上面定义的 next 函数尚存在缺陷，我们看看模式 $P=$“aaaab”的 next 函数的情况，见表 4.3。

表 4.3

j	0	1	2	3	4
模式串	a	a	a	a	b
next$[j]$	−1	0	1	2	3
next$[j]$修正	−1	−1	−1	−1	3

假如主串 $S=$“aaabaaaab”，那么当匹配到 $i=3$，$j=3$ 时，$S[3]=b\neq a=P[3]$，由于 next[3]=2，$S[3]$需要继续和 $P[2]$比较，以及 $P[1]$，$P[0]$都需要比较。然而实际上 P 中前 4 个字符都相等是 a，因此当第 $P[3]$和主串当前字符不等时，前三个字符也必然和主串不等，是不需要再比较前三个的，即 $P[3]$失配后主串指针直接+1，模式 j 右滑到 0。

一般意义上说就是：若 next$[j]=k$，而模式 $p_j=p_k$，则在模式第 j 位失配（$p_j\neq s_i$）时，使用 p_k（$k=\text{next}[j]$）去和 s_i 比较也必然不等，$s_i\neq p_j=p_k$。因此不需要考虑和 p_k 比较，而直接和 $p_{\text{next}[k]}$ 比较，因此 next$[j]$应和 next$[k]$相同。故需要对算法做如下修正，修正后

的 next 值见表 4.3,KMP 匹配算法则不需要改变。

算法 4.9

```
int get_next1(char *P,int next[])
{//求模式串 P 的 next 函数修正值并写入数组 next[]
    j = 0;k = -1;next[0] = -1;
    while(j<= strlen(P) - 1)
      if(k == -1||P[j] == P[k]){
        j++;k++;
        if(P[j]!= P[k])next[j] = k;   // P[j]≠P[k]时才赋值为 k
        else next[j] = next[k];
      }
    else k = next[k];
}//end get_next1
```

从前述算法可以看出,KMP 算法的主要特点是主串指针不回退。即使是匹配到模式的最后才发生不匹配的情况,主串也不需要回退,模式只是向右滑动(指针移到 next[j])。因此大部分的主串都只进行一次的比较,所以 KMP 算法的时间复杂度是 $O(n)$。KMP 算法解决了 BF 算法指针回退的问题。

4.5 数　　组

数组也是一种线性结构,是线性表的一种扩展。

4.5.1 数组的基本概念

一维数组是纯粹的线性表,数组的元素类型就是线性表的元素类型;二维数组则可以看成"元素是一维数组"的线性表。

$$A^{(2)} = (A_0{}^{(1)}, A_1{}^{(1)}, \cdots, A_{m-1}{}^{(1)})$$

其中

$$A_i{}^{(1)} = (a_{i,0}, a_{i,1}, \cdots, a_{i,n-1}), \quad i = 0,1,\cdots,m-1$$

即可以这样看:

$$A_{m\times n} = ((a_{0,0}, a_{0,1}, \cdots, a_{0,n-1}), (a_{1,0}, a_{1,1}, \cdots, a_{1,n-1}), \cdots, (a_{m-1,0}, a_{m-1,1}, \cdots, a_{m-1,n-1}))$$

二维数组也可以看成是 $m\times n$ 的一个阵列(矩阵),如图 4.2 所示。

$$\begin{pmatrix} a_{0,0} & a_{0,1} & a_{0,2} & \cdots & a_{0,n-1} \\ a_{1,0} & a_{1,1} & a_{1,2} & \cdots & a_{1,n-1} \\ \vdots & \vdots & \vdots & & \vdots \\ a_{m-1,0} & a_{m-1,1} & a_{m-1,2} & \cdots & a_{m-1,n-1} \end{pmatrix}$$

图 4.2 二维数组示意图

同样地，我们可以把三维数组看成是元素是二维数组的线性表，N 维数组看成元素是 $N-1$维数组的线性表。

$$A^{(N)} = (A_0{}^{(N-1)}, A_1{}^{(N-1)}, \cdots, A_{s-1}{}^{(N-1)})$$

数组的主要操作有如下 4 个：

```
InitArray(&A,n,bound1,…,boundn)
    操作结果：初始化一个 n 维数组，各维长度由 bound1,…,boundn 给定。
    参数说明：bound1,…,boundn 合法正整数。
DestroyArray(&A)
    操作结果：销毁数组 A。
    参数说明：数组 A 已经存在。
Value(A,&e,index1,…,indexn)
    操作结果：把 e 赋值为 A 的指定下标的元素值。
    参数说明：数组 A 已经存在，下标不越界。
Assign(&A,e,index1,…,indexn)
    操作结果：把 e 的值赋给 A 的指定下标的元素。
    参数说明：数组 A 已经存在，下标不越界。
```

4.5.2 数组的顺序存储表示

数组的操作主要是元素赋值和读取操作，不会做删除元素和增加元素的操作，因此数组采用顺序存储来实现是很方便的。但是由于数组可能是多维的，而计算机的内存只能是一维的连续空间，因此必须把多维的数组转换成一个一维的序列才可以存储。

可以通过约定，按照一定的次序去顺序读取和存储数组中的元素就可以得到一个一维的序列。对于图 4.2 的二维数组而言，有两种排列方式(存储映像)：一种是以行为主序的存储方式，数组元素的存储次序是 $a_{0,0}, a_{0,1}, \cdots, a_{0,n-1}, a_{1,0}, a_{1,1}, \cdots, a_{1,n-1}, \cdots, a_{m-1,0}, a_{m-1,1}, \cdots, a_{m-1,n-1}$，在大多数语言，如 C 语言、Pascal 语言等都采用这样的存储；第二种是以列为主序的存储方式，数组元素的存储次序是 $a_{0,0}, a_{1,0}, \cdots, a_{m-1,0}, a_{0,1}, a_{1,1}, \cdots, a_{m-1,1}, \cdots, a_{0,n-1}, a_{1,n-1}, \cdots, a_{m-1,n-1}$，Fortran、Matlab 等少数语言采用这样的存储。

无论是哪种存储映像方式，一旦确定了存储区的首地址，对于给定的数组，其每个元素的存储位置都可以通过其下标值唯一确定。下面研究行主序存储映像方式的任意一个元素的地址计算方法。

假设二维数组 $A[m][n]$中每个元素占用 L 个存储单元，则该数组中的任意一个元素 $a_{i,j}$的在存储映像区的存储地址可以这样确定：

$$\text{Loc}[i,j] = \text{Loc}[0,0] + (i \times n + j) \times L \tag{4.12}$$

其中 Loc[i,j]是 $a_{i,j}$的存储地址,Loc[0,0]是 $a_{0,0}$的存储地址,也就是数组 A 存储映像区的首地址,称为数组 A 的基地址。

同样地,三维数组乃至多维数组仍可按照行主序的思想即高(左)下标为主序的次序来存储。例如对于三维数组 $B[p][m][n]$中任意一个元素在存储映像中的地址可以这样确定:

$$\text{Loc}[i,j,k] = \text{Loc}[0,0,0] + (i \times m \times n + j \times n + k) \times L \tag{4.13}$$

显然,数组元素的地址是其下标的线性函数,存取每个元素所进行的运算及次数都是一样的,称具有这样特点的存储结构为**随机存取存储结构**。数组在大多高级语言中都有很好的实现,式(4.12)和式(4.13)这样的函数计算大都由编译系统去完成,编程人员无需去计算公式。

4.5.3 数组的应用

数组的应用在程序设计中非常普遍,下面介绍一个例子利用数组的功能降低算法的时间复杂度。

例 4.1 求两个字符串中最长的公共子串。

若 string1=“ga**badfg**ab”,string2=“sgabac**badfg**bacst”,则公共最长子串是“badfg”。

设 m、n 分别表示串 string1、string2 的长度。为不失一般性,设 $m \leqslant n$,按照通常的考虑,对于长度为 n 的 string2 中每个字符的位置,从长度为 m 的 string1 串中取第 i(i=0,1,…,m-1)个字符开始的长度为 len(len=m,m-1,…,1)的子串与之比较,这个算法的时间复杂度是 $O(nm^2)$。

下面通过使用数组来研究这两个字符串的分布特点。首先建立一个二维数组 mat[m][n],如图 4.3 所示。若 string1[i]=string2[j],则 mat[i][j]=1,否则 mat[i][j]=0。很显然,对角线方向上连续 1 的长度就是两个串的共同子串。于是本例的问题转换为求 mat 数组中对角线方向上连续 1 的最长段。

	s	g	a	b	a	c	b	a	d	f	g	b	a	c	s	t
g		1									1					
a			1		1			1					1			
b				1			1					1				
a			1		1			1					1			
d									1							
f										1						
g		1									1					
a			1		1			1					1			
b				1			1					1				

图 4.3 两个字符串,对应矩阵 mat[m][n]

下面的主要问题是如何沿着对角线搜索？前面介绍八皇后问题时已经了解了斜率概念，这里主要是需要研究斜率为 -1 的对角线，显然这类对角线方向上元素的坐标满足 $i-j$ 是一个固定值，称该值为此对角线的特征量。对于 $m\times n$ 的数组其对角线共 $m+n-1$ 个，特征量分别从 $m-1$（左下角的一个元素）变化到 $-(n-1)$（右上角的一个元素），相邻对角线的特征量相差 1。从元素 mat[i,j]开始，沿对角线方向的扫描函数 diagscan 可以找到该对角线上从该点开始往右下方向的最长连续 1 的长度。

算法 4.10

```
void diagscan(int mat[][],int m,int n,int i,int j,int &maxlen,int &jpos)
{//从[i,j]开始沿对角线方向扫描最长的连续1,maxlen和jpos分别返回最长连续1的长度和起点的j
  坐标
   eq=0;len=0;                        //初始化状态标志eq和当前连续1长度len
   while(i<m && j<n){
     if(mat[i][j]==1){
       len++;
       if(!eq){                       //第一个出现的1
         eq=1;sj=j;                   //改变状态,记下当前位置
       }//if
     }else if(eq){                    //上一个连续1结束
       if(len>maxlen){                //目前求得的连续1长度最长
         maxlen=len;jpos=sj;
       }//if
       eq=0;len=0;                    //重新开始下一个连续1的扫描
     }//else if
     i++;j++;
   }//while
   if(len>maxlen){                    //一个连续1到达边界而没碰到下一个0
     maxlen=len;jpos=sj;
   }//if
}//end diagscan
```

上述算法中，eq 用来表示当前检测连续 1 的状态，eq=1 表示处于连续 1 的检测中，eq=0则表示还没有检测到连续 1。maxlen、jpos 用来记录到目前为止碰到的最长连续 1 的长度和起始 j 坐标。求所有对角线上的最长连续 1 的算法如下算法 4.11 所示。

算法 4.11

```
void diagmax(int mat[][],int m,int n,int &maxlen,int &jpos)
{//求矩阵mat中对角线方向上连续1的最长长度maxlen和起点的j坐标jpos
   maxlen=0;jpos=-1;
   istart=0;                          //右上的第一条对角线起始行坐标
   for(k=-(n-1);k<=m-1;k++){          //当前处理特征量k的对角线
     i=istart;j=i-k;                  //特征量k=i-j,故j=i-k
```

```
    diagscan(mat,m,n,i,j,maxlen,jpos);
                                        //扫描特征量为k的对角线连续1的最长段
      istart += (k>=0)? 1:0;            //k>=0时,istart开始增加
    }//for
}// end diagmax
```

上述算法中使用 k 表示特征量,完成 $m+n-1$ 个特征量的循环。maxlen 保持为找到的连续 1 的最大长度。为了实现上述算法,还需要做一些准备工作,如通过字符串建立 mat 数组等。如算法 4.12 所示。

算法 4.12

```
void getmaxsamestr(char *string1,char *string2,char *&sub)
{//求string1和string2的最大共同字串返回到sub,假设sub已经分配空间
    p1=string1;m=strlen(string1);
    p2=string2;n=strlen(string2);
    for(i=0;i<m;i++)
      for(j=0;j<n;j++)
        mat[i][j]=(string1[i]==string2[j])? 1:0;
    diagmax(mat,m,n,maxlen,jpos)      //求矩阵mat中对角线方向最长1
    if(maxlen==0)sub[0]='\0';
    else strncpy(sub,&string2[jpos],maxlen);
                                      //复制string2中jpos开始的maxlen个字符的子串
    sub[maxlen]='\0';
}//end getmaxsamestr
```

上述算法对数组 mat 进行了两遍遍历,一遍是两个 for 循环完成的建立;一遍是 diagmax 完成的。所以访问元素 $2n\times m$ 次,故时间复杂度为 $O(n\times m)$。

4.6 矩阵的压缩存储

矩阵在科学计算领域有着广泛的应用。矩阵在高级语言中大多以二维数组存储,而随着科学和计算机应用领域的发展,出现了很多高阶矩阵的计算问题,有的甚至达到几十万阶,上千亿的数组元素。然而这些矩阵很多是有规律的,或者常常包含大量的零值元素,对这类矩阵进行压缩,不仅能够节约存储空间,而且可以避免大量的零值元素参与计算。

如果相同值的元素或零值元素在矩阵中的分布具有一定的规律和特征,这类矩阵被称为特殊形状的矩阵。如果没有什么特征,则称为随机稀疏矩阵。

4.6.1 特殊形状矩阵的压缩存储

特殊形状矩阵通常有三角形矩阵、条带状矩阵、对称阵等。三角形矩阵是指矩阵中上三

角或下三角是全零值元素或同值元素。条带状矩阵则是只有主对角线附近的若干条对角线上含有非零元素。利用二维数组存储这些大多是零值元素的矩阵,空间浪费显然巨大,我们知道二维数组在实际存储时也是转换为一维的序列存储的,不管是行主序还是列主序,都可以建立一个元素存储位置和下标的函数关系——式(4.12),利用该函数可以通过下标对数组元素实现随机存取。那么既然特殊形状矩阵有这么多零值元素,我们能否不存储零值元素,通过修改函数关系而仍然实现对数组元素的随机存取呢?

假设 N 阶方阵(行列相等)A 的元素满足 $a_{ij}=a_{ji}(i,j=0,1,\cdots,n-1)$,则称之为对称阵。对称阵中的一对元素可以只存储一个存储空间,于是可以把 n^2 个元素压缩存储到 $n(n+1)/2$ 个存储单元里。假设以 $B[n(n+1)/2]$ 来存储这些元素,按照行主序的次序把对称矩阵下半区(包括主对角线)存储到 B 中。

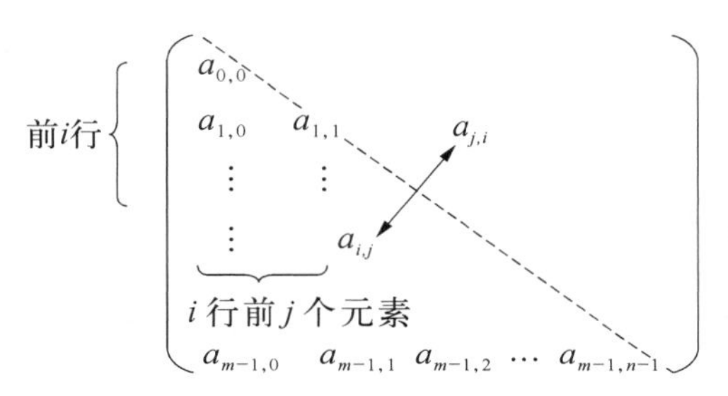

图 4.4 对称矩阵压缩原理示意图

从图 4.4 中很容易得到 a_{ij} 的存储地址满足(L 是每个元素占用的存储单元数):

$$\mathrm{Loc}(a_{ij}) = \mathrm{Loc}(B[0]) + ((1+i)\times i/2 + j)\times L \quad (i\geqslant j) \tag{4.14}$$

$$\mathrm{Loc}(a_{ij}) = \mathrm{Loc}(B[0]) + ((1+j)\times j/2 + i)\times L \quad (i< j) \tag{4.15}$$

其中 $\mathrm{Loc}(B[0])$ 是 B 的基地址,当 $i\geqslant j$ 时,任意下标的元素都可以通过式(4.14)计算出其在 B 中的存储地址。该式的运算次数对任何一个元素都相等,因此也是随机存取。当 $i<j$ 时,因 $a_{ij}=a_{ji}$ 及由式(4.14)易得到式(4.15)。

对于三角形状矩阵,如下三角阵,完全可以参照对称阵来给出函数关系,只是 $i<j$ 时元素值是 0,不再需要计算式(4.15)。

另一种带状特殊矩阵也可以采用类似的思想来存储在一个一维的数组中,下面考虑三对角矩阵,即只有主对角线及其两侧的对角线上可以有非零值。

图 4.5 中 a_{ij} 前面有 i 行,除第 0 行两个元素外,其他行都是 3 个元素,因此共 $3i-1$ 个元素。a_{ij} 所在的行前面有共有 j 个元素,其中值为 0 的元素 $i-1$ 个,因此本行非零元素是

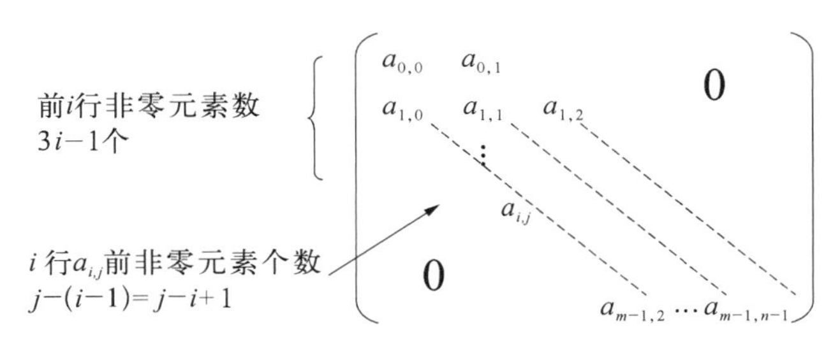

图 4.5 带状矩阵压缩原理示意图

$j-(i-1)=j-i+1$。这样在 a_{ij} 前需要存储的非零元素数是：$3i-1+j-(i-1)=2i+j$。

所以带状矩阵的存储位置与坐标的函数关系是

$$\begin{cases} \text{Loc}(a_{ij}) = \text{Loc}(B[0]) + (2i+j) \times L, & |i-j| \leqslant 1 \quad (4.16) \\ a_{ij} = 0, & |i-j| > 1 \quad (4.17) \end{cases}$$

4.6.2 随机稀疏矩阵的压缩存储

在 $m \times n$ 的矩阵中，若非零元素有 t 个，我们定义

$$\delta = \frac{t}{m \times n} \tag{4.18}$$

为矩阵的稀疏因子，通常认为 $\delta \leqslant 0.05$ 时为稀疏矩阵。由于稀疏矩阵中大部分元素都是零值元素，不需要存储，因此只需要存储少量的非零元素。一般非零元素是随机出现在矩阵的任何位置的，没有一定的特征可循，因此需要记录非零元素的位置。这样就构成了一个三元组(i,j,a_{ij})。一个三元组也唯一确定了矩阵中的一个非零元素，因此一个稀疏矩阵就可以使用一个三元组序列来表示。

三元组一般以顺序存储来存储，称之为三元组顺序表。顺序表中三元组的元素次序一般也是按照数组的行主序次序来存储非零元素的。例如图 4.6 中稀疏矩阵 $\boldsymbol{M}$($\boldsymbol{M}$ 不满足我们定义的稀疏矩阵的条件，这里只是为了方便说明，有意增加了非零元的数量)有 8 个非零元素，用三元组存储在顺序表中的次序应该是(0,1,12)，(0,2,9)，(2,0,－3)，(2,5,14)，(3,2,24)，(4,1,18)，(5,0,15)，(5,3,－7)。

$$\begin{pmatrix} 0 & 12 & 9 & 0 & 0 & 0 & 0 \\ 0 & 0 & 0 & 0 & 0 & 0 & 0 \\ -3 & 0 & 0 & 0 & 0 & 14 & 0 \\ 0 & 0 & 24 & 0 & 0 & 0 & 0 \\ 0 & 18 & 0 & 0 & 0 & 0 & 0 \\ 15 & 0 & 0 & -7 & 0 & 0 & 0 \end{pmatrix}$$

图 4.6　一个随机稀疏矩阵 $\boldsymbol{M}$

三元组顺序表存储的实现如下：

```
#define MAX_SIZE  1000          //存储三元组的最大容量
typedef struct{
    int  i,j;                   //三元组所表示数组元素的下标
    ElemType  e;                //非零元素的值
}Triple;
typedef struct{
    Triple data[MAX_SIZE];      //三元组顺序表
    int  mu,nu,tu;              //对应矩阵的行、列和非零元个数
}TSMatrix;
```

矩阵的三元组压缩虽然在存储上大大减少了空间的浪费，但还要看这种存储是否有利

于矩阵的运算。下面讨论使用三元组存储实现矩阵运算中最常见的求转置运算。

对一个 $m \times n$ 的矩阵 M,其转置矩阵 T 是一个 $n \times m$ 的矩阵,并且 $T[j,i]=M[i,j]$,$(i=0,1,\cdots,m-1,j=0,1,\cdots,n-1)$。如以二维数组存储矩阵,那么其转置如算法 4.13 所示。

算法 4.13

```
void transpose(ElemType M[][],ElemType T[][],int m,int n)
{//求二维数组存储的矩阵 Mm×n的转置矩阵 T
    for(i = 0;i<m;i ++ )
      for(j = 0;j<n;j ++ )
        T[j][i] = M[i][j];
}//end transpose
```

很显然这个算法的时间复杂度是 $O(m \times n)$。当我们使用三元组顺序表来存储稀疏矩阵 M 时,对矩阵 M 的转置就变成"由 M 的三元组顺序表求 T 的三元组顺序表"。图 4.7 给出了 M 和 T 的三元组顺序表的内容。

i	j	e
0	1	12
0	2	9
2	0	-3
2	5	14
3	2	24
4	1	18
5	0	15
5	3	-7

(a) M. data

i	j	e
0	2	-3
0	5	15
1	0	12
1	4	18
2	0	9
2	3	24
3	5	-7
5	2	14

(b) T. data

图 4.7 图 4.6 矩阵相应的三元组顺序表

现在的问题就是怎么把图 4.7(a)的内容转换为 4.7(b)的内容。由于约定三元组顺序表中元组的次序是由元素本身在矩阵中的位置按照行主序排列得到的,因此其转置矩阵 T 的三元组顺序表也应该按照行主序的次序排列,因此我们不能简单地把 M 的每个三元组元素的 i 和 j 坐标交换一下,得到 T 的三元组,这样不满足行主序的要求(实际上简单交换后得到的是列主序的)。

我们可以有两种方法实现由图 4.7 中的(a)得到(b)。

1. "按需查找"方法

研究图 4.7(b)的内容发现,转置矩阵 T 的 0 行元素实际是矩阵 M 的 0 列元素,因此在 T 中先存储"行值"小的元素也就意味着 M 中的"列值"小的元素。换句话说,T 中三元组的

排列次序是按照 M 中的列主序来排列的，我们可以从 M.data 中按照列号由小到大的次序找出元素，并把 i、j 交换后插入 T.data 的表尾。例如，先扫描 M.data 中 $j=0$ 的元组，分别是 (2,0,－3)和(5,0,15)，交换坐标后变成(0,2,－3)和(0,5,15)插入 T.data；接下来再查找 $j=1$ 的元组，得到(1,0,12)和(1,4,18)；一直继续下去，直到 $j=n-1$。

那么在这个过程中，对于 M 的每一列都需要遍历一次三元组顺序表，因此其算法复杂度是 $O(n\times t)$，其中 n 是 M 的列数，t 是 M 的非零元数。

2. "按位就座"方法

按位就座的思想是通过研究 M 中非零元的分布规律，只对 M.data 进行一次扫描就完成所有 T.data 数据的排放。通过分析 M.data 和 T.data，可以发现，三元组(0,1,12)之所以放在 T.data 中的第三位(T.data[2])，是因为 M 中 0 列的非零元有两个，而(0,1,12)是 1 列的第一个元素，因此两个 0 列的非零元必然排在(0,1,12)的前面。如果能事先算出 T 中每一行的非零元数目，也就是 M 中每一列的非零元数目，就可以通过累加知道 T 中每一行的非零元在 T.data 中的起始位置。

设 num[col](col＝0,1,…,$n-1$)表示矩阵 M 中每一列的非零元数目，rpos[col]表示转置矩阵 T 中第 col 行的非零元在 T.data 中的起始位置，则有如下关系：

$$\begin{cases} \text{rpos}[0] = 0 \\ \text{rpos}[\text{col}] = \text{pos}[\text{col}-1] + \text{num}[\text{col}-1], \quad 1 \leqslant \text{col} < \text{M.nu} \end{cases} \tag{4.19}$$

由此公式我们可以得到前述 M 矩阵的 num 数组和 rpos 数组，如表 4.4 所示。

表 4.4

j	0	1	2	3	4	5	6
num[j]	2	2	2	1	0	1	0
rpos[j]	0	2	4	6	7	7	8

从表 4.4 中可以看到，(0,2,9)是第 2 列第一个非零元素，rpos[2]＝4，因此(0,2,9)应该放在 T.data[4]。即 T.data 中从 rpos[k]到 rpos[$k+1$]－1($k\leqslant$M.nu－2)存放的是转置矩阵 T 的 k 行的非零元素。创建 rpos 数组的算法描述如算法 4.14 所示。

算法 4.14

```
#define MAXM 100                                   //矩阵最大的列数目+1
void createrpos(TSMatrix M)
{//求矩阵 M_{m×n} 的 rpos 数组
    for(col=0;col<M.nu;col++)num[col]=0;
    for(t=0;t<M.tu;t++)++num[M.data[t].j];        //统计各列非零元
    rpos[0]=0;
    for(col=1;col<M.nu;col++)
       rpos[col]=rpos[col-1]+num[col-1];          //累计 num 数组获得 rpos
}//end createrpos
```

有了 rpos 数组，就可以实现"按位就座"的思想，一次完成所有的非零元的排放。还有一个问题需要注意，当 M 的某一列 k（T 的某一行）有不止一个非零元时，该行的第一个非零元放在 rpos[k]，第二个非零元就必须放在 rpos[k] + 1 了，以此类推。因此，每次在 T.data中放入一个非零元后，需要把相应的 rpos[k]加 1。此时 rpos[k]的真正含义变成了“扫描 M.data 过程中下一个第 k 列元素在 T.data 中应该存放的位置”。

下面给出三元组顺序表压缩存储的矩阵 M 求其转置矩阵 T 的算法(算法 4.15)。

算法 4.15

```
void TRansposeTS(TSMatrix M,TSMatrix &T)
{//求三元组顺序表压缩存储的矩阵 M 的转置矩阵 T
    T.mu = M.nu;T.nu = M.mu;T.tu = M.tu;     //置 T 相关属性
    if(!M.tu)return;                          //没有非零元,不作处理
    createrpos(M);
    for(p = 0;p<M.tu;p ++ ){
      col = M.data[p].j;                      //当前元素在 M 中的列,即 T 中的行
      q = rpos[col];                          //当前元素在 T.data 中位置
      T.data[q].i = M.data[p].j;
      T.data[q].j = M.data[p].i;              //交换 i、j 坐标
      T.data[q].e = M.data[p].e;              //赋元素值
       ++ rpos[col];                          //rpos 指向 T 中下一个 col 行的非零元素位置
    }//for
}//end TRansposeTS
```

从上述算法可以看出，包括 createrpos 算法在内，共有 4 个串行工作的单循环，循环次数分别是 2 个 nu 次和 2 个 tu 次，因此总的时间复杂度是 $O(M.nu + M.tu)$。其效率大大高于二维数组存储的矩阵转置时间复杂度 $O(m \times n)$。

由于 rpos 数组大大简化了三元组存储矩阵的运用，我们常常在建立三元组表的时候就建立起这样的数组，表示矩阵“每一行的非零元在三元组顺序表中起始位置”的信息。这种“带行链接信息”的三元组表被称为**逻辑链接的顺序表。**

采用三元组存储来表示矩阵时，一般采用顺序表来存储三元组，但当在矩阵运算产生元组的增减时，就需要对顺序表进行元素的插入和删除了，这时也可以考虑使用链表来存储三元组。

对于稀疏矩阵的压缩，除了使用三元组存储外，有时还使用**十字链表**来存储。十字链表是这样表示的：为一个 $m \times n$ 的矩阵创建 $m + n$ 个单链表，m 个行链表和 n 个列链表，每个行链表包含该行的所有非零元，同样，每个列链表包含该列的所有非零元。m 个行链表和 n 个列链表的头指针分别构成一维数组，属于指针数组。这样每个非零元素既属于一个行链表也属于一个列链表。因此，每个非零元素都是两个链表的交叉结点，故称十字链表。十字链表的结点包含 5 个域，具体描述如下：

```
typedef struct OLNode{
    int  i,j;                           //非零元素的下标
    ElemType  e;                        //非零元素的值
    OLNode *rownext, *colnext;          //分别指向行、列链表的下一个结点
}OLNode, *OLink;
typedef struct{
    OLink *rhead, *chead;               //行、列链表头指针数组的首地址
    int  m,n,t;                         //对应矩阵的行、列和非零元个数
}CrossList;
```

本 章 小 结

本章主要介绍了串的基本概念以及相应的表示和存储实现,重点介绍了字符串的顺序存储方式。本章还着重介绍了字符串匹配的两种算法——BF 算法和 KMP 算法,通过研究模式串本身的结构特点,可以使得在字符串匹配过程中避免主串指针的回退,从而把字符串匹配的时间复杂度由 $O(m\times n)$降为 $O(n)$。

本章还介绍了数组。数组作为一种特殊的线性表,可以看成是线性表的一种扩展,其元素又可以是一个数组。在介绍了数组的顺序存储表示后,重点探讨了特殊形状矩阵和稀疏矩阵的压缩存储问题,并引入三元组顺序表的概念。三元组顺序表不仅在存储上大大减少了零元素存储带来的空间浪费,而且在某些操作如转置操作中也可以降低时间复杂度。当然并不是所有的操作使用三元组存储方法都会简化,例如矩阵的乘法、求逆等操作,三元组存储方法也显得较为复杂。

习　　题

4.1 已知 S=“This□is□A□program!”,T=“good□”,请写出下列函数的结果(□表示空格):
StrLength(S),SubString(S,10,7),Index(S,“A”),Replace(S,“A”,“a”),
Concat(Concat(SubString(S,0,10),T),SubString(S,10,7))。

4.2 已知模式串 P=“abcaabbcab”,求其改进后的 next 数组。

4.3 已知多维数组 $A[2][2][3][3]$按左下标主序方式存储。试按存储位置的先后次序,列出所有数组元素 $A[i][j][k][l]$序列(为了简化表达,可以只写成形如“i,j,k,l”的序列,如元素 $A[0][0][2][1]$可表示为“0,0,2,1”)。

4.4 假设有一个二维数组 $A[0..5][0..7]$,每个元素占 6 个字节,首元素 $A[0][0]$的地址为 1000,求:

（1）A 的存储空间大小；

（2）最后一个元素 $A[5][7]$的地址；

（3）按行主序方式存储时，$A[2][4]$的地址；

（4）按列主序方式存储时，$A[2][4]$的地址。

4.5 设有上三角矩阵 $A_{n\times n}$，将其上三角的元素逐行存于数组 $B[0..m-1]$中（m 充分大），使得 $B[k]=a_{ij}$且 $k=f_1(i)+f_2(j)+c$。试推导出函数 f_1、f_2 和常数 c（要求 f_1 和 f_2 中不含常数项）。

$$\begin{bmatrix} a_{11} & a_{12} & a_{13} & \cdots & a_{1n} \\ & a_{22} & a_{23} & \cdots & a_{2n} \\ & & a_{33} & \cdots & a_{3n} \\ & \mathbf{0} & & \cdots & \cdots \\ & & & & a_{nn} \end{bmatrix}$$

4.6 设有一个准对角矩阵

$$\begin{bmatrix} a_{11} & a_{12} & & & & & & \\ a_{21} & a_{22} & & & & & & \\ & & a_{33} & a_{34} & & & & \\ & & a_{43} & a_{44} & & & & \\ & & & & \cdots & \cdots & & \\ & & & & \cdots & \cdots & & \\ & & & & & & a_{2m-1,2m-1} & a_{2m-1,2m} \\ & & & & & & a_{2m,2m-1} & a_{2m,2m} \end{bmatrix}$$

按以下方式存于一维数组 $B[4m]$中：

0	1	2	3	4	5	6		k		$4m-2$	$4m-1$
a_{11}	a_{12}	a_{21}	a_{22}	a_{33}	a_{34}	a_{43}	…	a_{ij}	…	$a_{2m-1,2m}$	$a_{2m,2m}$

写出由一对下标(i,j)求 k 的转换公式。

4.7 已知矩阵 $A_{4\times 5}$如下：

$$A=\begin{bmatrix} 0 & 1 & 0 & 0 & 5 \\ 2 & 3 & 0 & 6 & 0 \\ 0 & 0 & 0 & 0 & 0 \\ 0 & 4 & 0 & 0 & 7 \end{bmatrix}$$

（1）用三元组表作为存储结构，绘出相应的三元组表示意图；

（2）用十字链表作为存储结构，绘出相应的十字链表示意图。

4.8 设稀疏矩阵 A 和B 均以三元组顺序表作为存储结构。试写出计算矩阵相加 $C=A+B$ 的算法，其中，C 是另外设置用于存放结果的三元组表。

4.9 试编写一个算法，实现以三元组的形式打印用十字链表表示的稀疏矩阵中所有非零元素及其下标。

4.10 试编写一个算法，实现以矩形阵列的形式打印用十字链表表示的稀疏矩阵。

第5章　树和二叉树

前几章学习的线性表是一种线性结构。线性结构的逻辑特征是元素之间存在“一对一”的联系，即除了首元素之外，每个元素有且仅有一个直接前驱；除了表尾元素外，每个元素有且仅有一个直接后继。本章学习的树形结构则是一种重要的非线性结构。非线性结构的逻辑特征是每个元素可能存在多个直接前驱和多个直接后继。在树形结构中，每个元素至多有一个直接前驱，但可能有多个直接后继，即树形结构的逻辑特征是元素之间存在“一对多”的联系。

树形结构在现实世界中广泛存在，例如，家族的族谱关系和社会机构的组织都可以形象地用树形结构来表示；在操作系统中，用树形结构来组织和管理磁盘文件，即目录树。

树形结构中，以树和二叉树最为常用。本章着重讨论树和二叉树的定义、性质、存储结构以及对其施加的各种操作，研究树和森林与二叉树之间的转换关系，最后介绍几个应用实例。

5.1　树的基本概念

5.1.1　树的定义

本书所说的树(Tree)是 $n(n\geqslant 0)$ 个结点的有限集。当 $n=0$ 时，称为空树；在任意一棵非空树中：① 有且仅有一个特定的称为根(Root)的结点；② 当 $n>1$ 时，除了根结点之外的其余结点可分为 $m(m>0)$ 个互不相交的子集，其中每个子集又是一棵树，称为根的子树(Subtree)。

树的定义是一种递归定义，即在树的定义中又用到了树的概念。递归是树的固有特性：一棵非空树由一个根结点及若干棵子树构成，而子树又可以由其根结点和若干棵更小的子树构成。

图5.1给出了三棵不同的树：T_1 是一棵空树；T_2 是一棵只有1个根结点的树；T_3 是一棵具有12个结点的树，其中 A 是树根，其余11个结点分为3个互不相交的子集：T_{31}，T_{32}，T_{33}。这三个子集又都是树，是树根 A 的子树，分别有自己的根(B，C，D)和相应的更小的

子树。

从树的定义和图 5.1 可见，树具有层次性和分支性的特征。在一个非空树中，根结点没有直接前驱，它是起始结点，其余结点有且仅有一个直接前驱。树中每个结点可以没有、有一个或有多个直接后继。其中没有后继的结点是终端结点；有一个或多个后继的结点是非终端结点，形成上层结点与下层结点之间的逐层分支关系。

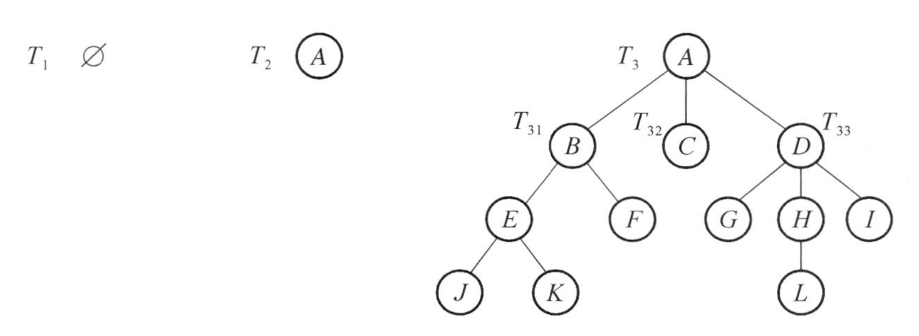

图 5.1　空树和非空树

下面给出树的抽象数据类型的定义：

ADT Tree{

数据对象 D： D 是同类型数据元素的集合。

数据关系 R： 若 D = ∅，则称为空树；

否则 R 是满足下列条件的二元关系：

(1) D 中存在唯一的称为根的元素 root，它在 R 下无直接前驱。

(2) 若 D－{root} = ∅，则 R = ∅；否则存在 D－{root} 的一个划分 $D_1, D_2, \cdots, D_m (m>0)$，对任意的 $j \neq k (1 \leqslant j, k \leqslant m)$，有 $D_j \cap D_k = \varnothing$，且对任意的 $i(1 \leqslant i \leqslant m)$，存在唯一的数据元素 $x_i \in D_i$，有 $\langle root, x_i \rangle \in R$；

(3) 对应于 D－{root} 的划分，R－{⟨root, x_1⟩, …, ⟨root, x_m⟩} 有唯一的一个划分 $R_1, \cdots, R_m (m>0)$，对任意的 $j \neq k (1 \leqslant j, k \leqslant m)$ 有 $R_j \cap R_k = \varnothing$，且对任意的 $i(1 \leqslant i \leqslant m)$，$R_i$ 是 D_i 上的二元关系。(D_i, R_i) 是一棵符合本定义的树，称为根 root 的子树。

基本操作 P：

InitTree(&T)

操作结果：构造空树 T。

DestroyTree(&T)

初始条件：树 T 已经存在。

操作结果：销毁 T。

CreateTree(&T)

操作结果：按某一建树规则，创建树 T。

TreeEmpty(T)

初始条件：树 T 已经存在。

操作结果：如果 T 是空树，则返回 TRUE；否则返回 FALSE。

ClearTree(&T)

初始条件：树 T 已经存在。

```
        操作结果:删除 T 中全部结点,将 T 变为空树。
    TreeDepth(T)
        初始条件:树 T 已经存在。
        操作结果:返回 T 的深度。如果 T 为空树,则返回 0。
    Root(T)
        初始条件:树 T 已经存在。
        操作结果:返回 T 的根。
    Parent(T,x)
        初始条件:树 T 已经存在,x 是 T 中的一个结点。
        操作结果:返回 x 的双亲结点。如果 x 是树根,则返回"空"。
    FirstChild(T,x)
        初始条件:树 T 已经存在,x 是 T 中的一个结点。
        操作结果:返回 x 的第一个孩子。如果 x 是树叶,则返回"空"。树的孩子逻辑上没有先后
                  之分,这里第一个是指物理存储里第一个。
    NextSibling(T,x)
        初始条件:树 T 已经存在,x 是 T 中的一个结点。
        操作结果:返回 x 的下一个兄弟。如果 x 是双亲的最后一个孩子,则返回"空"。
    InsertChild(&T,x,i,p)
        初始条件:树 T 已经存在,x 是 T 中的一个结点,1≤i≤(x 的度 +1),p 是另一棵非空树。
        操作结果:将 p 插到 T 中,使之成为结点 x 的第 i 棵子树。
    DeleteChild(&T,x,i)
        初始条件:树 T 已经存在,x 是 T 中的一个结点,1≤i≤x 的度。
        操作结果:删除结点 x 的第 i 棵子树。
    TraverseTree(T,visite())
        初始条件:树 T 已经存在,visite()是对树结点进行访问的某应用函数。
        操作结果:按某种规则对 T 中每个结点调用 visite()一次且仅一次。
}end ADT Tree
```

5.1.2 有关术语

(1) 结点(Node):包含一个数据元素以及指向其子树的分支。

(2) 结点的度(Node Degree):结点拥有子树的个数称为该结点的度。如图5.1中,树 T_3 上结点 A、B、H 和 C 的度分别为 3、2、1 和 0。

(3) 树的度(Tree Degree):非空树中各结点的度的最大值称为该树的度。如图 5.1 中,树 T_2 的度为 0,树 T_3 的度为 3。

(4) 分支结点(Offshoot Node):树中度不等于 0 的结点称为分支结点,也称为非终端结点。

(5) 叶子结点(Leaf Node):树中度等于 0 的结点称为叶子结点,也称为终端结点。如图 5.1 中,T_3 上的结点 C、F、G、L、I、J、K 都是叶子结点;T_2 中的结点 A 既是树根,也是树叶。

(6) 孩子(Child):结点子树的根(即结点的直接后继)称为该结点的孩子。如图 5.1 中,树 T_3 上结点 D 的孩子有 G、H 和 I,结点 B 的孩子有 E 和 F。叶子结点则没有孩子。

(7) 双亲(Parent):结点的直接前驱称为该结点的双亲。显然,根结点没有双亲。在图 5.1 的 T_3 中,树根 A 没有双亲,结点 B、C、D 的双亲是 A,结点 L 的双亲是 H。

(8) 兄弟(Sibling):同一个双亲的结点之间互为兄弟。例如图 5.1 的 T_3 中,结点 B、C、D 互为兄弟,而结点 L 和结点 A 则没有兄弟。

(9) 祖先(Ancestor):从树根到某结点所经分支上的所有结点都是该结点的祖先。如图 5.1 的 T_3 中,结点 K 的祖先包括 A、B 和 E。

(10) 子孙(Descendant):某结点所有子树上的所有结点都是该结点的子孙。

(11) 结点的层次(Level):在非空树中,根结点的层次定义为 1,其余结点的层次是其双亲结点的层次加 1。

(12) 树的深度(Tree Depth):空树的深度为 0;在非空树中,所有结点层次的最大值称为该树的深度或高度(Height)。如图 5.1 中,树 T_1、T_2 和 T_3 的深度分别为 0、1 和 4。

(13) 有序树和无序树(Ordered Tree and Unordered Tree):如果一棵树中结点的各个子树从左至右是有次序的,即交换了子树的相对位置就构成了不同的树,则称该树为有序树。反之,则称之为无序树。

(14) 森林(Forest):由 $m(m \geqslant 0)$ 棵互不相交的树组成的集合。在数据结构中,树和森林是很相近的概念:删除一棵树的根结点,根的各个子树就形成了一个森林;反之,以一个森林的 m 棵树为子树,再加一个根结点,就形成了一棵树。

5.1.3　树的几个性质

性质 1　设树有 $n(n \geqslant 1)$ 个结点,每个结点的度为 $d_i(i=1,2,\cdots,n)$,则有

$$n = \sum_{i=1}^{n} d_i + 1$$

证明　除了树根以外,每个结点有且仅有一个直接前驱,即通过一个分支与双亲相连,所以树中分支数 $B = n - 1$。又,树的分支数 B 等于树中每个结点的度之和,代入即得证。

性质 2　度为 k 的树(k 叉树),其第 i $(i \geqslant 1)$ 层至多有 k^{i-1} 个结点。

证明　使用数学归纳法。

树中第 1 层只有 1 个结点(树根结点),故 $i=1$ 时,$k^{1-1}=k^0=1$,命题成立。

设树的第 $i-1$ 层 $(i>1)$ 命题成立,即第 $i-1$ 层至多有 k^{i-2} 个结点。由于第 $i-1$ 层上,每个结点最多有 k 个孩子,所以第 i 层的结点数至多为 $k^{i-2} \times k = k^{i-1}$,证毕。

性质 3　深度为 $h(h \geqslant 1)$ 的 k 叉树,至多有 $\dfrac{k^h-1}{k-1}$ 个结点。

证明　深度为 h 的 k 叉树,其最大结点数为各层最大结点数之和,根据性质 2,

$$\sum_{i=1}^{h}(\text{第 } i \text{ 层最大结点数}) = \sum_{i=1}^{h} k^{i-1} = \frac{k^h - 1}{k - 1}$$

证毕。

性质 4　具有 $n(n \geqslant 1)$ 个结点的 $k(k>1)$ 叉树,其最小深度为 $\lceil \log_k(n(k-1)+1) \rceil$。

证明 设具有 n 个结点的 k 叉树的深度为 h，若前 $h-1$ 层的每层结点数都达到最大值 $k^{i-1}(1\leqslant i\leqslant h-1)$，余下的结点都分布在第 h 层上，则该树的深度达到最小。根据性质3有

$$\frac{k^{h-1}-1}{k-1}<n\leqslant\frac{k^{h}-1}{k-1}$$

或

$$k^{h-1}<n(k-1)+1\leqslant k^{h}$$

取对数得

$$h-1<\log_{k}[n(k-1)+1]\leqslant h$$

即有

$$\log_{k}[n(k-1)+1]\leqslant h<\log_{k}[n(k-1)+1]+1$$

由于 h 是正整数，则有 $h=\lceil\log_{k}[n(k-1)+1]\rceil$，得证。

5.2 二叉树的概念

二叉树是另一种重要的树形结构。顾名思义，二叉树中每个结点的度都不超过2。二叉树具有存储表示简单，实现算法容易的特点，而且一般的树或森林也能方便地转换为相应的二叉树。因此，二叉树是树形结构中重点讨论的对象。

5.2.1 二叉树的定义

二叉树（Binary Tree）是 $n(n\geqslant 0)$ 个结点的有限集，它或者是空集（$n=0$），称为空二叉树；或者是由一个根结点及两棵互不相交的、分别称为左子树和右子树的二叉树组成。

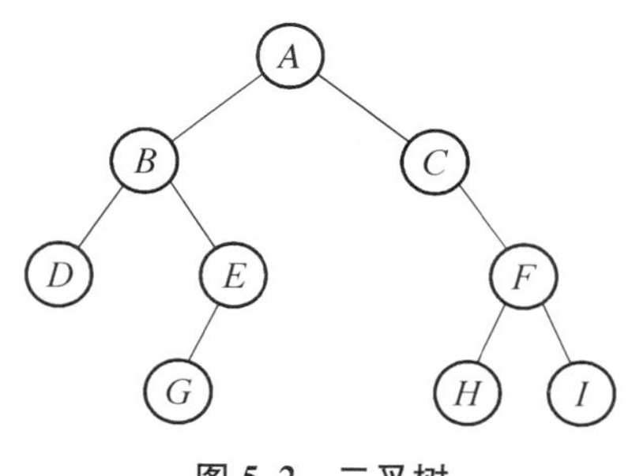

图 5.2 二叉树

显然，这是一个递归定义，即在二叉树的定义中又用到了二叉树的概念。

如图5.2所示是一棵深度为4的二叉树。结点 A 是树根，结点 B 和 C 分别是 A 的左子树的树根和右子树的树根。

从二叉树的定义可知，二叉树和前一节讨论的树是两种概念不同的树形结构，我们不能把二叉树看成是树的特例，尽管它们具有树形结构的共同特征：层次性和分支性。

二叉树可以是空二叉树。非空二叉树的根结点必有2棵子树（无论根结点的度是0，1，还是2）——左子树和右子树，它们也是二叉树，可以为空，且左右次序不能颠倒。因此，二叉树可以有5种基本形态，如图5.3所示。

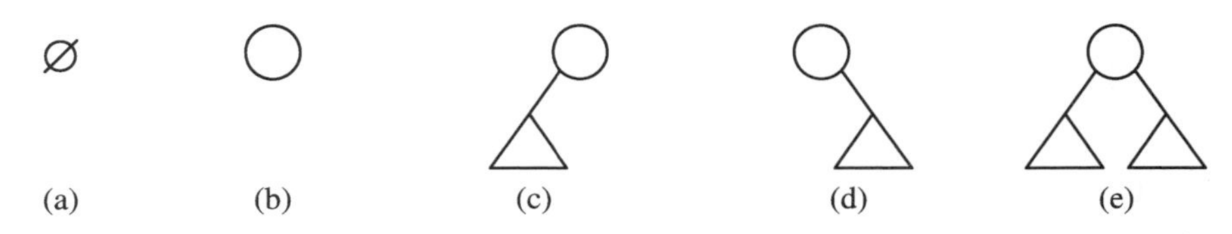

图 5.3　二叉树的 5 种基本形态

(a) 空二叉树；(b) 仅有一个根结点(左右子树均为空)的二叉树；
(c) 右子树为空；(d) 左子树为空；(e) 左、右子树都不空的二叉树

5.1.2 节中引入的有关树的术语，一般对二叉树也适用。由于二叉树每个结点都有 2 个子树，所以二叉树结点的度应定义为结点非空子树的个数，或孩子的个数。

下面给出二叉树的抽象数据类型的定义：

ADT BinaryTree{

数据对象 D：D 是同类型数据元素的集合。

数据关系 R：若 $D=\varnothing$，则称 BinaryTree 为空二叉树；

否则 R 是满足下列条件的二元关系：

(1)在 D 中存在唯一的称为根的元素 root，它在 R 下无直接前驱；

(2)若 $D-\{root\}=\varnothing$，则 $R=\varnothing$；否则存在 $D-\{root\}=\{D_l, D_r\}$，且 $D_l \cap D_r=\varnothing$；

(3) 若 $D_l \neq \varnothing$，则 D_l 中存在唯一的元素 x_l，$\langle root, x_l\rangle \in R$，且存在 D_l 上的关系 $R_l \subset R$；若 $D_r \neq \varnothing$，则 D_r 中存在唯一的元素 x_r，$\langle root, x_r\rangle \in R$，且存在 D_r 上的关系 $R_r \subset R$；$R=\{\langle root, x_l\rangle, \langle root, x_r\rangle, R_l, R_r\}$；

(4) (D_l, R_l)是一棵符合本定义的二叉树，称为根的左子树；(D_r, R_r)是一棵符合本定义的二叉树，称为根的右子树。

基本操作 P：

InitBiTree(&T)

操作结果：构造空二叉树 T。

DestroyBiTree(&T)

初始条件：二叉树 T 已经存在。

操作结果：销毁 T。

CreateBiTree(&T)

操作结果：按某一规则，创建二叉树 T。

TreeEmpty(T)

初始条件：二叉树 T 已经存在。

操作结果：如果 T 是空二叉树，则返回 TRUE；否则返回 FALSE。

ClearTree(&T)

初始条件：二叉已经存在。

操作结果：删去 T 中的全部结点，使 T 成为空二叉树。

TreeDepth(T)

初始条件：二叉树 T 已经存在。

操作结果：返回 T 的深度。如果 T 为空二叉树，则返回 0。

Root(T)

初始条件：二叉树 T 已经存在。

```
        操作结果:返回 T 的根。
    Parent(T,x)
        初始条件:二叉树 T 已经存在,x 是 T 中的一个结点。
        操作结果:返回 x 的双亲结点。如果 x 是树根,则返回“空”。
    LeftChild(T,x)
        初始条件:二叉树 T 已经存在,x 是 T 中的一个结点。
        操作结果:返回 x 的左孩子。如果 x 无左孩子,则返回“空”。
    RightChild(T,x)
        初始条件:二叉树 T 已经存在,x 是 T 中的一个结点。
        操作结果:返回 x 的右孩子。如果 x 无右孩子,则返回“空”。
    LeftSibling(T,x)
        初始条件:二叉树 T 已经存在,x 是 T 中的一个结点。
        操作结果:返回 x 的左兄弟。如果 x 无左兄弟,则返回“空”。
    RightSibling(T,x)
        初始条件:二叉树 T 已经存在,x 是 T 中的一个结点。
        操作结果:返回 x 的右兄弟。如果 x 无右兄弟,则返回“空”。
    InsertChild(&T,x,LR,c)
        初始条件:二叉树 T 已经存在,x 是 T 中的一个结点,LR 为 0 或 1,c 是另一棵与 T 不相交的
                 非空二叉树,且 c 的右子树为空。
        操作结果:根据 LR 为 0 或 1,将 c 插到 T 中,使之成为结点 x 的左子树或右子树。x 原有的
                 左子树或右子树则成为 c 的右子树。
    DeleteChild(&T,x,LR)
        初始条件:二叉树 T 已经存在,x 是 T 中的一个结点,LR 为 0 或 1。
        操作结果:根据 LR 为 0 或 1,删除结点 x 的左子树或右子树。
    TraverseTree(T,visite())
        初始条件:二叉树 T 已经存在,visite()是对结点进行访问的应用函数。
        操作结果:按某种规则对 T 中的每个结点调用 visite()一次且仅一次。
}end ADT BinaryTree
```

5.2.2 二叉树的几个性质

性质 1 二叉树第 $i(i\geqslant 1)$层上至多有 2^{i-1}个结点。

事实上,在 5.1.3 节树的性质 2 中,令 $k=2$,便得到二叉树的性质 1。对其可证明参照树的性质 2 的证明。

性质 2 深度为 $h(h\geqslant 1)$的二叉树至多有 2^h-1 个结点。

由性质 1 可见,深度为 h 的二叉树的最大结点数为

$$\sum_{i=1}^{h}(\text{第 } i \text{ 层最大结点数}) = \sum_{i=1}^{h}2^{i-1} = 2^h - 1$$

性质 3 对任何一棵二叉树,若其叶子数为 n_0,度为 2 的结点数为 n_2,则有 $n_0=n_2+1$。

证明　设 n_1 是度为1的结点数，二叉树上结点总数 n 为

$$n = n_0 + n_1 + n_2 \tag{5.1}$$

再看二叉树上的孩子总数，度为1的结点有一个孩子，度为2的结点有2个孩子，所以孩子总数 B 为

$$B = n_1 + 2n_2 \tag{5.2}$$

二叉树上，只有树根因没有双亲，所以不是孩子，所以有

$$B = n - 1 \tag{5.3}$$

由式(5.1)、(5.2)、(5.3)可得 $n_0 = n_2 + 1$，证毕。

在讨论二叉树的性质4和性质5之前，先引入两种特殊形态的二叉树："满二叉树"和"完全二叉树"。

满二叉树：在一棵二叉树中，如果所有分支结点的度都等于2，且所有叶子结点都在同一层上，则这棵二叉树称为满二叉树。

图5.4(a)给出了一个深度为4的满二叉树的例子。

在满二叉树中，只有度为0和度为2两种结点；如果其深度为 h，则所有叶子都出现在第 h 层；在所有深度为 h 的二叉树中，满二叉树的结点数最多，有 $2^h - 1$ 个，且叶子结点个数也最多，有 2^{h-1} 个。

完全二叉树：对一棵深度为 h，具有 n 个结点的二叉树从第一层开始自上而下、自左至右地连续编号 $1,2,\cdots,n$，如果编号为 $i(1\leqslant i\leqslant n)$ 的结点与深度为 h 的满二叉树中编号为 i 的结点位置完全相同，则这棵二叉树称为完全二叉树。

图5.4(b)给出了一个深度为4的完全二叉树的例子。

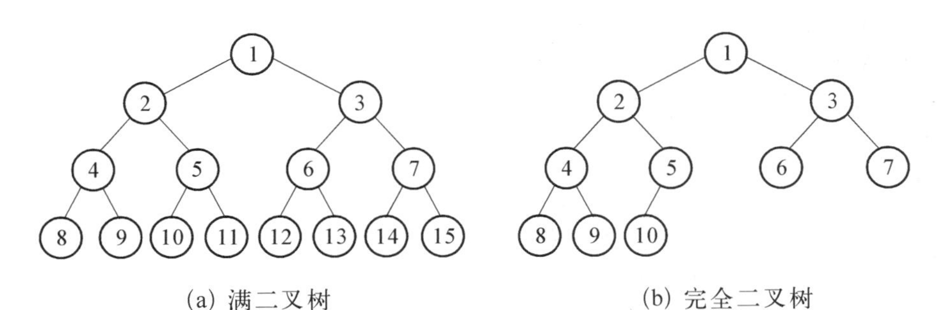

(a) 满二叉树　　(b) 完全二叉树

图5.4　满二叉树和完全二叉树

可见，满二叉树是完全二叉树的一个特例。

在深度为 h 的完全二叉树中，前 $h-1$ 层是满二叉树；所有叶子结点只能出现在第 $h-1$ 层和 h 层上，且在 h 层上叶子结点都集中在左边连续的位置，而在 $h-1$ 层上，叶子结点都集中在右边连续的位置。如果完全二叉树上有度为1的结点，则只可能有1个，且该结点只有左孩子。在所有具有 n 个结点的二叉树中，完全二叉树的深度最小。

二叉树的**宽度**定义为：若某一层的结点数不少于其他层次的结点数，那么该结点数即为二叉树的宽度。很显然，满二叉树也是深度相同的二叉树中宽度最大的二叉树。

下面介绍完全二叉树的两个重要性质。

性质4　具有 $n(n\geqslant 1)$ 个结点的完全二叉树，其深度为 $\lfloor \log_2 n \rfloor + 1$。

证明 设具有 n 个结点的完全二叉树的深度为 h，前 $h-1$ 层是满二叉树，根据性质 2 有 $2^{h-1}-1$ 个结点，所以深度为 h 的完全二叉树至少有 2^{h-1} 个结点，至多有 2^h-1 个结点，因此有下式成立：

$$2^{h-1} \leqslant n < 2^h$$

对上式取对数，有

$$h-1 \leqslant \log_2 n < h$$

即

$$\log_2 n < h \leqslant \log_2 n + 1$$

由于 h 是正整数，故必有 $h=\lfloor \log_2 n \rfloor+1$，证毕。

性质 5 对具有 $n(n\geqslant 1)$ 个结点的完全二叉树从树根开始自上而下、自左至右地连续编号 $1,2,\cdots,n$，对于任意的编号为 $i(1\leqslant i\leqslant n)$ 的结点 x，有：

(1) 若 $i=1$，则 x 是根结点，无双亲；否则 x 的双亲的编号为$\lfloor i/2 \rfloor$。

(2) 若 $2i>n$，则 x 是叶子结点，无左孩子；否则 x 的左孩子的编号为 $2i$。

(3) 若 $2i+1>n$，则 x 无右孩子；否则 x 的右孩子的编号为 $2i+1$。

(4) 若 i 是奇数且不为 1，则 x 的左兄弟的编号为 $i-1$；否则 x 无左兄弟。

(5) 若 i 是偶数且小于 n，则 x 的右兄弟的编号为 $i+1$；否则 x 无右兄弟。

在此略去性质 5 的证明，读者可以通过图 5.4 直观地验证结点编号之间的关系。

5.2.3 二叉树的存储结构

针对二叉树设计的存储结构要能表达结点之间由分支所构成的关系，即双亲与左孩子和右孩子之间的关系，还要尽可能便于实现对二叉树的各种运算。

1. 顺序存储结构

二叉树的顺序存储就是把二叉树的结点存放到一个一维数组中，并且能够通过结点的存储位置(数组下标)体现出结点之间的父子、兄弟等关系。

二叉树的性质 5 为用一维数组存储完全二叉树提供了依据。将完全二叉树按其自上而下、自左至右的编号顺序，将编号为 i 的结点存入下标为 i 的数组单元，那么无需附加任何信息，就能通过下标之间的数值关系找到结点的双亲、孩子和兄弟。

如图 5.5 所示，将一个具有 12 个结点的完全二叉树存储于数组 t 中。bt[0]空闲不用，这样结点的存储位置下标就等于结点在完全二叉树中的编号。比如，结点 E 的位置下标为 5，根据二叉树的性质 5 容易得知，E 的双亲存放在 bt[2]中；E 的左、右孩子分别存放在 bt[10]和 bt[11]中；结点 E 的下标是奇数，E 没有右兄弟；E 的左兄弟存放在 bt[4]中。

可见，顺序存储结构对于完全二叉树而言，既简单又节省存储空间。而对于一般形态的二叉树，由于结点之间的逻辑关系与结点的层序编号不存在对应关系，故需要先将其“转化”成完全二叉树。“转化”的具体做法是在一般二叉树的“空位”处增设“虚结点”，将其补满成完全二叉树。转化后，再将结点以层序编号为下标，存入一维数组(虚结点在数组中用空值“∅”表示)，如图 5.6 所示。虽然用这种存储方式也能通过下标计算出结点之间的关系，但用这种方式来存储一般形态的二叉树可能会造成存储空间的大量浪费。极端的情况是右单枝树(即每个结点的左子树都为空的二叉树)，深度为 h 的右单枝树只有 h 个结点，却要占用

2^h-1 个存储单元。所以，在实用中一般不采用顺序存储结构来存储一般形态的二叉树。

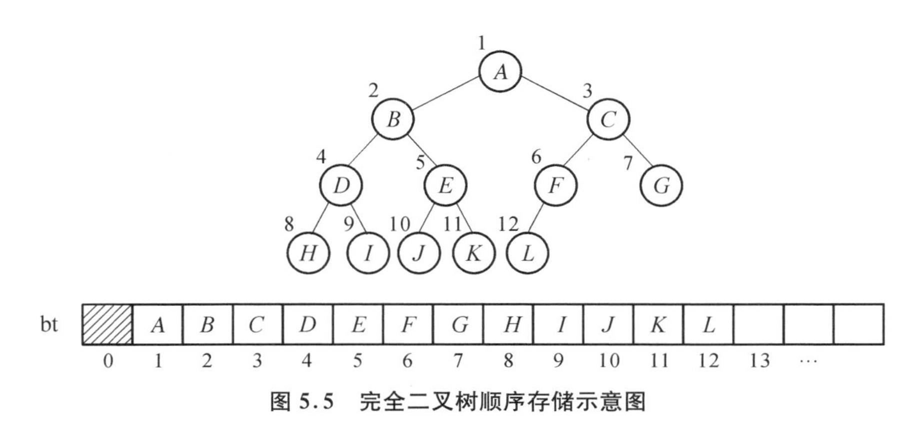

图 5.5　完全二叉树顺序存储示意图

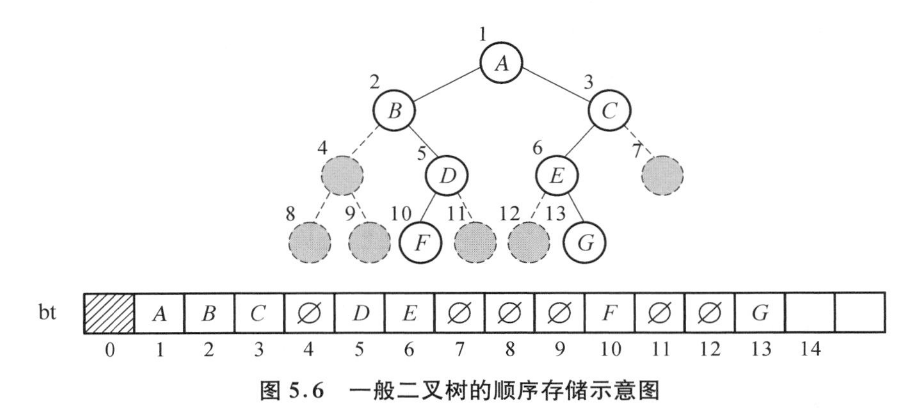

图 5.6　一般二叉树的顺序存储示意图

下面给出二叉树顺序存储结构的类型定义：

```
#define MAXSIZE 100                    //二叉树的最大结点数
typedef struct {
    TElemType Nodes[MAXSIZE + 1];      //存放二叉树结点的数组
    int  n;                            //二叉树结点个数
}SqBiTree;
```

2. 链式存储结构

在链式存储结构中，结点之间的逻辑关系通过指针的指向来体现。由于二叉树上每个结点至多有两个直接后继(左孩子和右孩子)，所以每个结点中除数据域外，还需设置两个指针域：左指针 lchild 和右指针 rchild，分别用来指向该结点的左孩子和右孩子。如果结点的左子树为空，则左指针 lchild 取空值 NULL；如果结点的右子树为空，则右指针 rchild 取空值 NULL。这种链式存储结构称为**二叉链表**。

二叉链表的结点结构如图 5.7(a)所示。相应的存储类型定义如下：

```
typedef struct BiTNode{
    TElemType  data;                    //数据域
    struct BiTNode * lchild, * rchild;  //左指针和右指针
}BiTNode, * BiTree;
```

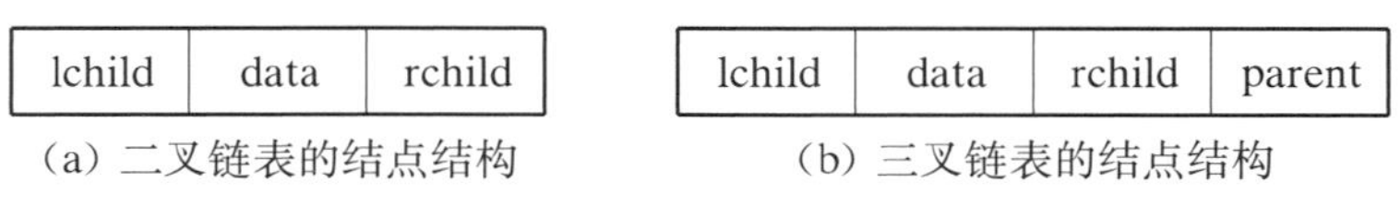

(a) 二叉链表的结点结构　　(b) 三叉链表的结点结构

图 5.7　二叉链表和三叉链表的结点结构

图 5.8(b)给出的是一棵二叉树的二叉链表存储示意图。root 是指向根结点的指针，称为根指针。根指针引导了整个二叉链表，是该二叉链表的标志，也是我们访问整个二叉树的入口。我们往往用根指针的变量名来称呼它所引导的二叉树。

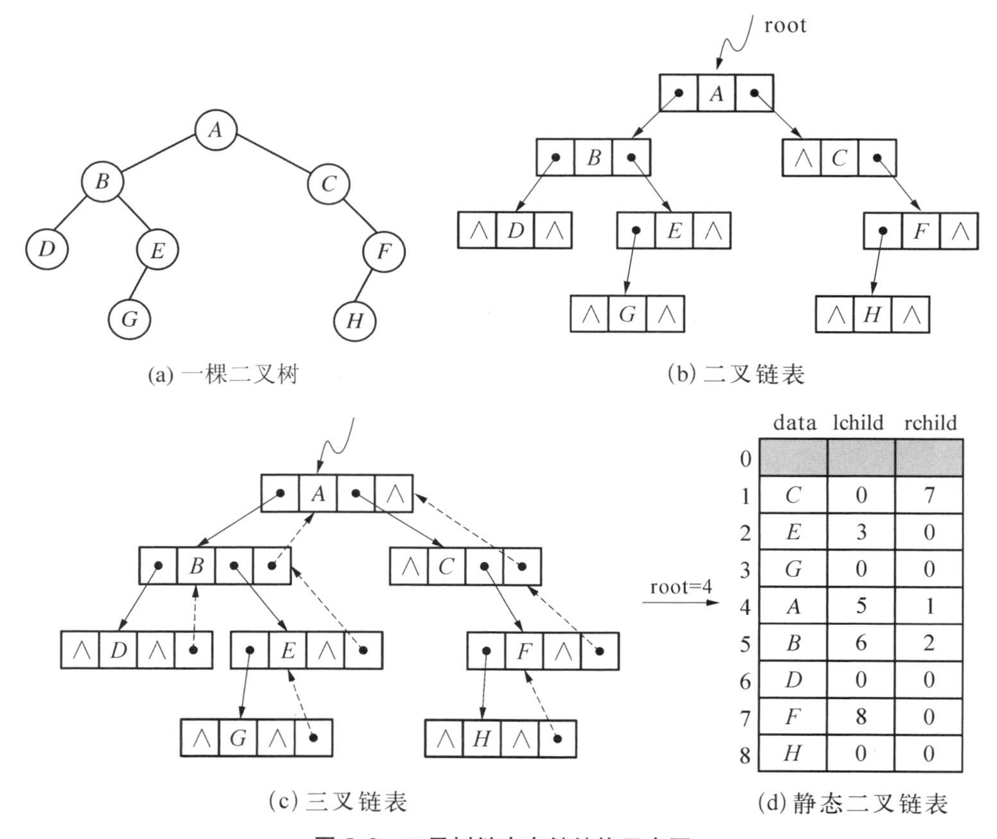

图 5.8　二叉树链表存储结构示意图

n 个结点的二叉树链表共有 $2n$ 个指针域，其中每个非空指针都与二叉树上的一个分支对应，每个空指针都与一个空子树对应，所以二叉链表中有 $n-1$ 个非空指针和 $n+1$ 个空

指针。判断一个结点是否为树叶的条件是其左、右指针同时为空。

在二叉链表上，通过左指针和右指针可以直接地找到一个结点的孩子，但不能直接找到它的双亲。为了便于找双亲，可以在二叉链表的结点结构中再增加一个指向双亲的指针域parent，这种链式存储结构称为三叉链表，其结点结构如图5.7(b)所示。二叉树的三叉链表存储结构示意图如图5.8(c)所示。三叉链表方便了对二叉树的某些操作，但增加了空间开销。

如果二叉树中结点个数相对稳定，还可以用静态链表的形式表示二叉链表(或三叉链表)，如图5.8(d)所示。在此，约定下标为0的数组单元空闲不用，这样空指针可以用0来表示。

在具体应用中采用什么存储方式，可综合各种情况，如二叉树的特征、操作是否方便、时间性能、空间开销等，选择一个相对合理的存储结构。

5.3　二叉树的遍历及应用

遍历二叉树就是按某种规则巡游二叉树，并对每个结点做一次且仅一次访问。遍历二叉树是对二叉树做各种操作或运算的基础。

5.3.1　先序、中序和后序遍历二叉树

由于二叉树是一种递归结构，所以我们很容易用递归方式实现其遍历操作。

从二叉树的定义可知，二叉树是由三个基本部分组成：根结点、左子树和右子树，如图5.9所示。因此，对二叉树的遍历也可以分别对这三部分进行。其中，对根结点可以直接访问；而左、右子树本身也是二叉树，也同样由如图5.9所示的三个基本部分组成，故可以用递归的方式对左、右子树分别进行遍历。

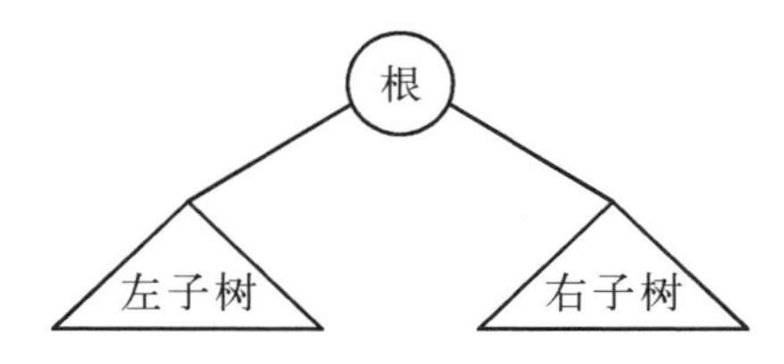

图5.9　二叉树的基本结构

设用D、L、R和分别代表访问根结点、遍历左子树和遍历右子树三项任务，则对二叉树的遍历可以有DLR、LDR、LRD、DRL、RDL、RLD六种规则。不难看出，前三种方案是按先左后右的顺序遍历两个子树，后三种方案则按先右后左的顺序。若限定先左后右，则只剩下了DLR、LDR、LRD三种遍历规则，分别称为先序遍历、中序遍历和后序遍历(也可称为先根遍历、中根遍历和后根遍历)。

1. 先序遍历二叉树

先序遍历二叉树的定义：

若二叉树为空，则空操作；否则

(1) 访问根结点；

(2) 先序遍历左子树;

(3) 先序遍历右子树。

按照这个递归定义可以写出先序遍历二叉树的递归算法(算法 5.1)。

算法 5.1

```
void PreOrder(BiTree T){
    //先序遍历二叉树,T是二叉树的根指针
    if(!T) return;              //空二叉树,空操作
    visite(T->data);            //访问根结点
    PreOrder(T->lchild);        //先序遍历左子树
    PreOrder(T->rchild);        //先序遍历右子树
}//PreOrder
```

对二叉树遍历得到的结点访问序列是一个线性序列,图 5.8 所示二叉树的先序序列是 *ABDEGCFH*。

2. 中序遍历二叉树

中序遍历二叉树的定义:

若二叉树为空,则空操作;否则

(1) 中序遍历左子树;

(2) 访问根结点;

(3) 中序遍历右子树。

按照这个递归定义可以写出中序遍历二叉树的递归算法(算法 5.2)。

算法 5.2

```
void InOrder(BiTree T){
    //中序遍历二叉树,T是二叉树的根指针
    if(!T) return;              //空二叉树,空操作
    InOrder(T->lchild);         //中序遍历左子树
    visite(T->data);            //访问根结点
    InOrder(T->rchild);         //中序遍历右子树
}//InOrder
```

图 5.8 所示二叉树的中序序列是 *DBGEACHF*。

3. 后序遍历二叉树

后序遍历二叉树的定义:

若二叉树为空,则空操作;否则

(1) 后序遍历左子树;

(2) 后序遍历右子树;

(3) 访问根结点。

按照这个递归定义可以写出后序遍历二叉树的递归算法(算法 5.3)。

算法 5.3

```
void PostOrder(BiTree T){
    //后序遍历二叉树,T是二叉树的根指针
    if(!T) return;              //空二叉树,空操作
    PostOrder(T->lchild); //后序遍历左子树
    PostOrder(T->rchild); //后序遍历右子树
    visite(T->data);        //访问根结点
}//PostOrder
```

图 5.8 所示二叉树的后序序列是 *DGEBHFCA*。

在算法 5.1、5.2 和 5.3 中,如果将与递归无关的语句 visite()抹去,则三个算法是一样的。由此可见,这三种遍历的搜索路线是相同的,只是访问根的时机不同。

为了说明这一点,我们引入扩展二叉树的概念。将二叉树上每个空子树用一个虚结点表示(不妨用"#"代表虚结点),将这样处理后的二叉树称为原二叉树的**扩展二叉树**。原二叉树上的结点称为**内部结点**,表示空指针的虚结点称为**外部结点**。

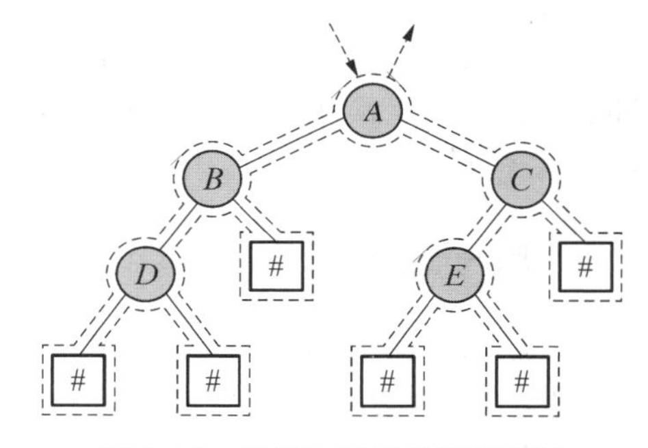

图 5.10　遍历二叉树的搜索路线

如图 5.10 所示,图中的虚线表示从根结点出发,沿扩展二叉树的外缘以逆时针方向巡游一周的路线。可以看出,在巡游途中每个内部结点均被路过三次。如果对每个内部结点的访问都是在第一次路过时进行,则是先序遍历,先序序列为 *ABDCE*;如果都是在第二次路过时进行访问,则是中序遍历,中序序列为 *DBAEC*;如果都是在第三次路过时进行访问,则是后序遍历,后序序列为 *DBECA*。

递归算法的优点是简洁,但一般而言,其执行效率不高,因为系统需要维护一个运行栈以保证递归过程的正确执行。二叉树的先序遍历、中序遍历和后序遍历算法也可以用非递归的方式实现。这时,需要利用栈来保存结点的指针,以便控制结点的访问次序。

下面讨论先序遍历的非递归实现算法。算法思路是,设一存放结点指针的栈 S,每访问完一个结点 *X* 后,就将结点 *X* 的指针入栈,以便后来能通过这个指针找到结点 *X* 的右子树。具体如算法 5.4 所示。

算法 5.4

```
void PreOrder(BiTree T){
    //先序遍历二叉树的非递归算法,T是二叉树的根指针
    InitStack(S);                  //初始化一个空栈 S
    while(T||!StackEmpty(S)){    //遍历结束的条件是栈为空且T为空
```

```
        while(T){
            visite(T->data); //访问指针T指向的结点
            Push(S,T);       //T进栈
            T=T->lchild;     //向左转,继续遍历T的左子树
        }
        if(!EmptyStack(S)){
            Pop(S,T);        //弹出栈顶指针T
            T=T->rchild;     //向右转,准备遍历T的右子树
        }
    }
}//PreOrder
```

对二叉树做中序遍历时,访问结点的操作发生在该结点的左子树遍历完毕并且即将开始遍历右子树之时。所以,在遍历过程中当遇到一个结点 X 时不能立即访问之,而是先令结点 X 进栈;等到结点 X 的左子树遍历完毕,再从栈顶将结点 X 弹出,并对其进行访问。可见,只要对算法5.4稍做修改,就能得到中序遍历的非递归算法。具体做法是:将算法5.4中访问结点的语句 visite(T->data)移到语句 Pop(S,T)之后即可。读者可自行完成这个算法,在此不再赘述。

5.3.2 层序遍历二叉树

对二叉树除了可以按上述的先序、中序和后序规则进行遍历外,还可以自上而下,自左向右逐层地进行遍历。在层序遍历时,当第 i 层结点被访问完后,接下来要逐个访问位于第 $i+1$ 层上的第 i 层结点的左孩子和右孩子。这时,在 i 层先被访问的结点其左、右孩子将先被访问,因此需要利用一个队列来存放已访问过的结点的孩子,以控制对这些孩子的访问先后次序。层序遍历的算法思路是:

(1) 初始化一个空队列,用来保存已访问过结点的孩子;

(2) 非空根指针入队;

(3) 若队列为空,则遍历结束;否则重复执行:

① 队头元素出队,访问之;

② 若被访结点有左孩子,则左孩子入队;

③ 若被访结点有右孩子,则右孩子入队。

算法 5.5

```
void LayerTraversal(BiTree T){
    //按层序遍历二叉树T
    InitQueue(Q);                    //初始化一个空队列
    if(T) EnQueue(Q,T);              //非空根指针入队
    while(!QueueEmpty(Q)){
        DeQueue(Q,p);                //队头出队
```

```
        visite(p->data);                        //访问出队的结点 * p
        if(p->lchild) EnQueue(Q,p->lchild);     //* p 左孩子入队
        if(p->rchild) EnQueue(Q,p->rchild);     //* p 右孩子入队
    }
}//end LayerTraversal
```

显然,对二叉树遍历的各种算法中,基本操作是访问结点。不论按哪种次序遍历含有 n 个结点的二叉树,其时间复杂度至少为 $O(n)$。

5.3.3　二叉树的其他运算举例

递归是二叉树的固有特性,因此,采用递归方式来实现二叉树的很多操作或运算就非常自然而且简单了。

例 5.1　求二叉树的结点个数。

方案 1　利用二叉树的递归特性。若二叉树为空,则结点数为 0;否则,

二叉树结点个数=左子树结点数+右子树结点数+1 个根结点

而对左、右子树求结点个数的规则与对整个二叉树求结点个数的规则完全一样,因此可以递归实现,见算法 5.6(1)。

算法 5.6(1)

```
int CountNodes1(BiTree T){
    //求二叉树结点个数,T 是根指针
    if(!T) return 0;                   //T 是空二叉树,结点数为 0
    nl = CountNodes1(T->lchild);       //计算 T 的左子树结点数
    nr = CountNodes1(T->rchild);       //计算 T 的右子树结点数
    return(1 + nl + nr);               //返回 T 中结点数
}//CountNodes1
```

方案 2　以任一种方式遍历二叉树(先序、中序、后序、层序遍历均可),遍历时对每个结点的访问行为就是对该结点进行计数操作。算法 5.6(2)中引用型参数 n 用来作为统计结点个数的计数器,它的初值应为 0。

算法 5.6(2)

```
void CountNodes2(BiTree T,int &n){
    //利用先序遍历完成对二叉树结点个数的计数
    if(!T)return;
    n++;                             //对结点计数
    CountNodes2(T->lchild,n);        //统计左子树
    CountNodes2(T->rchild,n);        //统计右子树
}//CountNodes2
```

例 5.2 输出二叉树每个结点的层次数。

二叉树中,根结点的层次数为 1,其余每个结点的层次数都是其双亲的层次数加 1。算法 5.7 是在对二叉树做先序遍历的过程中完成对每个结点层次数的计算,参数 lev 被用来传入结点双亲的层次数,其初值应为 0。

算法 5.7

```
void Level(BiTree T,int lev){
//利用先序遍历输出每个结点的层次数
    if(!T)return;
    lev++;                      //将双亲的层次数加 1
    printf(T->data,lev);        //输出结点的值和层次数
    Level(T->lchild,lev);       //处理左子树
    Level(T->rchild,lev);       //处理右子树
}//Level
```

例 5.3 求二叉树的深度。

从二叉树的定义可知,

空二叉树的深度 = 0

非空二叉树的深度 = max(左子树深度,右子树深度) + 1

而求左、右子树深度的规则与整个二叉树相同,因此可以用递归方式实现(算法5.8)。

算法 5.8

```
int Depth(BiTree T){
//利用后序遍历计算并返回二叉树 T 的深度
    if(!T) return 0;                //空二叉树深度为 0
    hl = Depth(T->lchild);          //计算左子树深度
    hr = Depth(T->rchild);          //计算右子树深度
    return (hl>hr? hl+1:hr+1);
}//Depth
```

例 5.4 输出二叉树根结点到所有叶子结点的路径。

借助一个栈 S 来保存根结点到当前被访问结点的路径,初态时 S 是空栈。利用二叉树的先序遍历,对结点的“访问”行为就是将该结点记入路径,即令该结点进栈。如果该结点是叶子结点,则输出自栈底至栈顶的结点序列,它就是树根到该叶子结点的路径。当一个结点的左、右子树都完成先序遍历时(即该结点将退出先序遍历时),就将该结点从栈顶弹出(算法 5.9)。例如,对如图 5.8(a)所示的二叉树,输出结果应为

$$A \quad B \quad D$$
$$A \quad B \quad E \quad G$$
$$A \quad C \quad F \quad H$$

算法 5.9

```
void OutPath(BiTree T,Stack &S){
    //先序遍历二叉树 T,输出树根到所有叶子结点的路径
    if(!T)return;
    Push(S,T);                          //将当前先序遍历到的结点记入路径
    if(!T->lchild && !T->rchild)        //如果该结点是树叶
        StackTraverse(S);               //输出自栈底至栈顶的结点序列
    OutPath(T->lchild, S);              //先序遍历左子树
    OutPath(T->rchild, S);              //先序遍历右子树
    Pop(S,e);                           //当结点的左、右子树都先序遍历结束,该结点出栈
}//OutPath
```

例 5.5　表达式求值。

算术表达式可以用二叉树的形式来表示。用二叉树表示算术表达式的递归方法如下(这里假设算术表达式中仅含二目运算符):

(1) 如果表达式为常数或简单变量,则二叉树中仅有一个根结点,根结点的数据域存放该表达式的值。

(2) 如果表达式的形式是:

(左操作数)　二目运算符　(右操作数)

则二叉树中,以左子树表示左操作数,右子树表示右操作数,根结点的数据域存放二目运算符。

(3) 操作数本身又是表达式。

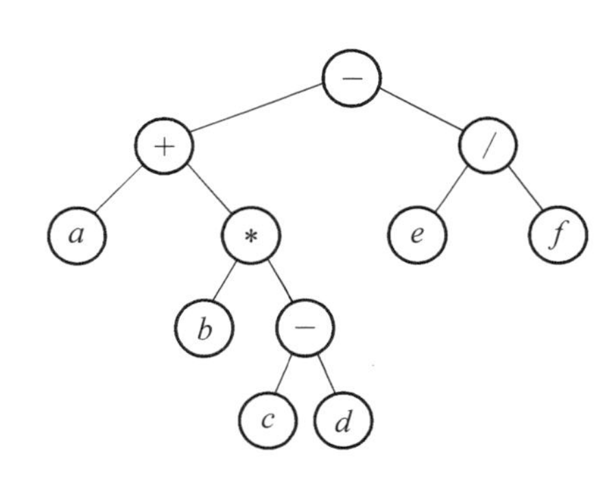

图 5.11　表达式的二叉树表示

例如,表达式“$a+b*(c-d)-e/f$”的二叉树表示如图 5.11 所示。该二叉树的先序序列为“$-+a*b-cd/ef$”,恰好是表达式的前缀表示(**波兰式**);该二叉树的后序序列为“$abcd-*+ef/-$”,恰好是表达式的后缀表示(**逆波兰式**)。

为了便于操作,我们把结点的结构定义为

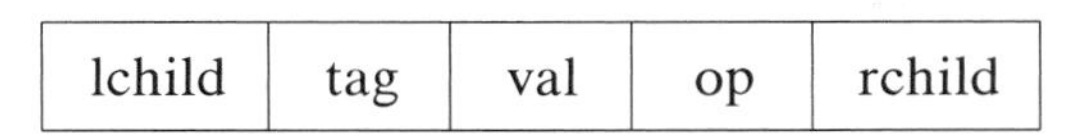

lchild	tag	val	op	rchild

其中,val 分量用来存放表达式中的数值,op 分量用来存放表达式中的运算符。tag 起标志作用,若 tag=0,则表示结点中存放的是数值,取 val 分量;若 tag=1,则表示结点中存放的是运算符,取 op 分量。

下面给出表达式二叉树结点的存储类型定义:

```
typedef struct BiNode{
    double val;          //存放操作数
    char   op;           //存放运算符
```

```
    unsigned char tag;     //标志
    struct BiNode * lchild, * rchild;
}BiTNode, * BiTree;
```

对表达式求值可按逆波兰式的求值方法,即利用后序遍历完成计算(算法 5.10)。

算法 5.10

```
double Calculate(BiTree T){
    //利用后序遍历计算表达式二叉树 T 的值,设 T 中只含二目运算符
    if(T->tag==0)return T->val;  //结点为操作数,直接返回其值
    a=Calculate(T->lchild);      //计算左子树表达式的值
    b=Calculate(T->rchild);      //计算右子树表达式的值
    return operate(a,T->op,b);   //计算并返回 a op b
}//Calculate
```

例 5.6 创建二叉树。

二叉树的先序、中序和后序序列中的任何一种都不能唯一确定一棵二叉树。而扩展二叉树的先序序列和后序序列都能唯一确定一棵二叉树。如,若已知扩展二叉树的先序序列为 $A\ B\ \#\ D\ F\ \#\ \#\ \#\ C\ \#\ E\ \#\ \#$(其中 # 表示空子树),则可以唯一确定一棵如图 5.12 所示的二叉树。从键盘输入扩展二叉树的先序遍历序列,建立二叉链表的算法如算法 5.11 所示(这里假定结点的值是字符型数据)。

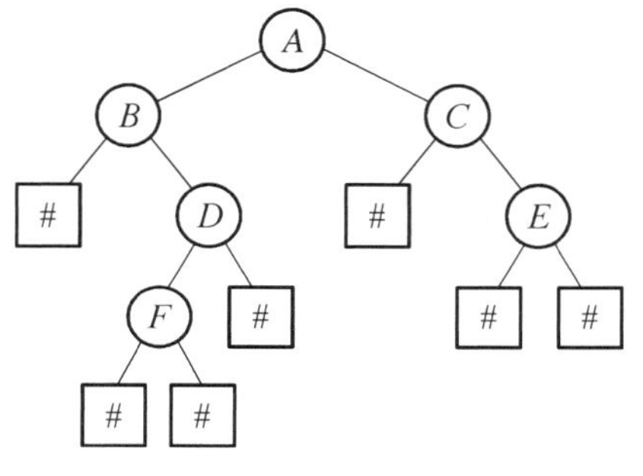

图 5.12 用扩展先序序列确定二叉树

算法 5.11

```
void CreateBiTree(BiTree &T){
    //输入扩展二叉树先序序列,创建二叉链表 T
    scanf("%c",&e);                  //输入一个结点
    if(e=='#')
        T=NULL;                      //建立空二叉树
    else{
        T=new BiTNode;               //生成一个结点
        T->data=e;
        CreateBiTree(T->lchild);     //递归创建 T 的左子树
        CreateBiTree(T->rchild);     //递归创建 T 的右子树
    }
}//CreateBiTree
```

5.4　线索二叉树

对二叉树的遍历可以看作对二叉树按某种规则进行线性化，即得到二叉树结点的一个线性序列，除去起始结点没有前驱外，每个结点有且仅有一个直接前驱；除去终端结点没有后继外，每个结点有且仅有一个直接后继。例如，对图 5.2 所示的二叉树做中序遍历，可得到中序序列 *DBGEAHFIC*，结点 *B* 的中序直接前驱为结点 *D*，中序直接后继为结点 *G*。

如何得到结点在某遍历序列下的前驱和后继呢？一种方法是在对二叉树做某序遍历中动态求得，但此法比较费时间，因为最坏需要遍历整个二叉树。另一种方法是给二叉树的每个结点再增加两个指针域 prior 和 next（如图 5.13 所示），分别指向该结点在某序下的直接前驱和直接后继，但此法无疑增加了存储空间的开销。

prior	lchild	data	rchild	next

图 5.13　带前驱线索和后继线索的二叉树结点

能否找到一种既省时间，又省空间的方法呢？n 个结点的二叉链表中有 $n+1$ 个空指针，我们可以利用这些空指针来指向某序下结点的前驱和后继。也就是说，如果结点有非空左子树，则 lchild 域指向其左孩子，否则 lchild 指示该结点的某序前驱；如果结点有非空右子树，则 rchild 域指向其右孩子，否则指示该结点的某序后继。为了语言表述上的方便，我们把指示前驱和后继的指针称为**线索**（Thread），指示前驱的 lchild 称为**左线索**，指示后继的 rchild 称为**右线索**。为了区别结点中的"指针"和"线索"，尚需对二叉链表的结点结构加以改变，增加两个标志域，左标志 ltag 和右标志 rtag：

lchild	ltag	data	rtag	rchild

$$\text{ltag}=\begin{cases}0, & \text{lchild 域为左指针，指向结点的左孩子}\\1, & \text{lchild 域为左线索，指示结点的某序前驱}\end{cases}$$

$$\text{rtag}=\begin{cases}0, & \text{rchild 域为右指针，指向结点的右孩子}\\1, & \text{lchild 域为右线索，指示结点的某序后继}\end{cases}$$

这种加了线索的二叉树称为**线索二叉树**（Threaded Binary Tree），相应的链式存储结构称为**线索链表**。线索链表的结点类型定义如下：

```
typedef struct BiThrNode{
    TElemType data;                    //数据域
    struct BiThrNode * lchild,rchild;  //左、右指针域
    unsigned char ltag,rtag;           //左、右标志域
}BiThrNode, * BiThrTree;
```

不同的遍历次序，会形成不同的线索二叉树。例如图 5.14(a)所示的二叉树，其先序线索二叉树、中序线索二叉树和后序线索二叉树如图 5.14(b)、(c)和(d)所示，其中虚线箭头为线索。对二叉树做某种次序的遍历，使其变为线索二叉树的操作称为**线索化**。

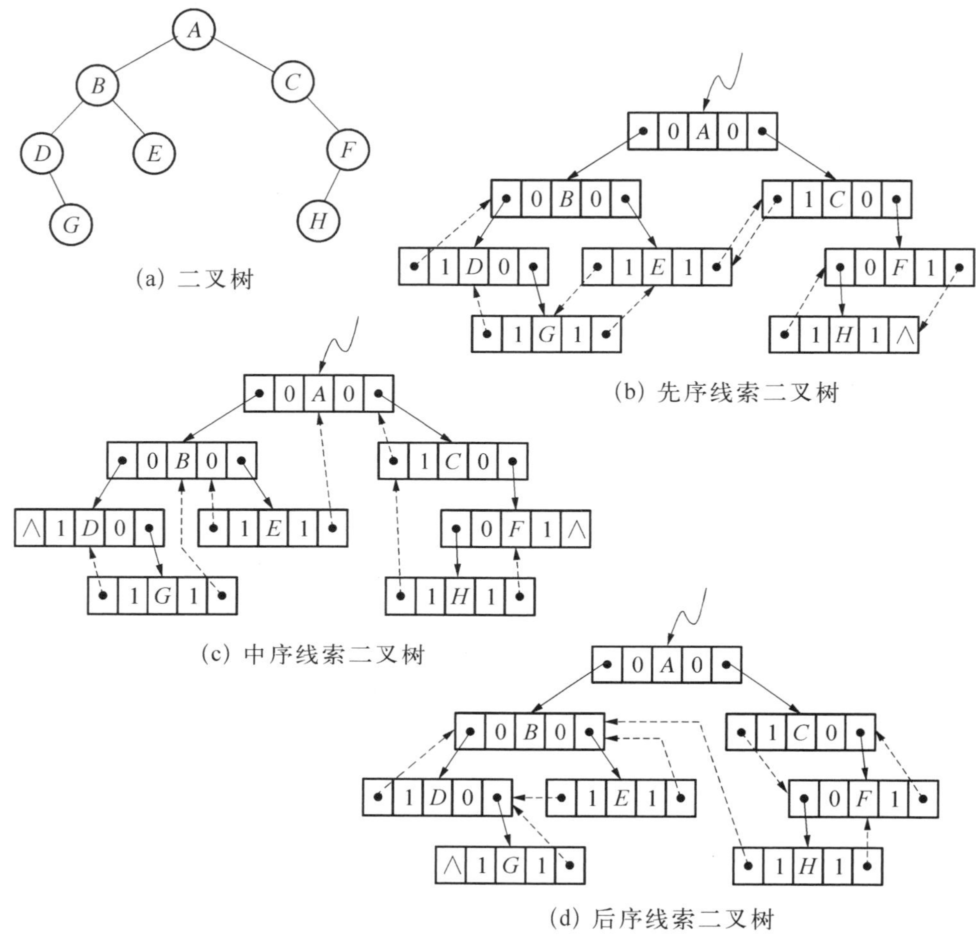

(a) 二叉树

(b) 先序线索二叉树

(c) 中序线索二叉树

(d) 后序线索二叉树

图 5.14　二叉树和线索二叉树

下面只讨论中序线索化算法。

在二叉树中序遍历过程中，“访问结点”的行为就是将结点的空指针改为指向中序前驱或中序后继的线索。设指针 T 指向当前访问的结点，为了记下结点的前驱、后继关系，设置一个初值为 NULL 的全局指针变量 pre，令 pre 始终指向当前访问结点 T 的直接前驱，即 pre 是 T 的中序前驱，T 是 pre 的中序后继。这样，“访问结点”执行的操作是：如果 pre 有空的右指针，则填写 pre 的右线索，令其指向 T；如果 T 有空的左指针，则填写 T 的左线索，令其指向 pre(算法 5.12)。

算法 5.12

```
BiThrTree pre = NULL;  //pre是全局变量
void InThreading(BiThrTree T){
    //中序线索化二叉树T,设T中每个结点的ltag和rtag的初值是0
    if(!T)return;
    InThreading(T->lchild);              //中序线索化T的左子树
    if(pre && !pre->rchild){
        pre->rtag=1;pre->rchild=T;       //填pre的右标志和右线索
    }
    if(!T->lchild){
        T->ltag=1;T->lchild=pre;         //填T的左标志和左线索
    }
    pre=T;                               //保持pre指向T的中序前驱
    InThreading(T->rchild);              //中序线索化T的右子树
}//InThreading
```

注意,在线索链表中,判断指针p所指结点为叶子结点的条件是

p->ltag==1　&&　p->rtag==1

有了中序线索链表,对二叉树做中序遍历时,只要找到中序序列的第一个结点,就可以通过依次找结点的中序后继而遍历到全部结点。

如何在中序线索二叉树中找结点的中序后继?设p是任一结点的指针,p的后继有两种情况:

(1) 如果p->rtag==1,表明p->rchild是右线索,直接指向p的中序后继;

(2) 如果p->rtag==0,表明p有非空右子树,则p的中序后继是中序遍历p的右子树时访问的第一个结点,即右子树上的"最左下"结点。

由此,容易写出在中序线索链表上查找结点p的后继算法(算法5.13)。

算法 5.13

```
BiThrTree GetNext(BiThrTree p){
//返回中序线索链表上结点*p的直接后继指针
    if(p->rtag==1)
        return p->rchild;                    //直接返回p的右线索
    else{
        q=p->rchild;                         //先令辅助指针q指向p的右子树树根
        while(q->ltag==0) q=q->lchild;       //搜索"最左下"结点
        return q;                            //返回p右子树上最左下结点指针
    }
}//GetNext
```

根据对称性,我们不难写出在中序线索链表上找结点的中序前驱的算法,留给读者自己

思考。

利用 GetNext(),我们可以写出在中序线索链表上进行中序遍历的算法(算法 5.14)。

算法 5.14

```
void InOrder(BiThrTree T){
    //利用中序线索来中序遍历二叉树
    if(!T)return;
    p=T;
    while(p->ltag==0) p=p->lchild;  //找中序序列的第一个结点
    do{
        visite(p->data);             //访问 p
        p=GetNext(p);                //p 移至中序后继
    }while(p!=NULL);
}InOrder
```

算法 5.13 是一个非递归算法,其时间复杂度为 $O(n)$,但无须用栈。

应当指出,这种利用二叉链表中的空指针实现的线索二叉树,仅中序线索二叉树最实用,因为在中序线索的指引下,找每个结点的中序前驱和中序后继都比较方便(如算法 5.13)。但是对于先序线索二叉树而言,利用先序线索只能方便地找到所有结点的先序直接后继和那些有左线索(ltag==1)的结点的先序直接前驱;而对于那些 ltag==0 的结点,找其先序直接前驱需要知道该结点的双亲,故影响了先序线索二叉树的实用性。同样,对于后序线索二叉树而言,利用后序线索只能方便地找到所有结点的后序直接前驱和那些有右线索(rtag==1)的结点的后序直接后继;而对于那些 rtag==0 的结点,找其后序直接后继需要知道该结点的双亲。所以,若要建立先序线索二叉树和后序线索二叉树,建议使用如图5.13 所示的结点结构。

5.5 树 和 森 林

5.1 节我们讨论了树的基本概念,本节我们继续讨论树的存储表示,树、森林与二叉树之间的关系以及树的遍历。

5.5.1 树的存储结构

树的存储结构不仅要存储结点的数据信息,还要反映树中各结点之间的逻辑关系,即双亲和孩子之间的关系。下面介绍几种常用的树的存储结构。

1. 双亲表示法

由树的定义知,树中每个结点至多只有一个双亲,根据这一特性,可以用一维数组来存

储树的结点集合，同时在每个结点中附设一个指向双亲的指示器。其结点结构为

data	parent

其中，data 是数据域，存储结点的数据信息；parent 是双亲域，存储该结点的双亲在数组中的位置下标。

树的双亲表示法存储类型定义如下：

```
#define MaxSize 100                 //树中最大结点数
typedef struct {
    TElemType  data;                //数据域
    int  parent;                    //指示双亲的下标
}PTNode;                            //结点的类型
typedef struct {
    PTNode  Nodes[MaxSize];         //存放结点的数组
    int  root;                      //根结点的位置下标
    int  n;                         //树中结点数
}FTree;                             //双亲表示法的存储类型
```

一棵树及其双亲表示法示意图如图 5.15 所示。当结点双亲域的值为 -1 时，表示该结点没有双亲。

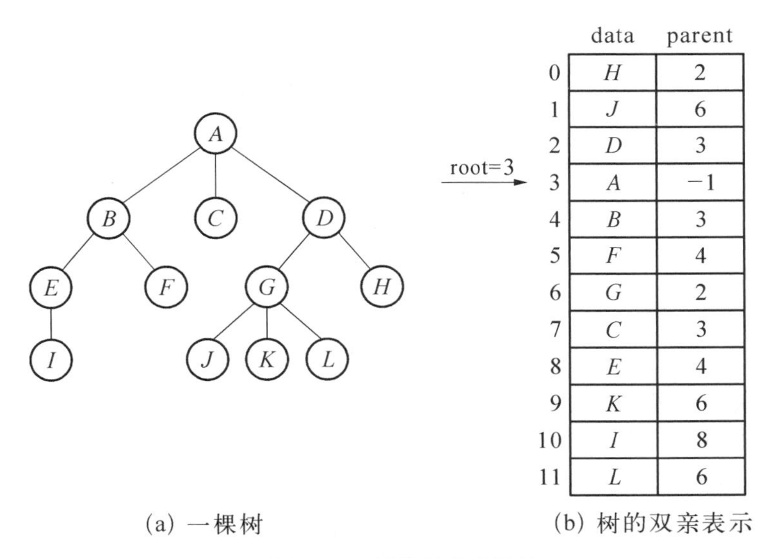

	data	parent
0	*H*	2
1	*J*	6
2	*D*	3
3	*A*	−1
4	*B*	3
5	*F*	4
6	*G*	2
7	*C*	3
8	*E*	4
9	*K*	6
10	*I*	8
11	*L*	6

(a) 一棵树　　(b) 树的双亲表示

图 5.15　树的双亲表示法

双亲表示法有利于“向上”找结点的双亲，可以在 $O(1)$时间级完成。但不利于“向下”查找结点的孩子，找孩子需要遍历全部树结点。对于有序树，只能按层序次序存储，否则不能表示结点子树之间的次序关系。可见，这种双亲表示法操作起来不够方便。

2．孩子表示法

与双亲表示法不同，孩子表示法要在结点中指出其所有孩子的存储位置。

(1) 多重链表表示法

由于树中每个结点可能有多个子树，因此一个结点需要带多个指针域，每个指针指向一棵子树的根。结点的结构为

data	$child_1$	$child_2$	…	$child_M$

其中，M 为树的度。

多重链表的存储类型定义如下：

```
#define M 3                        //M为树的度,这里假设树的度是3
typedef struct TNode{
    TElemType  data;               //数据域
    struct TNode * child[M];       //用于存放孩子指针的数组
}TNode, * Tree;                    //多重链表表示法的存储类型
```

例如，对于如图 5.15(a)所示的树，其多重链表存储示意图如图 5.16 所示。由于树中很多结点的度小于 M，所以多重链表中存在很多空指针域，空间较浪费。不难推出，n 个结点度为 M 的树，必有 $n(M-1)+1$ 个空指针域。树的度越大，多重链表的空指针数越多，存储密度越低。

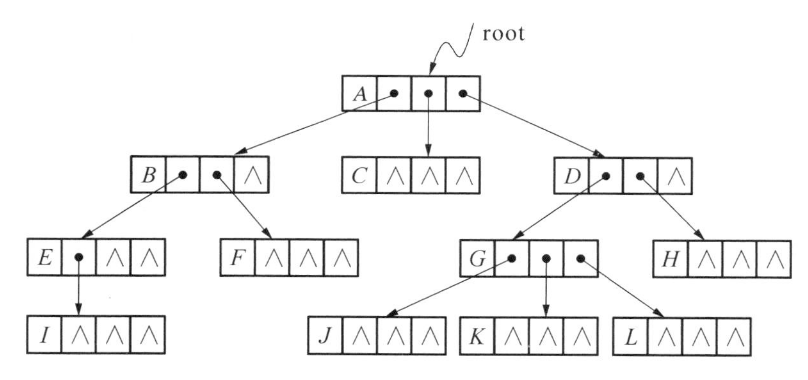

图 5.16　树的多重链表表示法

(2) 孩子链表表示法

这种方法是把每个结点的孩子连接成一个单链表，称为孩子链表。n 个结点的树有 n 个孩子链表，而 n 个孩子链表的头指针组成了一个头指针线性表。为了能随机存取这些头指针，采用一维数组存放头指针线性表。这样，存放 n 个树结点的一维数组与存放 n 个头指针的一维数组可以结合起来，构成一个**表头数组**。

所以，在孩子链表表示法中，存在两类结点：孩子结点（又称表结点）和表头结点，它们的结点结构如图 5.17 所示。

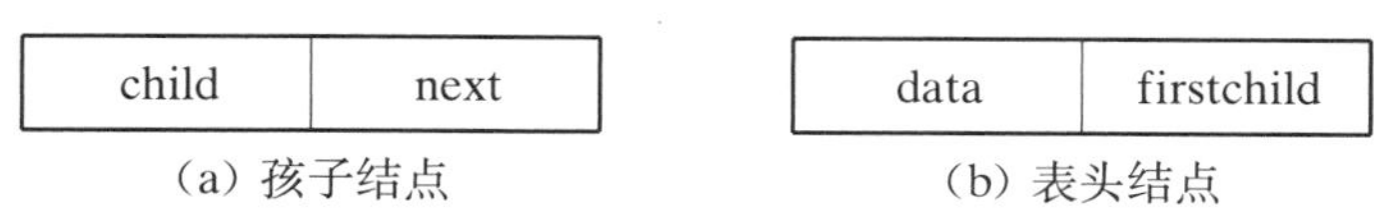

(a) 孩子结点　　(b) 表头结点

图 5.17　孩子链表表示法的结点结构

其中,data是数据域;firstchild是头指针域,用来存放该结点的孩子链表头指针;child是孩子域,用来存放孩子结点在表头数组中的下标;next是指针域,用来存放孩子链表的后继指针。

树的孩子链表表示法存储类型定义如下:

```
#define MaxSize 100          //树中最大结点数
typedef struct ChildNode{
    int  child;
    struct ChildNode *next;
}ChildNode, *ChildPtr;       //孩子结点类型
typedef struct{
    TElemType data;
    ChildPtr  firstchild;    //孩子链头指针
}CTNode;                     //表头结点类型
typedef struct{
    CTNode nodes[MaxSize];   //表头结点数组
    int n;                   //树中结点数
    int root;                //树根的位置下标
}CTree;                      //孩子链表表示法的存储类型
```

图5.18给出了如图5.15(a)所示树的孩子链表表示法存储示意图。其中,root是根结点在表头数组中的存放位置下标,当树为空树时,root的值约定为-1。采用这种存储方式可以很方便地找到结点的所有孩子。但是若要查找结点的双亲,则需要遍历整个孩子链表。所以这种存储方法不利于实现访问结点的双亲或祖先之类的运算。

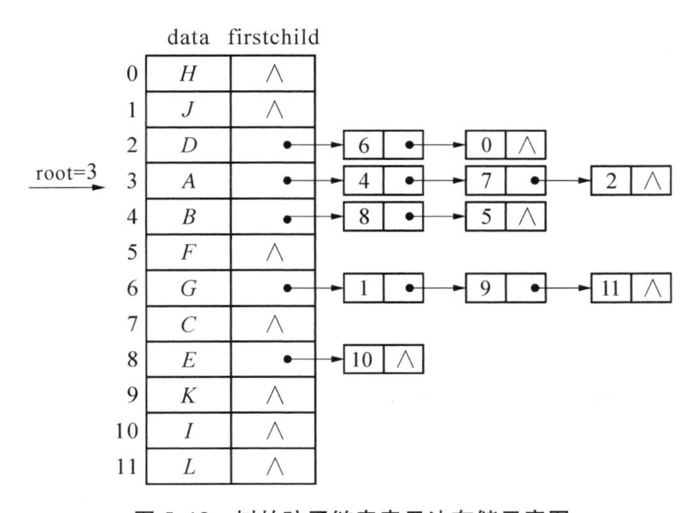

图5.18　树的孩子链表表示法存储示意图

3. 孩子双亲表示法

孩子双亲表示法是将孩子链表表示法与双亲表示法相结合的存储方法。具体做法是在孩子链表表示法的表头结点中增设一个指示双亲位置下标的分量 parent。这样，表头结点的结构为

data	parent	firstchild

图 5.19 给出了如图 5.15(a)所示树的孩子双亲表示法存储示意图。

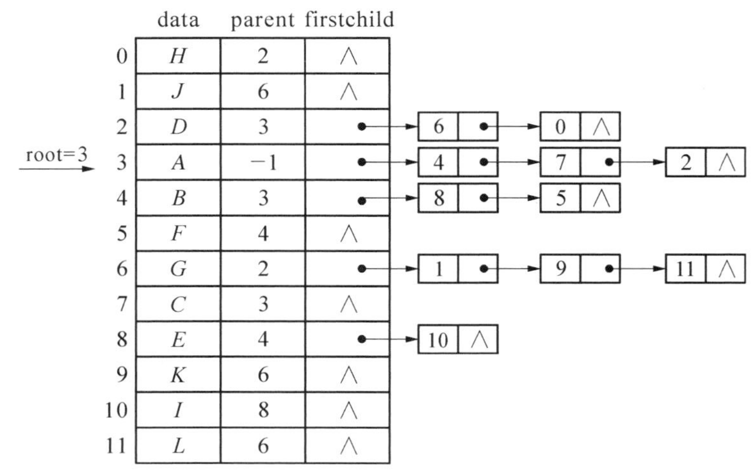

图 5.19　树的孩子双亲表示法存储示意图

4. 孩子兄弟表示法

此法采用二叉链表的形式来存储一棵树，所以此法又称为二叉树表示法，或二叉链表表示法。

考察任意一棵树，每个结点可能有多个孩子，但其“长子”是唯一的；每个结点可能有多个兄弟，但其“右邻兄弟”是唯一的。因此我们可以给每个树结点设置两个指针域：firstchild 和 nextsibling，分别指向该结点的“长子”和“右邻兄弟”。结点结构为

firstchild	data	nextsibling

树的孩子兄弟表示法存储类型定义如下：

```
typedef struct CSNode{
    TElemType  data;
    struct CSNode *firstchild, *nextsibling;
}CSNode, *CSTree;  //孩子兄弟表示法的存储类型
```

图 5.20 给出了如图 5.15(a)所示树的孩子兄弟表示法存储示意图。

利用这种存储结构便于实现树的多种操作。首先易于实现找孩子操作，例如，若要找指针 p 所指结点的第 i 个孩子($1\leqslant i\leqslant *$p 的度)，则可执行

```
for(q=p->firstchild,k=1;k<i;k++) q=q->nextsibling;
```

循环结束时,指针q便指向了p的第 i 个孩子。显然,找结点的兄弟也很容易实现。由于每个结点仅含两个指针域,所以空间开销也比较合理。故孩子兄弟表示法是树的比较理想的一种存储结构。

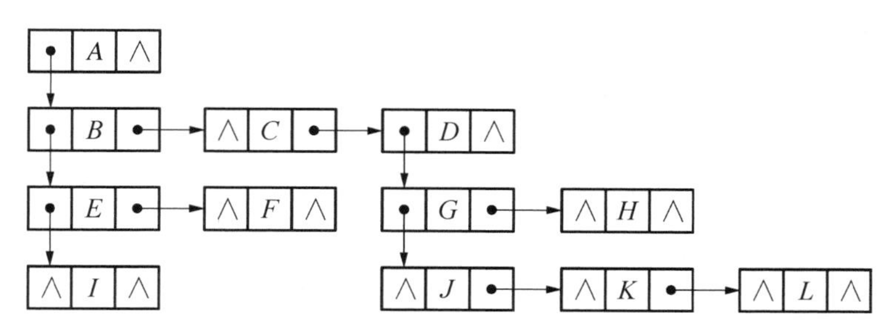

图5.20　树的孩子兄弟表示法存储示意图

5.5.2　树、森林与二叉树的转换

1. 树转换成二叉树

从树和二叉树的定义我们得知,它们是两种不同的树形结构。而从上节的讨论我们得知树和二叉树都可以用二叉链表的方式存储,这表明树和二叉树之间是存在变换(映射)关系的。事实上这种变换关系不仅存在,而且是一一对应的。也就是说,树可以唯一地转换成一棵右子树为空的二叉树;反之,一棵右子树为空的二叉树可以唯一地转换为一棵树。做这样的变换是有意义的,可以使对树的操作转换为对二叉树的操作来实现,而二叉树具有表示简单、操作方便的优点。

树转换为二叉树后,由"树枝"所表示的结点之间逻辑关系的含义发生了改变:

树	二叉树
右邻兄弟关系	双亲和右孩子关系
双亲和长子关系	双亲和左孩子关系

所以,将树转换为二叉树的方法是:

(1) 树中所有相邻的兄弟之间加一条连线;

(2) 对树中的每个非终端结点,只保留它与长子的连线,删除它与其他孩子之间的连线;

(3) 以树根为轴心,顺时针转45°。

图5.21给出了将一棵树转换成二叉树的例子。

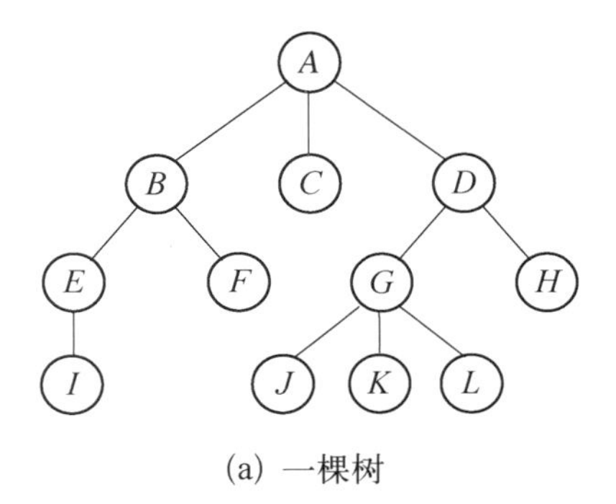

(a) 一棵树

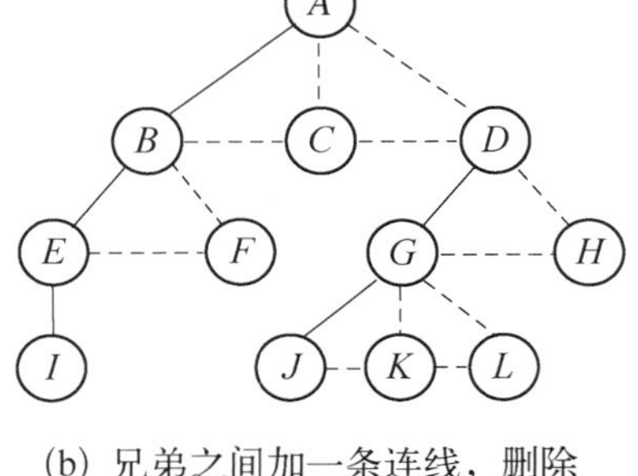

(b) 兄弟之间加一条连线，删除双亲到其余次子的连线

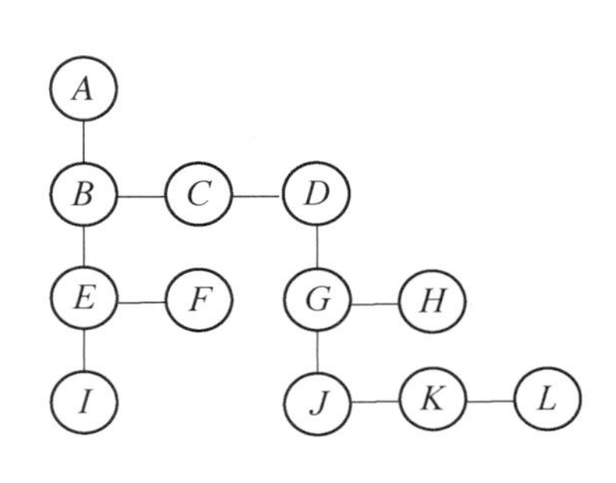

(c) 进一步整理

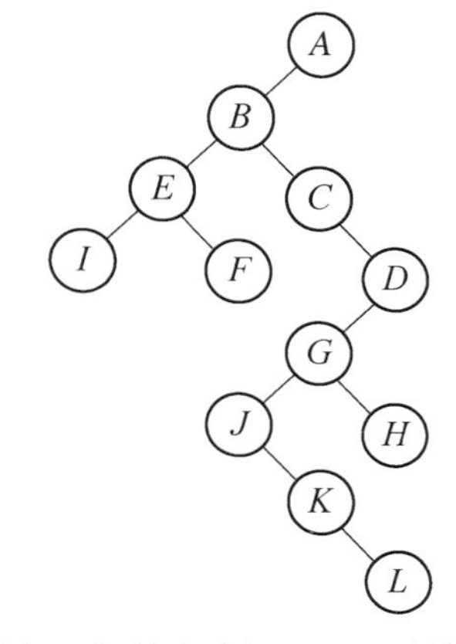

(d) 以根结点为轴心，顺时针转45°

图 5.21　树转换为二叉树

2．森林转换成二叉树

森林是树的集合，森林转换为二叉树的方法如下：

(1) 将森林中的每棵树转换成对应的二叉树；

(2) 将这些二叉树的根结点视为兄弟，彼此之间用线相连；

(3) 以第一棵二叉树的根结点为轴心顺时针转 45°。

图 5.22 给出了将一个森林转换成二叉树的例子。

森林转换成二叉树的形式定义如下：

如果 $F=\{T_1,T_2,\cdots,T_m\}$是森林，则可按如下规则转换成一棵二叉树 $B=(Root,LB,RB)$：

(1) 若 F 为空，即 $m=0$，则 B 为空二叉树；

(2) 若 F 非空，即 $m\neq0$，则 B 的根$Root$ 为F 中第一棵树T_1 的根；B 的左子树LB 是从 T_1 的子树森林 $F_1=\{T_{11},T_{12},\cdots,T_{1m}\}$转换而成的二叉树；$B$ 的右子树RB 是从森林$F_2=\{T_2,T_3,\cdots,T_m\}$转换而成的二叉树。

显然，这个定义是递归的，即对森林 F_1 和 F_2 也按(1)和(2)进行转换。

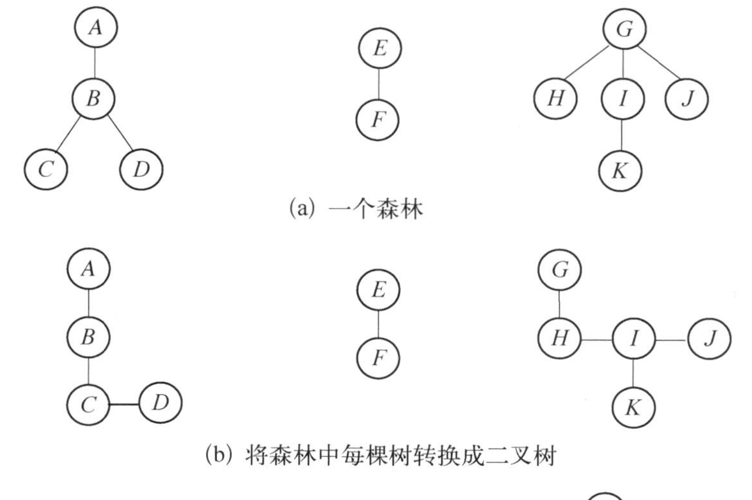

(a) 一个森林

(b) 将森林中每棵树转换成二叉树

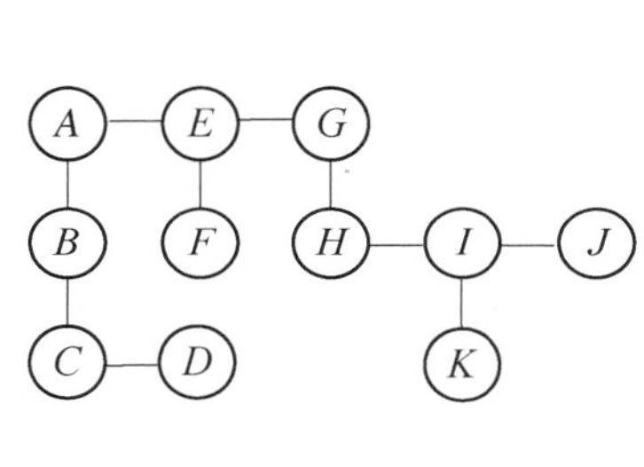

(c) 将二叉树的树根用线相连

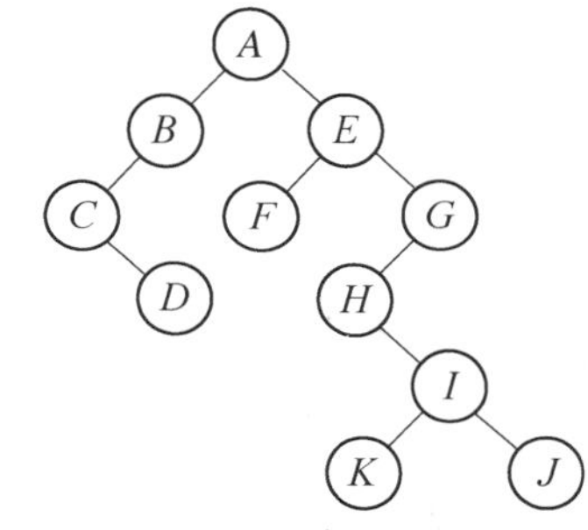

(d) 以第一棵树的根结点为轴心，顺时针转45°

图 5.22　森林转换为二叉树

3. 二叉树转换成森林

这是森林变换成二叉树的逆变换。转换方法如下：

(1) 设结点 X 是其双亲 Y 的左孩子，则把结点 X 的右孩子、右孩子的右孩子……都与结点 Y 用线相连；

(2) 删除二叉树中所有双亲结点与其右孩子的连线；

(3) 整理转换后的森林，使其层次分明。

图 5.23 给出了将一棵二叉树转换成森林的例子。二叉树转换成森林的形式定义如下：

如果 $B=(Root,LB,RB)$是一棵二叉树，则可按如下规则转换成森林 $F=\{T_1,T_2,\cdots,T_m\}$：

(1) 若 B 为空，则 F 为空；

(2) 若 B 非空，则 F 中第一棵树 T_1 的根为二叉树的根 $Root$；T_1 的子树森林 F_1 是由 B 的左子树 LB 转换而成的森林；F 中除 T_1 以外其余树组成的森林 $F_2=\{T_2,T_3,\cdots,T_m\}$是由 B 的右子树 RB 转换而成的森林。

显然，这个定义也是递归的，即对 LB 和 RB 同样按 (1)和(2)转换。

综上所述，一棵树可以唯一地转换成一棵右子树为空的二叉树；反之，一棵右子树为空的二叉树可以唯一地转换成一棵树。一个森林可以唯一地转换成一棵二叉树；反之，一棵二叉树可以唯一地转换成一个森林。这种相互之间唯一的转换关系，为我们用二叉链表的形式存储一棵树或一个森林提供了依据。事实上，二叉链表是树和森林最常用的一种存储结构。

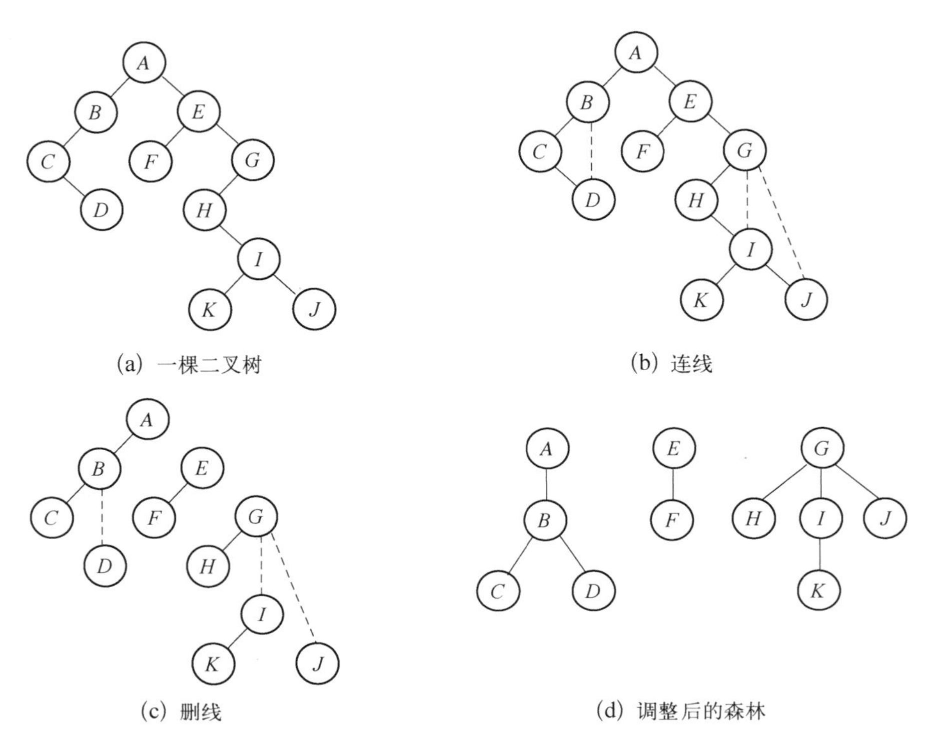

图 5.23　二叉树转换为森林

5.5.3　树和森林的遍历

1. 树的遍历

与二叉树的遍历类似，树的遍历也是按某种规则巡游树，并对每个结点做不重复的访问。从树的定义知，一棵树由一个根和 m 棵子树构成，因此只要依次遍历和访问根结点及其 m 棵子树，就可以完成对整棵树的遍历。

对于树，可以有三种遍历方案：先根遍历、后根遍历和层序遍历。下面给出它们的定义：

先根遍历树：

若树为空，则空操作；否则

(1) 访问根结点；

(2) 按照从左至右的次序先根遍历根结点的每一棵子树。

后根遍历树：

若树为空，则空操作；否则

(1) 按照从左至右的次序后根遍历根结点的每一棵子树；

(2) 访问根结点。

层序遍历树：

从树的第1层开始，自上而下逐层遍历，在同一层中，按从左至右的次序逐个访问结点。

例如，对如图5.21(a)所示的树做先根遍历、后根遍历和层序遍历，可得该树的先根序列为

$$ABEIFCDGJKLH$$

后根序列为

$$IEFBCJKLGHDA$$

层序序列为

$$ABCDEFGHIJKL$$

图5.21(d)是由此树转换而成的二叉树，对该二叉树做先序遍历和中序遍历后不难发现，树的先根序列与转换后二叉树的先序序列相同；树的后根序列与转换后二叉树的中序列相同。因此，当树用二叉链表存储时，直接用二叉树的先序遍历算法和中序遍历算法就可以实现对树的先根遍历和后根遍历。

当树采用孩子链表存储时，其先根遍历和后根遍历的算法分别见算法5.15和5.16。

算法 5.15

```
void PreOrderTree(CTNode T[],int root)
    //先根遍历树,树用孩子链表存储
    //T[]是表头结点数组,root是树根在T中的位置下标
    if(root == -1) return;            //空树,空操作
    visite(T[root].data);             //访问根
    for(p = T[root].firstchild;p;p = p->next)
      PreOrderTree(T,p->child);       //依次先根遍历根的各个子树
}//PreOrderTree
```

算法 5.16

```
void void PostOrderTree(CTNode T[],int root)
    //后根根遍历树,树用孩子链表存储
    //T[]是表头结点数组,root是树根在T中的位置下标
    if(root == -1) return;            //空树,空操作
    for(p = T[root].firstchild;p;p = p->next)
      PostOrderTree(T,p->child);      //依次后根遍历根的各个子树
    visited(T[root].data);            //访问根
} //PostOrderTree
```

2. 森林的遍历

森林的遍历是对树的遍历的推广。设森林 $F=\{T_1,T_2,\cdots,T_m\}$，下面给出对森林 F 先

序遍历和中序遍历的定义：

先序遍历森林：

若 F 为空，则空操作；否则

(1) 访问 F 中第一棵树 T_1 的根；

(2) 先序遍历 T_1 中根结点的子树森林；

(3) 先序遍历 F 中除 T_1 以外其余树组成的森林$\{T_2, T_3, \cdots, T_m\}$。

中序遍历森林：

若 F 为空，则空操作；否则

(1) 中序序遍历 F 中第一棵树 T_1 的根结点的子树森林；

(2) 访问 T_1 的根结点；

(3) 中序遍历 F 中除 T_1 以外其余树组成的森林$\{T_2, T_3, \cdots, T_m\}$。

例如，对如图 5.22(a)所示的森林做先序遍历和中序遍历，可得该森林的先序序列为

$$ABCDEFGHIKJ$$

中序序列为

$$CDBAFEHKIJG$$

图 5.22(d)是此森林转换而成的二叉树，若对该二叉树做先序遍历和中序遍历，不难发现，森林的先序序列与转换后二叉树的先序序列相同；森林的中序序列与转换后二叉树的中序序列相同。这样，当森林采用二叉链表形式存储时，对森林的先序遍历和中序遍历可直接用二叉树先序遍历和中序遍历算法实现。

下面给出一些树和森林运算的例子。

例 5.7 计算树的深度。

设树 T 有 m 棵子树：$T_1, T_2, \cdots, T_m$。则

$$T\ 的深度 = 1 + \mathrm{Max}(T_1\ 的深度, T_2\ 的深度, \cdots, T_m\ 的深度)$$

而计算子树 $T_1, T_2, \cdots, T_m$ 深度的规则和计算树 T 的规则是一样的，可以用递归方式实现(算法 5.17、5.18)。

算法 5.17

```
int TreeDepth1(CSTree T){
    //计算树 T 的深度,T 用孩子兄弟链表存储
    int maxh = 0;                  //maxh 用来记录 T 所有子树深度的最大值
    if(!T) return 0;               //空树的深度为 0
    for(p = T->firstchild;p;p = p->nextsibling){
        h = TreeDepth(p);          //计算一棵子树的深度
        if(h>maxh) maxh = h;       //求子树深度的最大值
    }
    return maxh + 1;
} //TreeDepth1
```

算法 5.18

```
int TreeDepth2(CTNode T[],int root){
    //计算树的深度,树用孩子链表存储
    //T是表头结点数组,root是根结点在数组T中的位置下标
    int maxh = 0;                    //maxh用来记录各个子树深度的最大值
    if(root == -1) return 0;         //空树的深度为0
    for(p = T[root].firstchild; p! = NULL; p = p->next){
        h = TreeDepth2(T, p->child); //计算子树的深度
        if(h>maxh) maxh = h;         //求子树深度的最大值
    }
    return 1 + maxh;
}// TreeDepth2
```

例 5.8 求树的度,树用孩子兄弟链表存储。

解题思路:树的度是树中所有结点度的最大值。设 x 是指向树中某结点 X 的指针,则 X 的度 k 可用下面的循环计算:

for(k=0,p=x->firstchild;p;p=p->nextsibling) k++;

对树做一次遍历,可以求出每个结点的度,进而可以比较出其中的最大值(算法5.19)。

算法 5.19

```
void TreeDegree(CSTree T,int &degree)
    //计算树T的度,T用孩子兄弟链表存储
    //引用参数degree用来传递计算结果,其对应实参的初值应为0
    if(!T) return;
    for(k = 0,p = T->firstchild; p; p = p->nextsibling){
        k++;
        TreeDegree(p,degree);
    }
    if(k>degree) degree = k;
}//TreeDegree
```

例 5.9 输出树中每个结点的层次值,树用孩子兄弟链表存储。

树中根结点的层次值为1,其余结点的层次值为其双亲的层次值+1。算法5.20利用先根遍历,完成对每个结点层次值的计算和输出。

算法 5.20

```
void  TreeLevel(CSTree T,int lev){
    //参数lev传递结点双亲的层次值,其对应实参的初值应为0
    if(!T) return;
```

```
    lev++;
    printf(T->data,lev);  //输出结点和结点的层次值
    for(p=T->firstchild; p; p=p->nextsibling)
        TreeLevel(p,lev);  //先根遍历树T的各个子树
}//TreeLevel
```

例 5.10 树的层序遍历。

对树做逐层遍历时，在第 i 层上先被访问的结点，在第 $i+1$ 层上其孩子也将先被访问。故需要借助一个队列来控制对结点访问的先后次序(算法 5.21)。

算法 5.21

```
void  TreeLayerOrder (CSTree T){
    //层序遍历树T,T用孩子兄弟链表存储
    if(!T) return;
    InitQueue(Q);                   //初始化一个空队列Q
    EnQueue(Q,T);                   //树根入队
    while(!EmptyQueue(Q)){
        DeQueue(Q,s);               //队头元素s出队
        visite(s->data);            //访问s
        for(p=s->firstchild; p!=NULL; p=p->nextsibling)
            EnQueue(Q,p);           //s的所有孩子依次入队
    }
}//TreeLayerOrder
```

例 5.11 计算森林的深度。

设森林 $F=\{T_1,T_2,\cdots,T_m\}$，则 F 的深度定义为

$$\mathrm{Max}(T_1\text{ 的深度},T_2\text{ 的深度},\cdots,T_m\text{ 的深度})$$

当森林用二叉链表存储时，该二叉树根结点的左子树由 T_1 的子树森林构成，根结点的右子树由森林 $\{T_2,T_3,\cdots,T_m\}$ 构成。因此，F 的深度为

$$\mathrm{Max}(1+\text{左子树森林的深度},\text{右子树森林的深度})$$

其中，“1+左子树森林的深度”给出了 T_1 的深度。由此，可用按递归的方式计算出森林的深度(算法 5.22)。

算法 5.22

```
int ForestDepth(CSTree T){
    //森林用孩子兄弟链表存储,函数返回森林的深度
    if(!T) return 0;    //空森林,深度为0
    hl=ForestDepth(T->firstchild);
    hr=ForestDepth(T->nextsibling);
    return max(hl+1,hr);
```

```
}//ForestDepth
```

5.6　哈夫曼树和哈夫曼编码

哈夫曼(Huffman)树,又称最优二叉树,在通信、数据压缩、决策和算法设计等方面有着广泛的应用。本节先介绍哈夫曼树的概念,再讨论哈夫曼树的构造算法,最后介绍哈夫曼树的应用实例——哈夫曼编码技术。

5.6.1　哈夫曼树

1. 哈夫曼树的相关概念

路径和路径的长度:树中两个结点之间所经过的分支,称为这两个结点之间的路径,用路径上的结点序列表示。路径上分支的数目称为该路径的长度。

树的路径长度:树根到每个结点的路径长度之和,称为树的路径长度。

结点的权值:除结点数据元素值之外,再赋予结点的一个有意义的数值。

结点的带权路径长度:树根结点到某结点的路径长度与该结点权值的乘积,称为该结点的带权路径长度。

树的带权路径长度:树中所有叶子结点的带权路径长度之和,称为树的带权路径长度,记为

$$WPL = \sum_{i=1}^{n} l_i \times w_i$$

其中,n 为树中叶子结点的个数,l_i 为根结点到第 i 个叶子结点的路径长度,w_i 为第 i 个叶子结点的权值。

哈夫曼树:由 n 个叶子构成的所有二叉树中,带权路径长度 WPL 最小的二叉树称为哈夫曼树,或称为**最优二叉树**。

例如,给定叶子结点的权值分别为{2,4,3,1,5},可以构造出多个形态不同的二叉树,图5.24中给出了其中3棵二叉树,它们的带权路径长度分别为

(a) $WPL = 2\times2+4\times4+3\times3+1\times1+4\times5=50$

(b) $WPL = 4\times2+2\times4+3\times3+4\times1+1\times5=34$

(c) $WPL = 3\times2+2\times4+2\times3+3\times1+2\times5=33$

其中,(c)是一棵哈夫曼树。

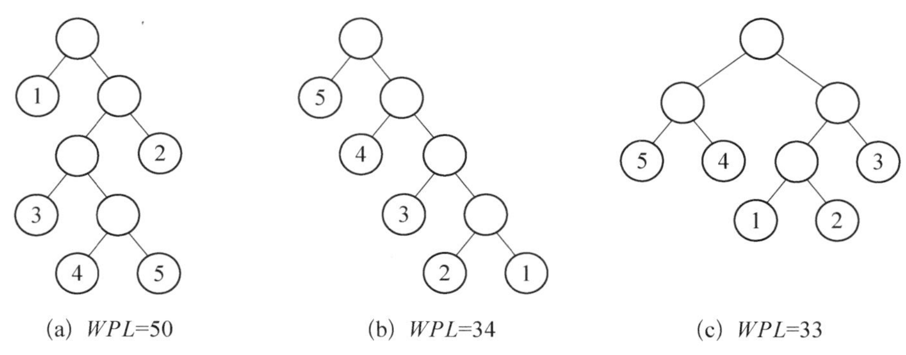

图 5.24　同一组叶子结点构成的 3 棵二叉树

2. 哈夫曼树的构造

1952 年，Huffman 最早提出了构造最优二叉树的算法，这个算法被称为哈夫曼算法，而最优二叉树则被称为哈夫曼树。哈夫曼算法的基本思路是：

(1) 用给定权值$\{w_1, w_2, \cdots, w_n\}$的 n 个结点，构造一个有 n 棵二叉树的森林$F=\{T_1, T_2, \cdots, T_n\}$，其中，每棵二叉树 $T_i(1\leqslant i\leqslant n)$只有一个权值为 w_i 的根结点。

(2) 重复下面的操作①和操作②，直至 F 中只含有一棵二叉树为止。

操作①：合并。在 F 中选取根结点权值为最小和次最小的两棵二叉树 B_1 和 B_2，分别作为左子树和右子树，补上 1 个结点作为根，构造一棵新的二叉树 B，新二叉树 B 根结点的权值为 B_1 和 B_2 根结点的权之和。

操作②：替换。用新二叉树 B 替换掉 F 中的 B_1 和 B_2，这样 F 中就减少了一棵二叉树。

整个过程结束时，F 中剩下的一棵二叉树即为所求的哈夫曼树。

例如，若给定$\{a, b, c, d, e\}$5 个结点，相应的权值为$\{2,4,3,1,5\}$，以它们为叶子结点，构造哈夫曼树的过程如图 5.25 所示，其中结点旁标注的数字是权值。

从哈夫曼树的构造过程可知：

(1) 构造 n 个权值的哈夫曼树，共需进行 $n-1$ 次合并；

(2) 每次合并都要添加 1 个分支结点，所以经过 $n-1$ 次合并而产生的哈夫曼树上共有 $2n-1$ 个结点。

(3) 在哈夫曼树上只含度为 0 和度为 2 的结点。这种不存在度为 1 的结点的二叉树称为**严格二叉树或正则二叉树**。所以哈夫曼树是严格二叉树。

(4) 在做合并操作时，B_1 和 B_2 谁作左子树，谁作右子树没有限制。另外，当 F 中有多棵根结点权值相等且同时可选的二叉树时，任选其一参加合并。因此，同一组权值可能构造出形态不同的多棵哈夫曼树，但它们的 *WPL* 值相同。

(5) 哈夫曼树的根结点的权值是所有叶子结点的权之和，因而是确定的。

下面讨论哈夫曼树的存储结构。

在哈夫曼构造过程中，需要频繁地访问结点的双亲，故采用三叉链表的结构。n 个叶子的哈夫曼树，结点总数是确定的，共有 $2n-1$ 个结点。所以可以采用静态三叉链表。结点结构为

weight	parent	lchild	rchild

其中，weight域存放结点的权值；parent域存放结点双亲的位置下标；lchild域和rchild域存放结点左孩子和右孩子的位置下标。

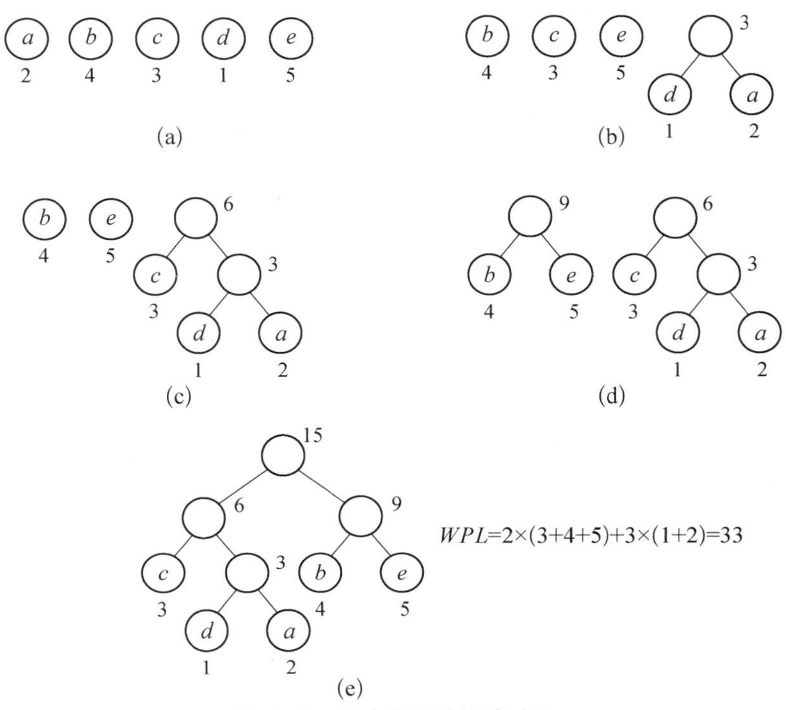

图5.25　哈夫曼树的构造过程

哈夫曼树的存储类型定义如下：

```
typedef struct{
    WeightType weight;            //WeightType 是权值类型
    int parent,lchild,rchild;     //双亲、左孩子、右孩子
}HTNode;                          //哈夫曼树结点类型
typedef HTNode *HuffTree;         //存放哈夫曼树的静态三叉链表类型
```

构造哈夫曼树的算法如算法5.23所示。

算法5.23

```
void HuffmanTree(HuffTree &HT,WeightType *w,int n){
//根据给定的n个权值,构造哈夫曼树。*w是存放n个权值的数组
    m=n*2-1;                      //计算哈夫曼树结点总数m
    HT=new HTNode[m+1];           //分配HT数组空间,0号单元空闲不用
    for(i=1;i<=m;i++){            //初始化数组HT[]
      HT[i].weight=(i<=n)?w[i-1]:0;
      HT[i].lchild=HT[i].rchild=HT[i].parent=0;
```

```
    }
    for(i=n+1;i<=m;i++){   //主循环,完成 n-1 次合并
      Select(HT,i,s1,s2);
      //在 HT[1..i-1]中选择 parent 为 0 且 weight 为最小的两个结点,
      //其下标分别为 s1 和 s2
      HT[i].lchild=s1;
      HT[i].rchild=s2;
      HT[i].weight=HT[s1].weight+HT[s2].weight;
      HT[s1].parent=HT[s2].parent=i;
    }
}//HuffmanTree
```

例如,如图 5.25 所示的哈夫曼树的构造过程中,数组 HT 中数据状态变化如图 5.26 所示。

	weight	parent	lchild	rchild
0				
1	2	0	0	0
2	4	0	0	0
3	3	0	0	0
4	1	0	0	0
5	5	0	0	0
6	0	0	0	0
7	0	0	0	0
8	0	0	0	0
9	0	0	0	0

(a) HT 数组的初态

	weight	parent	lchild	rchild
0				
1	2	6	0	0
2	4	0	0	0
3	3	0	0	0
4	1	6	0	0
5	5	0	0	0
6	3	0	4	1
7	0	0	0	0
8	0	0	0	0
9	0	0	0	0

(b) 第 1 次合并后

	weight	parent	lchild	rchild
0				
1	2	6	0	0
2	4	0	0	0
3	3	7	0	0
4	1	6	0	0
5	5	0	0	0
6	3	7	4	1
7	6	0	3	6
8	0	0	0	0
9	0	0	0	0

(c) 第 2 次合并后

	weight	parent	lchild	rchild
0				
1	2	6	0	0
2	4	8	0	0
3	3	7	0	0
4	1	6	0	0
5	5	8	0	0
6	3	7	4	1
7	6	9	3	6
8	9	9	2	5
9	15	0	7	8

(d) 第 4 次合并后

图 5.26 哈夫曼树存储结构的数据状态

5.6.2 哈夫曼编码

在数据通信中,报文在信道上是以 0、1 组成的比特流形式传送的。在发送端,需要通过

编码将报文中的字符转换成 0,1 序列;在接收端,要将收到的 0,1 序列经过译码还原成原来的报文。

编码可以采用等长编码和不等长编码两种方式。等长编码就是对每个字符用相同位数的二进制位进行编码。等长编码的编码和译码都比较简单。例如,设有一条报文"BAAFFDDDECDCBFFBCCFFCD",组成该报文的字符集 = {A,B,C,D,E,F},每种字符在报文中出现的次数分别为{A: 4,B: 3,C: 7,D: 5,E: 1,F: 6}。若采用等长编码,至少需要 3 个二进制位。比如,发送端对报文中的 6 种字符分别按{A: 000,B: 001,C: 010,D:011,E: 100,F: 101}进行编码后,报文比特流长度为 78 个二进制位。在接收端,只要对收到的电文比特流每隔 3 位进行译码,即可还原报文。等长编码的缺点是报文比特流一般比较长,占用信道资源较多。为了使传输相同信息的比特流长度尽量短,可以采用不等长编码,即每个字符编码的二进制位数可以不同。比如,可以对报文中的 6 种字符分别按{A: 01,B: 10,C: 0,D: 00,E: 11,F: 1}进行编码,则报文比特流长度仅为 39 个二进制位。但接收方收到这样的报文比特流后,将有多种译码可能。比如接收方收到"100101…"后,可以译为"FCCBF…""BAA…""BCFA…"等。显然,这样的不等长编码是没有实用意义的。可见,若采用不等长编码,必须保证译码的唯一性。如果一组不等长编码中的任一编码都不是其他编码的前缀,则这种编码称为**前缀编码**。前缀编码能确保译码的唯一性。前述编码中 F 的编码显然是 B 的前缀,因此不是前缀编码。

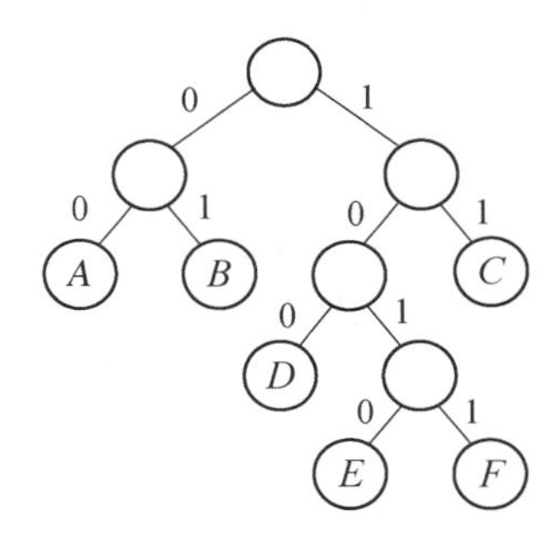

图 5.27　利用二叉树进行前缀编码

如何获得前缀编码呢? 利用二叉树,可以获得前缀编码。方法是:以报文的字符集作为叶子结点的集合,构造一棵二叉树,约定二叉树上的左分支代表 0,右分支代表 1,则从树根到叶子结点的路径上采集的 0,1 序列就是该叶子结点的前缀编码。比如,以上述报文的字符集{A,B,C,D,E}作为叶子集合,可以构造一棵如图 5.27 所示的二叉树。从该二叉树上可以获得各个字符的前缀编码如下:

A: 00
B: 01
C: 11
D: 100
E: 1010
F: 1011

不难算出,对报文进行编码后,电文比特流长度为 71。

由于用一组已知的叶子结点可以构造出多棵不同形态二叉树,因此前缀编码有很多种。什么样的前缀编码能使报文的比特流长度最短呢? 设报文只出现了 n 种不同字符,字符 i 在报文中重复出现的次数为 w_i($1 \leqslant i \leqslant n$),其编码长度为 l_i,则编码后报文的比特流长度为

$$\text{报文比特流长度} = \sum_{i=1}^{n} l_i \times w_i$$

对应到二叉树上，若 w_i 为叶子结点的权，l_i 恰为从树根到树叶的路径长度，则报文比特流长度恰为二叉树上带权路径长度 WPL。由此可见，从哈夫曼树上得到的二进制前缀编码能使报文的比特流长度最短。这样的前缀编码称为**哈夫曼编码**，或**最优前缀编码**。

以报文中 6 种字符的在报文中的出现次数{4,3,7,5,1,6}为权，构造一棵哈夫曼树如图 5.28 所示。从哈夫曼树上获得的各个字符的哈夫曼编码如下：

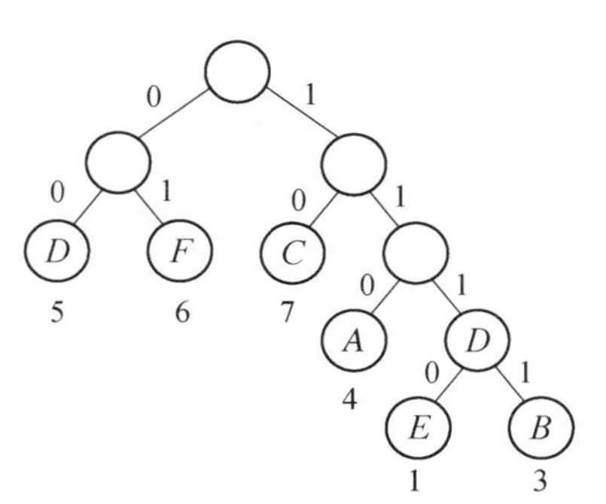

图 5.28　利用哈夫曼树产生最优前缀编码

A:110
B:1111
C:10
D:00
E:1110
F:01

采用哈夫曼编码，报文比特流长度为 64。

综上分析，得知对报文进行哈夫曼编码的步骤如下：

(1) 读入报文字符串；
(2) 统计报文中出现的不同字符的个数 n 以及每种字符重复出现的次数或频率 w_i；
(3) 用 n 个字符的 w_i 作权，构造哈夫曼树；
(4) 从哈夫曼树上获得每个字符的哈夫曼编码；
(5) 对报文进行编码，产生报文的二进制码串。

其中第(3)步已在算法 5.23 中解决。第(4)步可以这样处理：从树根出发，对哈夫曼树做一次先序遍历，在遍历过程中利用一个字符型的顺序栈 S 记下遍历路径，经过左分支时字符'0'进栈，经过右分支时字符'1'进栈。当遍历到一个叶子结点时，栈 S 中自栈底至栈顶记录着树根到该叶子结点的路径上的 0,1 序列，即该叶子结点的哈夫曼编码。实现算法见算法 5.24 和算法 5.25。

算法 5.24

```
void HuffmanCoding(HuffTree HT,char * * &HC,int n){
    //从哈夫曼树 HT 上求得 n 个叶子结点的哈夫曼编码并存入数组 HC 中
    Stack S;                    //S 是一个字符型的顺序栈
    InitStack(S);               //初始化栈 S
    HC = new char * [n + 1];    //分配数组 HC 的空间
    Coding(HT,2 * n - 1,HC,S);  //哈夫曼树根结点下标为 2n - 1
}//HuffmanCoding
```

算法 5.25

```
void Coding(HuffTree HT,int root,char ** HC,SqStack &S){
    //先序遍历哈夫曼树 HT,求得每个叶子结点的编码字符串,存入数组 HC
    //S 是一个顺序栈,用来记录遍历路径
```

```
    //root 是哈夫曼树数组 HT 中根结点的位置下标
    if(root! = 0){                          //当二叉树非空
        if(HT[root].lchild = = 0){          //root 是树叶
            push(S,'\0');                   //字符串结束标志 '\0' 进栈
            HC[root] = new char[StackLength(S) + 1];
                                            //分配存放哈夫曼编码字符串的空间
            strcpy(HC[root], S.elem);       //复制叶子的编码
            Pop(S,ch);                      //字符串结束标志 '\0' 出栈
        }
        Push(S,'0');                        //向左转,'0' 进栈
        coding(HT,HT[root].lchild,HC,S);    //遍历左子树
        Pop(S);
        Push(S,'1');                        //向右转,'1' 进栈
        coding(HT,HT[root].rchild,HC,S);    //遍历右子树
        Pop(S);
    }
}//Coding
```

例如,对于报文“BAAFFDDDECDCBFFBCCFFCD”进行哈夫曼编码。经统计得知,报文中出现了6种不同字符{A,B,C,D,E,F},每种字符在报文中出现的次数为{A: 4,B: 3,C: 7,D: 5,E: 1,F: 6}。调用算法5.23,得到一棵哈夫曼树(HT),如图5.29(a)所示;调用算法5.24,得到一组哈夫曼编码(HC),如图5.29(b)所示。

HT	weight	parent	lchild	rchild
0				
1	4	8	0	0
2	3	7	0	0
3	7	10	0	0
4	5	9	0	0
5	1	7	0	0
6	6	9	0	0
7	4	8	5	2
8	8	10	1	7
9	11	11	4	6
10	15	11	3	8
11	26	0	9	10

(a) 哈夫曼树存储结构的数据状态

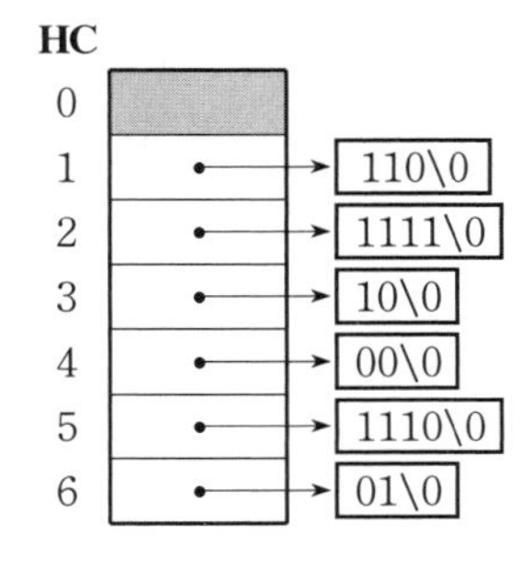

(b) 用哈夫曼树产生的哈夫曼编码

图5.29　哈夫曼树和哈夫曼编码

本 章 小 结

树和二叉树都是重要的树形结构，具有层次性和分支性的共同特征，结点之间存在“一对多”的联系。

本章介绍了树的定义、术语、性质和树的几种表示方法。

二叉树具有结构简单(结点的度都不超过2)、存储容易、操作方便等优点，是本章重点讨论的对象。本章介绍了二叉树的定义、二叉树的性质以及两种特殊形态的二叉树：完全二叉树和满二叉树，着重讨论了二叉树最常用的表示方法——二叉链表。

一般而言，遍历是数据结构最简单、最基础的运算，其他更为复杂的运算往往都建立在遍历的基础上。本章给出了二叉树先序、中序、后序遍历以及层序遍历的定义和它们在二叉链表上的实现算法，并以此为基础，进一步讨论了二叉树其他运算的实现算法。

对二叉树的遍历可以看作是对二叉树按某种规则进行线性化，即得到二叉树结点的一个线性序列。为了便于在二叉树的遍历序列中找到结点的直接前驱和直接后继，本章引入了线索二叉树的概念，并讨论了线索二叉树存储结构和相关算法的实现。

二叉树虽然与树和森林有着不同的定义，但它们在形态上有着唯一的相互转换关系。本章给出了树、森林与二叉树之间进行相互转换的规则。这种相互转换关系，为用二叉链表的形式存储树和森林提供了依据，即树和森林的孩子兄弟表示法。二叉链表的优点使它成为树和森林比较理想的存储结构。

最后，本章介绍了树形结构的一个重要应用实例，哈夫曼树和哈夫曼编码。

习 题

5.1 试分别绘出具有3个结点的树和3个结点的二叉树的所有不同形态。

5.2 描述满足下列条件的二叉树形态：

(1) 先序遍历序列与中序遍历序列相同；

(2) 后序遍历序列与中序遍历序列相同；

(3) 先序遍历序列与后序遍历序列相同。

5.3 一个深度为 H 的满 k 叉树有如下性质：第 H 层上所有结点都是叶子结点，其余各层上每个结点都有 k 棵非空子树。如果从1开始按自上而下、自左向右的次序对全部结点编号，问：

(1) 各层的结点数目是多少？

(2) 编号为 i 的结点的父结点(若存在)的编号是多少？

(3) 编号为 i 的结点的第 j 个孩子(若存在)的编号是多少?

(4) 编号为 i 的结点有右兄弟的条件是什么? 其右兄弟的编号是多少?

5.4　已知一棵度为 k 的树中有 n_1 个度为 1 的结点，n_2 个度为 2 的结点，…，n_k 个度为 k 的结点，问该树中有多少个叶子结点?

5.5　已知在一棵含有 n 个结点的树中，只有度为 k 的分支结点和度为 0 的叶子结点。试求该树含有的叶子结点的数目。

5.6　设 n 和 m 为二叉树中两个结点，用“1”、“0”和“∅”(分别表示肯定、否定和不一定)填写下表：

题 5.6 表

已知 \ 问	先序遍历时 n 在 m 之前?	中序遍历时 n 在 m 之前?	后序遍历时 n 在 m 之前?
n 在 m 的左方			
n 在 m 的右方			
n 是 m 的祖先			
n 是 m 的子孙			

(注:如果离 n 和 m 的最近的共同祖先 X 存在，且 n 位于 X 的左子树中，m 位于 X 的右子树中，则称“n 在 m 的左方”或“m 在 n 的右方”。)

5.7　已知一棵树如题图所示，请写出该树的先根序列和后根序列，并将该树转化为对应的二叉树。

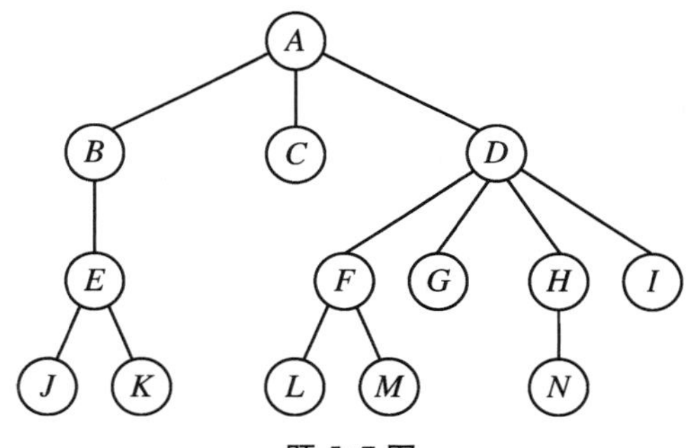

题 5.7 图

5.8　将如题图所示的森林转化为对应的二叉树。

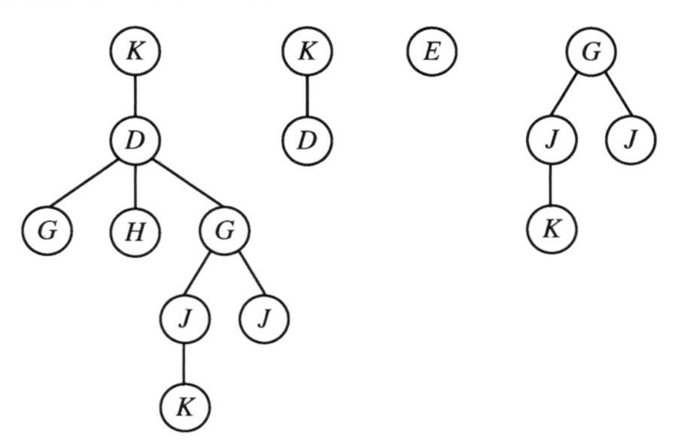

题 5.8 图

5.9　将如题图所示的二叉树转化为森林。

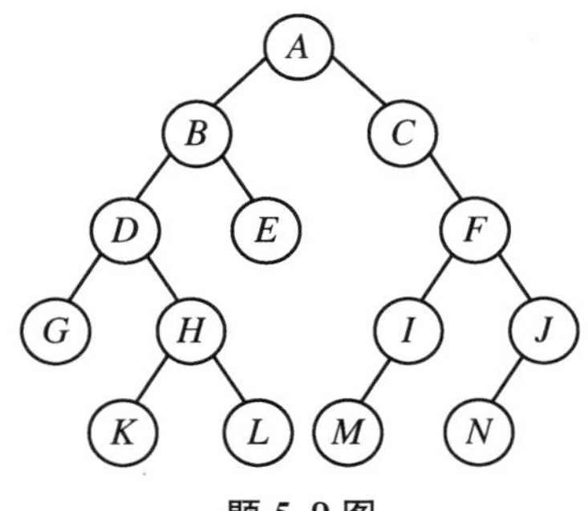

题 5.9 图

5.10　已知某二叉树的中序序列为 *DCBGEAHFIJK*，后序序列为 *DCEGBFHKJIA*。请画出该二叉树。

5.11　已知树 T 的先根序列为 *GFKDAIEBCHJ*，后根序列为 *DIAEKFCJHBG*，请画出树 T。

5.12　已知森林 F 的先根序列为 *ABCDEFGHIJKL*，中根序列为 *CBEFDGAJIKLH*。请画出这个森林 F。

5.13　假设某个电文由(a,b,c,d,e,f,g,h)8 种字母组成，每种字母在电文中出现的次数分别为(7,19,2,6,32,3,21,10)，试解答下列问题：

(1) 画出哈夫曼树；

(2) 给出每个字母的哈夫曼编码；

(3) 在对该电文进行最优二进制编码处理后，电文的二进制位数。

5.14　写出复制一棵二叉树的算法。

5.15　试编写算法，实现将二叉树所有结点的左右子树互换。

5.16　试写出销毁二叉树的算法。

5.17　写出判断给定二叉树是否为完全二叉树的算法。

5.18　写出判断两棵给定二叉树是否相似的算法。

(注：两棵二叉树 B_1 和 B_2 相似是指：B_1 和 B_2 皆空，或者皆不空且 B_1 的左、右子树和 B_2 的左、右子树分别相似。)

5.19　利用栈的基本操作，写出二叉树中序遍历的非递归算法。

5.20　写出统计树中叶子结点个数的算法，树用孩子兄弟链表表示。

5.21　写出计算二叉树第 K 层结点数的算法。

5.22　写出计算二叉树宽度的算法。

5.23　写出计算树的第 K 层结点数的算法，树用孩子兄弟链表表示。

5.24　设 X 是二叉树 T 上的一个结点，试写出查找 X 的双亲结点的算法。

5.25　设 X 和 Y 是二叉树 T 上的两个结点，试写一个算法，求 X 和 Y 最近的共同祖先。

5.26　写一个递归算法，求二叉链表表示的二叉树的先序遍历序列的第 $k(1\leqslant k\leqslant n)$个元素的值。

第6章 图

图是一种比树更为复杂的非线性数据结构。在树形结构中，结点之间的关系具有“一对多”的特征，即除根以外，任一结点只有一个直接前驱(双亲)，有0个或多个直接后继(孩子)；而在图中，结点之间的关系具有“多对多”的特征，即每个结点都可以有0个或多个直接前驱，0个或多个直接后继。可见，图结构具有更强的表达能力，现实世界中的许多问题都可以抽象为图结构，因此应用广泛。

本章主要讨论图的定义、图的存储表示和图的操作，最后介绍与图有关的一些问题的求解。

6.1 图的基本概念

6.1.1 图的定义

图(Graph)由两个集合 V 和 E 组成，记为 $G=(V,E)$。其中，V 是顶点(Vertex)的非空有限集，E 是 V 中顶点偶对的有限集(边集)。

通常，将图 G 的顶点集记为 $V(G)$，边集记为 $E(G)$。

顶点的偶对也称为边。顶点偶对可以是无序的，称为**无向边**，或简称为**边**(Edge)；也可以是有序的，称为**有向边**或**弧**(Arc)。

图6.1给出了顶点 V_i 和 V_j 之间边和弧的示意图。如图6.1(a)所示，(V_i,V_j)和(V_j,V_i)等价，都表示顶点 V_i 与顶点 V_j 之间的一条无向边。如图6.1(b)所示，$\langle V_i,V_j\rangle$表示从顶点 V_i 到顶点 V_j 的一条有向边(弧)，其中 V_i 是弧的起点，称为**弧尾**(Tail)；V_j 是弧的终点，称为**弧头**(Head)。显然，$\langle V_i,V_j\rangle$和$\langle V_j,V_i\rangle$是两条不同的弧。

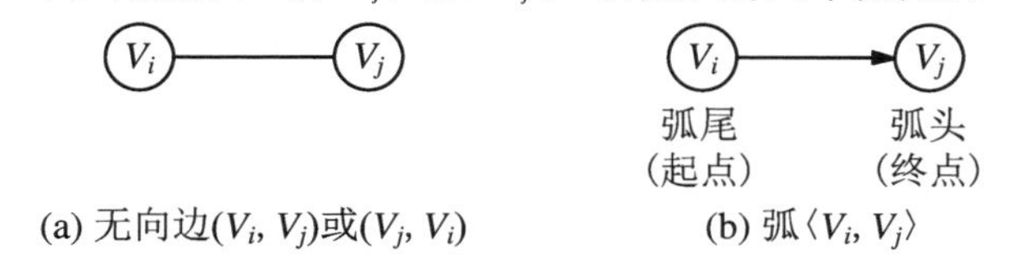

图6.1 边和弧

若图 G 中的每条边都是有向边，则称 G 为**有向图**（Digraph），否则称 G 为**无向图**（Undigraph）。例如，图 6.2(a)中的 G_1 是有向图，它可以表示为

$$G_1 = (V_1, E_1)$$
$$V_1 = \{A, B, C, D, E\}$$
$$E_1 = \{\langle A, B\rangle, \langle D, A\rangle, \langle A, C\rangle, \langle B, A\rangle, \langle B, E\rangle, \langle C, D\rangle, \langle E, D\rangle\}$$

图 6.2(b)中的 G_2 是无向图，它可以表示为

$$G_2 = (V_2, E_2)$$
$$V_2 = \{v_1, v_2, v_3, v_4, v_5, v_6\}$$
$$E_2 = \{(v_1, v_2), (v_1, v_4), (v_2, v_5), (v_4, v_5), (v_4, v_6), (v_6, v_3)\}$$

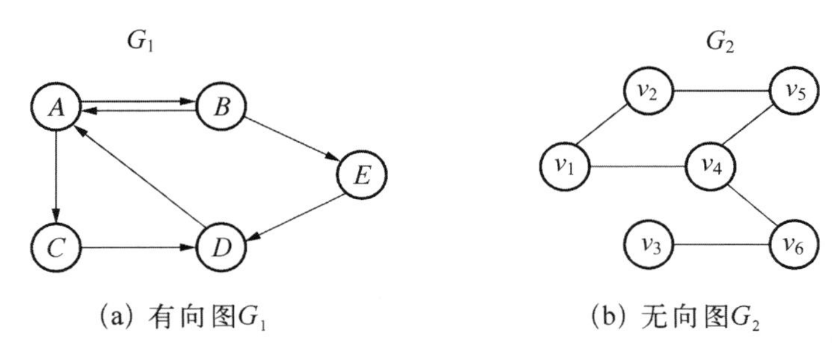

(a) 有向图G_1　　(b) 无向图G_2

图 6.2　有向图和无向图示例

图的抽象数据类型定义如下：

ADT Graph{

数据对象 V：V 是同类型数据元素的非空有限集，称为顶点集。

数据关系 R：

R = {⟨v_i,v_j⟩ | v_i,v_j ∈ V 且 Path(v_i,v_j)，⟨v_i,v_j⟩表示从 v_i 到 v_j 的弧，谓词 Path(v_i,v_j)定义了弧⟨v_i,v_j⟩的意义和信息}

基本操作 P：

CreateGraph(&G,V,VR)

初始条件：V 是顶点集，VR 是边或弧的集合。

操作结果：按 V 和 VR 的定义，创建图 G。

DestroyGraph(&G)

初始条件：图 G 已经存在。

操作结果：销毁 G。

LocateVex(G,u)

初始条件：图 G 存在，u 是与顶点同类型的一个值。

操作结果：若 G 中存在值为 u 的顶点，则返回该顶点在图中的存储位置；否则返回空值。

GetVex(G,v)

初始条件：图 G 存在，v 是 G 中某个顶点的存储位置。

操作结果：返回存储在位置 v 中的顶点的值。

PutVex(&G,v,value)

初始条件：图 G 存在，v 是 G 中某个顶点的存储位置。

操作结果：将值 value 赋给存储在位置 v 中的顶点。

```
    FirstAdjVex(G,v)
        初始条件:图G存在,v是G中某个顶点。
        操作结果:返回v的第一个邻接点。若v没有邻接点,则返回空。
    NextAdjVex(G,v,w)
        初始条件:图G存在,v是G中某个顶点,w是v的某个邻接点。
        操作结果:返回v的相对于w的下一个邻接点。若w是v的最后一个邻接点,则返回空。
    InsertVex(&G,v)
        初始条件:图G存在,v是与顶点同类型的一个值。
        操作结果:在G中增加一个值为v的顶点。
    DeleteVex(&G,v)
        初始条件:图G存在,v是G中某顶点。
        操作结果:在G中删除顶点v以及相关的弧。
    InsertArc(&G,v,w)
        初始条件:图G存在,v和w是G中两个顶点。
        操作结果:在G中增加弧〈v,w〉,若G是无向图,则还增加对称弧〈w,v〉。
    DeleteArc(&G,v,w)
        初始条件:图G存在,v和w是G中两个顶点。
        操作结果:在G中删除弧〈v,w〉,若G是无向图,则还删除对称弧〈w,v〉。
    DFSTraverse(G,v,visite())
        初始条件:图G存在,v是G中某个顶点,visite()是对顶点的访问函数。
        操作结果:从顶点v开始,深度优先搜索遍历图G,并对每个顶点调用visite()函数一次且
                  仅一次。
    BFSTraverse(G,v,visite())
        初始条件:图G存在,v是G中某个顶点,visite()是对顶点的访问函数。
        操作结果:从顶点v开始,广度优先搜索遍历图G,并对每个顶点调用visite()函数一次且
                  仅一次。
}end ADT Graph
```

6.1.2 图的基本术语

1. 邻接和依附

在无向图中,对任意两个顶点 V_i 和 V_j,如果存在边 (V_i, V_j),则称顶点 V_i 和 V_j 互为邻接点,同时称边 (V_i, V_j) **依附**于顶点 V_i 和 V_j。

在有向图中,对任意两个顶点 V_i 和 V_j,如果存在弧 $\langle V_i, V_j \rangle$,则称顶点 V_i **邻接**到 V_j,顶点 V_j 邻接自 V_i,同时称弧 $\langle V_i, V_j \rangle$ 依附于顶点 V_i 和 V_j。

2. 完全图、稀疏图、稠密图

设图中含有 n 个顶点和 e 条边(弧),则顶点数 n 和边数 e 具有如下关系:

对于无向图,有

$$0 \leqslant e \leqslant \frac{n(n-1)}{2}$$

对于有向图,有

$$0 \leqslant e \leqslant n(n-1)$$

我们把具有 $n(n-1)/2$ 条边的无向图称为**无向完全图**；具有 $n(n-1)$ 条弧的有向图称为**有向完全图**。边(或弧)数很少(如 $e<n\log n$)的图称为稀疏图，反之称为稠密图。

3. 顶点的度、入度、出度

依附于顶点 V 的边或弧的数目称为顶点 V 的度，记为 $TD(V)$。

对于有向图，可以进一步引入出度和入度的概念。以顶点 V 为弧头的弧的数目称为 V 的入度，记为 $ID(V)$；以顶点 V 为弧尾的弧的数目称为 V 的出度，记为 $OD(V)$；顶点 V 的度 $TD(V)=ID(V)+OD(V)$。

对于具有 n 个顶点和 e 条边或弧的图，有

$$e=\frac{1}{2}\sum_{i=1}^{n}TD(V_i) \tag{6.1}$$

$$e=\sum_{i=1}^{n}ID(V_i)=\sum_{i=1}^{n}OD(V_i) \tag{6.2}$$

图中度为奇数的顶点称为**奇度顶点**，简称**奇点**；度为偶数的顶点称为**偶度顶点**，简称**偶点**。从式(6.2)可见，图中所有顶点的度之和是偶数，因此，一个图的奇点数一定为 0 个或偶数个。

例如，在有向图 G_1 中，顶点 A 的入度 $ID(A)=2$，出度 $OD(A)=2$，度 $TD(A)=4$；G_1 有 2 个奇点，分别是顶点 B 和顶点 D。

4. 路径、路径长度、回路(环)

在图 $G=(V,E)$ 中，顶点 V_s 到顶点 V_t 之间的路径是一个顶点序列：

$$V_{i0}=V_s,V_{i1},V_{i2},\cdots,V_{im}=V_t$$

其中 $\langle V_{ij-1},V_{ij}\rangle\in E,1\leqslant j\leqslant m$。路径长度是路径上包含的边或弧的数目。如果在路径的顶点序列中没有重复出现的顶点，则称为**简单路径**。例如，在无向图 G_2 中，顶点序列 (V_1,V_2,V_5,V_4,V_6) 是一条简单路径，路径长度为 4。

如果路径上第一个顶点和最后一个顶点相同($V_s=V_t$)，就称为**回路**或**环**。如果除了第一个和最后一个顶点之外，回路上其他顶点不重复出现，则称为简单回路或简单环。比如，在有向图 G_1 中，顶点序列 (C,D,A,B,A,C) 是一条长度为 5 的回路，它不是简单回路。

5. 子图

设有两个图 $G=(V,E)$ 和 $G'=(V',E')$，如果 $V'\subseteq V$ 且 $E'\subseteq E$，则称 G' 是 G 的子图。例如，图 6.3 中给出了有向图 G_1 的一些子图的例子。具有 n 个顶点的图，不论它的边的情况如何，都是具有 n 个顶点的完全图的子图。

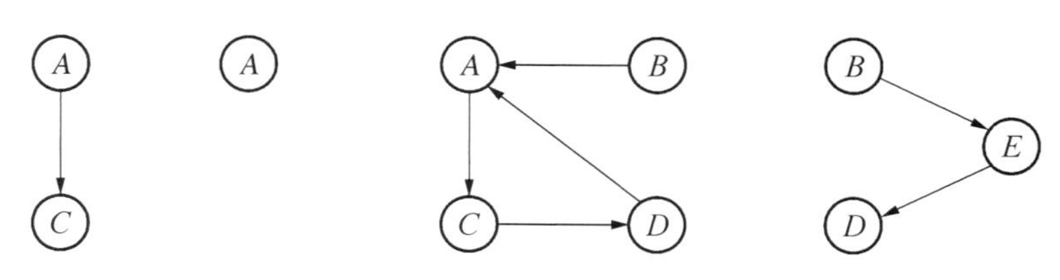

图 6.3　G_1 的子图示例

6. 连通图和连通分量

在无向图 G 中，如果顶点 V_i 到顶点 V_j 有路径，则称顶点 V_i 与顶点 V_j 是**连通**的。如果无向图 G 中任意两个顶点之间都是连通的，则称 G 是**连通图**，否则称 G 是非连通图。无向图 G 的极大连通子图称为 G 的**连通分量**。这里，"极大"的含义是：① 包含了能够相互连通的极大顶点数；② 包含了依附于这些顶点的全部边。连通图有一个连通分量，就是该图本身。图 6.4 给出了连通子图和连通分量的例子。其中，G 不是连通图，有两个连通分量如图 6.4(b)所示；而图 6.4(c)只是 G 的一个连通子图，不是 G 的连通分量，因为它没有包含依附于顶点 A、B、C、D 的全部边。

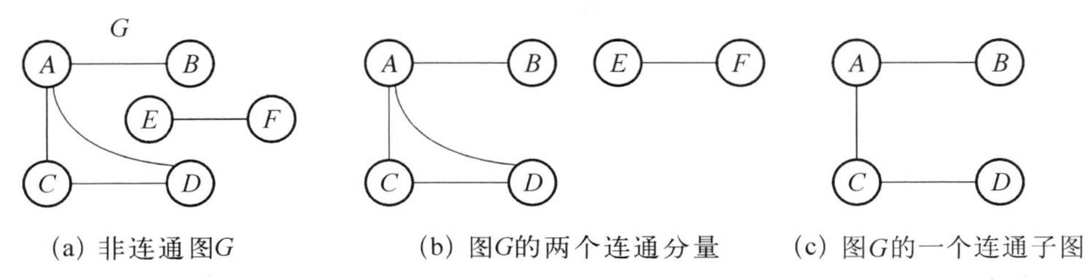

(a) 非连通图G　(b) 图G的两个连通分量　(c) 图G的一个连通子图

图 6.4　连通子图和连通分量示例

在有向图 G 中，如果顶点 V_i 到顶点 V_j 存在路径，且顶点 V_j 到顶点 V_i 也存在路径，则称顶点 V_i 与顶点 V_j 是**强连通**的。如果有向图 G 中任意两个顶点之间都是强连通的，则称 G 是**强连通图**，否则称 G 是非强连通图。有向图 G 的极大强连通子图称为 G 的**强连通分量**。图 6.5 给出了强连通分量的例子。

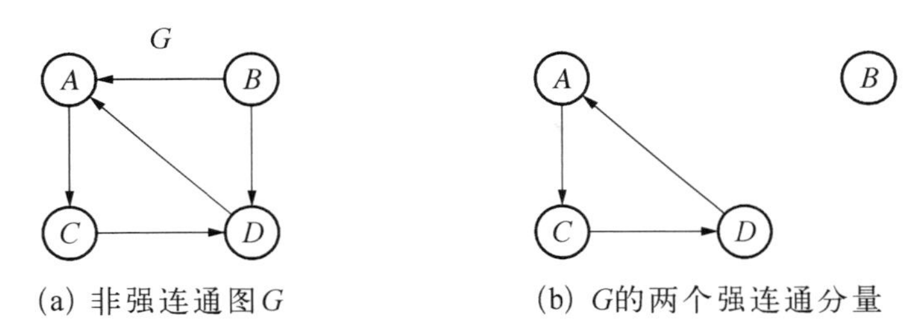

(a) 非强连通图G　(b) G的两个强连通分量

图 6.5　强连通分量示例

7. 权和网

权是对图中边(或弧)赋予的有意义的数值。边(或弧)带权的图称为网，或称为带权图。图 6.6 给出了无向网 G_3 和有向网 G_4 的示例。

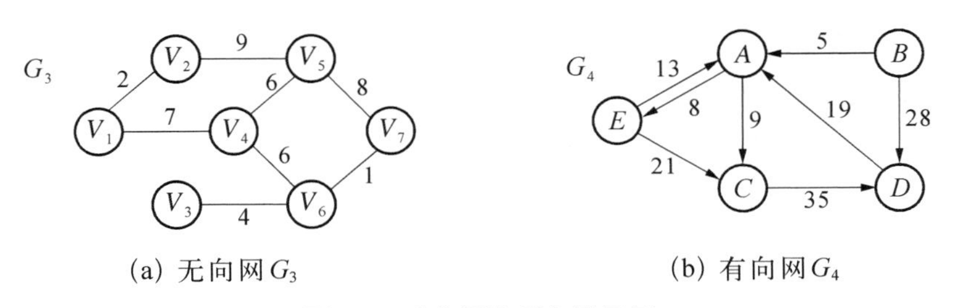

(a) 无向网G_3　(b) 有向网G_4

图 6.6　有向网和无向网示例

8. 生成树和生成森林

对一个无向连通图 $G=(V,E)$，设 G'是它的一个子图，如果 G'满足下列条件：

(1) G'包含了 G 中所有顶点，即 $V(G)=V(G')$；

(2) G'是连通图；

(3) G'中无回路；

则称 G'是 G 的一个**生成树**。

图论中将树定义为“无回路的连通图”。n 个顶点的树，有且仅有 $n-1$ 条边，若多 1 条边就会产生回路，若少 1 条边就不能连通。这样的树没有明确的顶点作为根，有时也称为“自由树”。G'就是这样的一棵树，它包含了 G 中的 $n-1$ 条且不构成回路的边。显然，G 的生成树可能有多个。图 6.7 给出了一个连通图的生成树的 2 个示例。

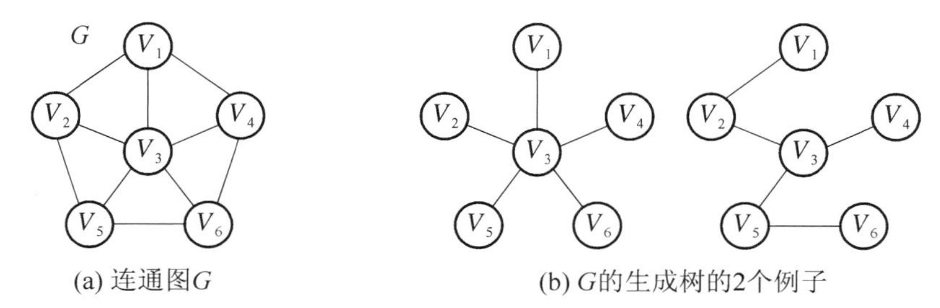

图 6.7 连通图生成树示例

对于一个非连通图 G，其每个连通分量的生成树构成了 G 的一个**生成森林**。

6.2 图的表示与实现

图是一种关系复杂的数据结构。从图的定义知，图的信息包括两部分：顶点信息和顶点之间边或弧的信息。设计图的存储结构时，要完整而准确地表达出这两方面的信息，同时还要兼顾对图的操作是否方便以及空间开销是否合理。下面介绍图的最常用的两种存储表示：邻接矩阵表示法和邻接表表示法。

6.2.1 图的邻接矩阵表示法

在图的邻接矩阵表示法中，用一个一维数组来存储图中每个顶点的信息，用一个两维数组来存储图中边或弧的信息，这个两维数组称为**邻接矩阵**。

设图 $G(V,E)$中有 n 个顶点，则邻接矩阵 arcs 是一个 $n\times n$ 的方阵，定义为

$$\text{arcs}[i][j]=\begin{cases}1, & (V_i,\ V_j)\in E \text{ 或} \langle V_i,\ V_j\rangle \in E\\ 0, & \text{其他}\end{cases}$$

图的邻接矩阵表示法存储类型定义如下：

```
#define INFINITY INT_MAX                                      //最大值∞
#define MAX_VERTEX_NUM 20                                     //最大顶点个数
typedef struct{
    VertexType  vexs[MAX_VERTEX_NUM];                         //存放顶点的数组
    ArcType  arcs[MAX_VERTEX_NUM][MAX_VERTEX_NUM];            //表示边集的邻接矩阵
    int  vexnum, arcnum;                                      //顶点数和边数
    int  kind;                                                //图的类别标志
}MGraph;                                                      //图的邻接矩阵表示法类型名
```

其中，VertexType 是顶点的类型，ArcType 是边的类型。对于图，可以将 ArcType 定义成整型类型；对于网，可以将 ArcType 定义成权值类型。kind 分量用来标示图的类别，本书约定取 0、1、2、3 四个值，分别用来作为有向图、有向网、无向图和无向网的标志。

图 6.8 给出了无向图 G_5 和它的邻接矩阵存储示意图。无向图的邻接矩阵具有如下特点：

(1) 矩阵沿主对角线对称；

(2) 矩阵中非 0 元的个数等于边数的 2 倍；

(3) 第 i 行(或第 i 列)非 0 元是顶点 i 的邻接点；

(4) 顶点 i 的度等于第 i 行(或第 i 列)非 0 元的个数。

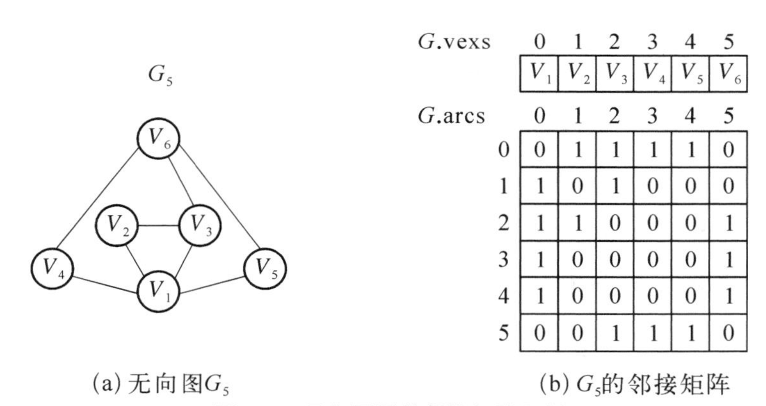

(a) 无向图G_5　　(b) G_5的邻接矩阵

图 6.8　无向图及其邻接矩阵示例

图 6.9 给出了有向图 G_6 和它的邻接矩阵存储示意图。有向图的邻接矩阵具有如下特点：

(1) 矩阵一般非对称；

(2) 矩阵中非 0 元的个数等于边数；

(3) 第 i 行非 0 元是顶点 i 的出边邻接点，第 i 列非 0 元是顶点 i 的入边邻接点；

(4) 顶点 i 的出度等于第 i 行非 0 元的个数，入度等于第 i 列非 0 元的个数。

对于网，邻接矩阵可定义为

$$\text{arcs}[i][j]=\begin{cases} W_{i,j}, & (V_i, V_j)\in E \text{ 或} \langle V_i, V_j\rangle \in E \\ \infty, & \text{其他} \end{cases}$$

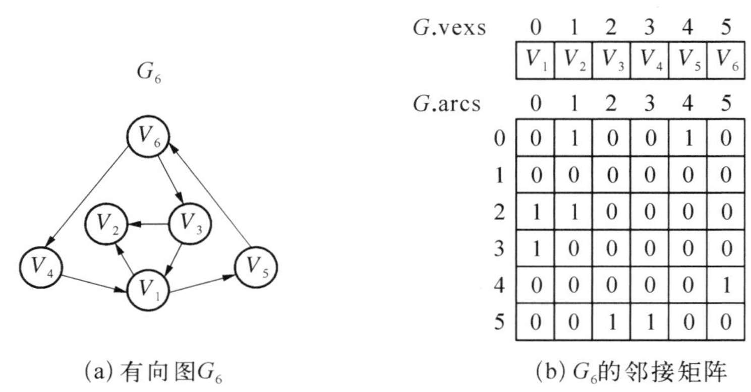

(a) 有向图G_6　　(b) G_6的邻接矩阵

图 6.9　有向图及其邻接矩阵示例

图 6.10 给出了一个的有向网和它的邻接矩阵存储示意图。

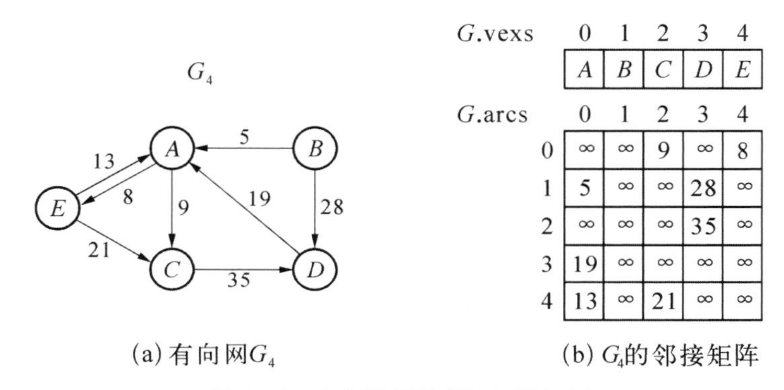

(a) 有向网G_4　　(b) G_4的邻接矩阵

图 6.10　有向网及其邻接矩阵示例

邻接矩阵空间开销只与图的顶点数 n 有关,与边数无关,空间复杂度是$O(n^2)$。所以,从空间利用率的角度上讲,邻接矩阵适合存储稠密图。当用来存储稀疏图时,邻接矩阵就是一个稀疏矩阵。

下面基于邻接矩阵表示法,给出图的部分基本操作的实现(算法 6.1～6.5)。

算法 6.1

```
void CreateGraph(MGraph &G){
    //从键盘输入图的顶点集和边集,创建用邻接矩阵表示的图 G
    cin>>G.vexnum>>G.arcnum>>G.kind;              //输入顶点数、边数和图类别
    for(i=0;i<G.vexnum;i++) cin>>G.vexs[i];      //输入顶点集
    for(i=0;i<G.vexnum;i++)
        for(j=0;j<G.vexnum;j++) G.arcs[i][j]=0;
                                                   //初始化邻接矩阵
    for(k=0;k<G.arcnum;k++){
        cin>>vi>>vj;                               //输入弧<vi,vj>
        i=LocateVex(G,vi);                         //求顶点 vi 的存储位置下标
```

```
        j = LocateVex(G,vj);                     //求顶点 vj 的存储位置下标
        G.arcs[i][j] = 1;                         //置弧〈vi,vj〉
        if(G.kind == 2) G.arcs[j][i] = 1;         //无向图,置对称弧〈vj,vi〉
    }
} //CreateGraph
```

算法 6.2

```
int LocateVex(MGraph G,VertexType v){
    //查找顶点 v 在图 G 中的存储位置
    //如果 G 中存在顶点 v,返回 v 的位置下标,否则返回 -1
    for(i = 0;i<G.vexnum;i ++ )
        if(G.vexs[i] == v) return i;
    return -1;
} //LocateVex
```

算法 6.3

```
void InsertArc(MGraph &G,VertexType vi,VertexType vj){
    //在图 G 中插入顶点 vi 和顶点 vj 所关联的边或弧
        i = LocateVex(G,vi);//求 vi 的位置下标
        j = LocateVex(G,vj);//求 vj 的位置下标
        if(i! = -1 && j! = -1){
            if(G.arcs[i][j] == 0) {
                G.arcnum ++ ;
                G.arcs[i][j] = 1;
                if(G.kind == 2) G.arcs[j][i] = 1;
            }
        }
} //InsertArc
```

算法 6.4

```
int FirstAdjVex(MGraph G,int v){
    //求存储位置下标为 v 的顶点的第一个邻接点
    //即求邻接矩阵第 v 行上第 1 个非 0 元的列号
    //如果第 v 行没有非 0 元则返回 -1
        for(j = 0;j<G.vexnum;j ++ )
            if(G.arcs[v][j]! = 0) return j;
        return -1;
} //FirstAdjVex
```

算法 6.5

```
int NextAdjVex(MGraph G,int v,int w){
    //求存储位置下标为 v 的顶点的下一个邻接点
    //即求邻接矩阵第 v 行第 w 列之后的首个非 0 元的列号
    //如果不存在这样的非 0 元则返回 -1
        for(j=w+1;j<G.vexnum;j++)
            if(G.arcs[v][j]!=0) return j;
        return -1;
} //NextAdjVex
```

6.2.2 图的邻接表表示法

邻接表表示法是图的一种链式存储结构，形式上与 5.5.1 节中介绍的树的孩子链表表示法相类似。对于图中每个顶点 V_i，把与 V_i 有边相连的所有顶点用一条称为**边链表**的单链表连接起来，边链表中的结点叫做**边结点**。边结点的结构如下：

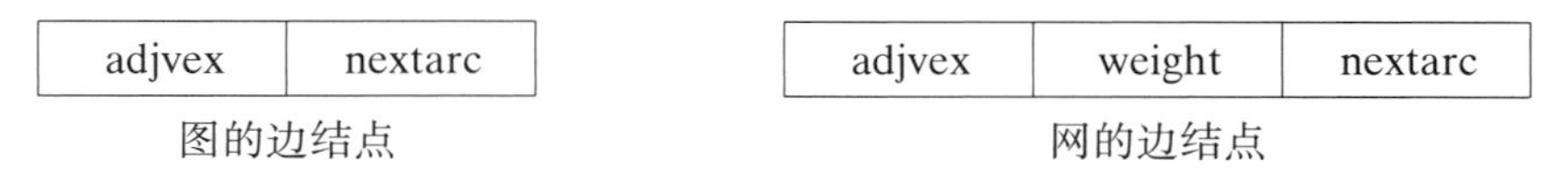

adjvex	nextarc

图的边结点

adjvex	weight	nextarc

网的边结点

其中，adjvex 是邻接点域，存放 V_i 邻接点的位置信息；weight 域存放边的权值；nextarc 是指针域，存放链表的后继指针。

n 个顶点的图，具有 n 条这样的边链表，在每条边链表上附设一个**表头结点**，表头结点的结构如下：

data	firstarc

边链表的表头结点

其中，data 是数据域，存放顶点 V_i 的数据信息；firstarc 是指针域，存放边链表的头指针。将 n 个这样的表头结点存放在一个数组中，以便随机访问任意一个顶点的边链表。

邻接表存储类型定义如下：

```
#define MAX_VERTEX_NUM 20                  //图中顶点数的最大值
typedef struct ArcNode{
    int   adjvex;                          //邻接点的位置下标
    WeightType  weight;                    //边的权值，非带权图此项略
    struct ArcNode   *nextarc;             //边链后继指针
}ArcNode;                                  //边结点类型名
typedef struct VertexNode{
    VertexType  data;                      //顶点数据
    ArcNode   *firstarc;                   //边链头指针
}VertexNode,AdjList[MAX_VERTEX_NUM];      //表头结点类型名和表头结点数组类型名
typedef struct{
```

```
    AdjList vertices;                       //表头结点数组
    int  vexnum,arcnum;                     //顶点数和边数
    int  kind                               //图的类别标志
}ALGraph;                                   //图的邻接表表示法类型名
```

图6.11给出了如图6.8(a)所示的无向图 G_5 的邻接表存储示意图。

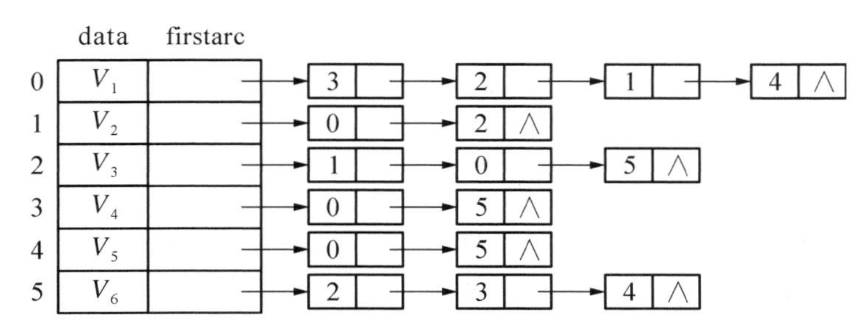

图6.11　无向图 G_5 的邻接表

具有 n 个顶点和 e 条边的无向图 G 的邻接表有如下特点：

(1) 每条边有两个边结点，边结点的总数等于 $2e$；

(2) 遍历顶点 V_i 的边链表能访问到 V_i 的所有邻接点；

(3) 顶点 V_i 的度 $TD(V_i)$ 等于 V_i 的边链表的长度。

图6.12(a)给出了如图6.9(a)所示有向图 G_6 的邻接表存储示意图。图6.13给出了如图6.10(a)所示有向网 G_4 的邻接表存储示意图。

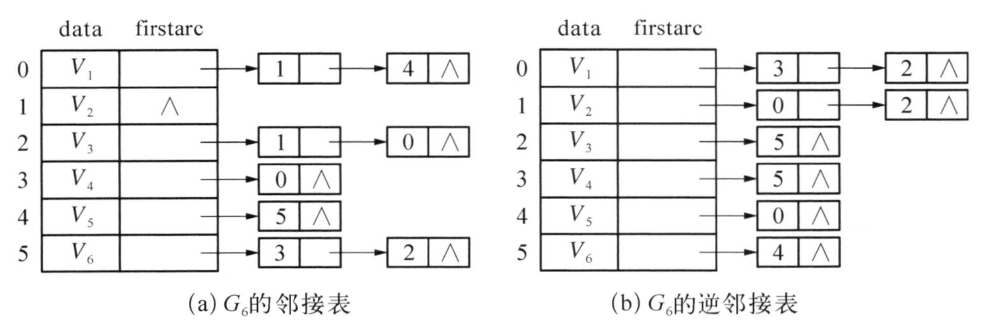

(a) G_6的邻接表　　(b) G_6的逆邻接表

图6.12　有向图 G_6 的邻接表和逆邻接表

具有 n 个顶点和 e 条边的有向图 G 的邻接表有如下特点：

(1) 顶点 V_i 的边链表是一条出边链，链表中每个结点都是 V_i 的出边邻接点；

(2) 顶点 V_i 的出度 $OD(V_i)$ 等于 V_i 边链表的长度；

(3) 寻访顶点 V_i 的入边邻接点或计算 V_i 的入度 $ID(V_i)$ 需要周游整个邻接表；

(4) 每条弧用1个边结点表示，邻接表中边结点的总数等于边数 e。

在有向图的邻接表中找任一顶点的入边邻接点或求其入度不够方便。为此，可以建立有向图的逆邻接表，即将顶点的入边邻接点链接成边链表。图6.12(b)给出了有向图 G_6 的逆邻接表存储示意图。究竟用邻接表还是用逆邻接表来表示有向图，可根据实际问题的具

体特点来决定。

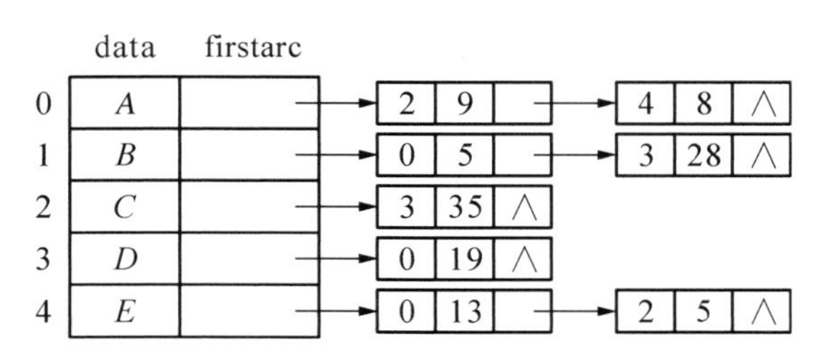

图 6.13　有向网 G_4 的邻接表

在邻接表中,边链表上每个边结点的排列位序是任意的,取决于建立邻接表的算法以及边集的输入次序。因此,邻接表对一个图的表示是不唯一的。这将导致我们在对基于邻接表表示的图进行操作或运算(比如遍历等)时,对同一个图可能会得到不同的操作结果。

邻接表存储结构的空间开销取决于图的顶点数 n 和边数 e,空间复杂度为 $O(n+e)$。适用于表示一个稀疏图。

下面基于邻接表表示法,给出图的部分基本操作的实现(算法 6.6～6.10)。

算法 6.6

```
void CreateGraph(ALGraph &G){
    //从键盘输入图 G 的顶点序列和边集,创建图 G,G 用邻接表表示。
    //假设不存在输入错误
    cin>>G.vexnum>>G.arcnum>>G.kind;        //输入顶点数、边数和图类型
    for(i=0;i<G.vexnum;i++){
        cin>>G.vertices[i].data;            //输入顶点 vi 的值
        G.vertices[i].firstarc=NULL;        //将 vi 边链的头指针置空
    }
    for(k=0;k<G.arcnum;k++){
        cin>>vi>>vj;                        //输入弧〈vi,vj〉
        i=LocateVex(G,vi);                  //求顶点 vi 的存储位置下标
        j=LocateVex(G,vj);                  //求顶点 vj 的存储位置下标
        p=new ArcNode;                      //申请边结点空间
        p->adjvex=j;
        p->nextarc=G.vertices[i].firstarc;
        G.vertices[i].firstarc=p;
                                            //将弧〈vi,vj〉头插到 vi 的边链表上
        if(G.kind==2){                      //G 是无向图,插入对称弧〈vj,vi〉
            p=new ArcNode;
            p->adjvex=i;
            p->nextarc=G.vertices[j].firstarc;
            G.vertices[j].firstarc=p;
        }
```

```
    }
}//CreateGraph
```

算法 6.7

```
int LocateVex(ALGraph G,VertexType v){
    //查找值为 v 的顶点在图 G 中的存储位置
    //如果图 G 中存在顶点 v,返回 v 的位置下标,否则返回 -1
    for(i = 0;i<G.vexnum;i++)
        if(G.vertices[i].data == v) return i;
    return -1;
}//LocateVex
```

算法 6.8

```
void InsertArc(ALGraph &G,VertexType vi,VertexType vj){
    //在图 G 中插入顶点 vi 和 vj 所关联的边或弧
    i = LocateVex(G,vi);                    //求顶点 vi 的存储位置下标
    j = LocateVex(G,vj);                    //求顶点 vj 的存储位置下标
    if(i! = -1 && j! = -1){                 //vi 和 vj 在图 G 中存在
        p = new ArcNode;                    //申请边结点空间
        p->adjvex = j;
        p->nextarc = G.vertices[i].firstarc;
        G.vertices[i].firstarc = p;
                                            //将弧〈vi,vj〉头插到 vi 的边链表上
    if(G.kind == 2){                        //G是无向图,插入对称弧〈vj,vi〉
        p = new ArcNode;
        p->adjvex = i;
        p->nextarc = G.vertices[j].firstarc;
        G.vertices[j].firstarc = p;}
    }
}//InsertArc
```

算法 6.9

```
int FirstAdjVex(ALGraph G,int v){
    //求存储下标为 v 的顶点的第一个邻接点
    //如果这样的邻接点存在,返回它的下标;否则返回 -1
        if(G.vertices[v].firstarc! = NULL)
            return G.vertices[v].firstarc->adjvex;
        else
            return -1;
}// FirstAdjVex
```

算法 6.10

```
int NextAdjVex(MGraph G,int v,int w){
    //求存储下标为 v 的顶点的下一个邻接点
    //即在下标为 v 的顶点边链表中,找值为 w 的边结点的直接后继
    //如果下一个邻接点不存在,返回 -1
        p = G.vertices[v].firstarc;
        while(p && p->adjvex! = w) p = p->nextarc;
        if(!p || !p->nextarc)
            return -1;  //不存在这样的邻接点
        else
            return p->nextarc->adjvex;
}// NextAdjVex
```

6.3 图的遍历

与树的遍历类似,图的遍历是指从图中某一个顶点出发,沿着边或弧形成的搜索路线,对图中所有顶点做一次且仅一次访问。图的遍历是图的最重要的基本操作之一,图的许多其他操作都建立在遍历的基础之上。

由于图的结构复杂,顶点之间的邻接关系无规律可循,所以较之于树的遍历,图的遍历更加复杂。首先,图中不存在类似于树根一样的自然的遍历出发点,任意一个顶点都可作为出发点;其次,图可能不连通,或者出发点未必与图中其余所有顶点都有路径相通,因此要考虑从某出发点出发,当遍历到无路可走而图中还有顶点未访问时,如何另辟路径,选新的出发点继续遍历;再者,由于图中可能存在回路,所以在访问完某个顶点之后可能沿回路又回到该顶点,因此,要解决如何识别一个顶点是否已经被访问过,以避免对其进行重复访问的问题。

为了避免对顶点的重复访问,可设置一个辅助数组 visited[0..$n-1$](一般将其处理成全局数组),令它的初值为 0 或 False。在遍历过程中,一旦访问了下标为 i 的顶点 V_i,就将 visited[i]置为非 0 或 True。

通常,按两种规则对图进行遍历:**深度优先搜索**和**广度优先搜索**,它们对有向图和无向图都适用。

6.3.1 深度优先搜索

深度优先搜索遍历(Depth First Search Traversal),简称 DFS 遍历,类似于树的先根遍历过程,对每一个可能的分支路径深入到不能再深入时才回溯,并另辟路径(如果有)继续深

入下去的遍历过程。

图的深度优先搜索过程是这样的：首先访问出发点 V_0；再从 V_0 出发，通过一条边到达 V_0 的一个未被访问的邻接点 V_1，访问 V_1；再从 V_1 出发，通过一条边到达 V_1 的一个未被访问的邻接点 V_2，访问 V_2；再从 V_2 出发，……，如此下去，直到到达一个顶点 V_m，V_m 不存在没有被访问过的邻接点。然后从 V_m 开始沿原路依次回退，当回退到一个顶点 V_x，V_x 含有尚未被访问的邻接点时，则以 V_x 为出发点，继续深度优先搜索遍历下去，直到与出发点 V_0 有路径相通的顶点全部被访问完。此时，如果图 G 中还存在未被访问的顶点，则另选一个尚未访问的顶点作为新的出发点，重复上述过程，直到 G 中全部顶点都被访问过为止。

由此，可以给出深度优先搜索的递归定义。假设给定图 G 的初态是所有顶点均未曾访问过，从 G 中任选一顶点 V 为初始出发点（源点），则深度优先遍历可定义如下：首先访问源点 V；然后依次从 V 出发，搜索 V 的每个邻接点 W。若 W 未曾访问过，则以 W 为新的出发点继续进行深度优先搜索遍历，直至图中所有与源点 V 有路径相通的顶点（亦称为从源点可达的顶点）均已被访问为止。若此时图中仍有尚未访问的顶点，则另选一个尚未访问的顶点作为新的源点重复上述过程，直至图中所有顶点均已被访问为止。

图 6.14(a)给出了一个深度优先搜索遍历的例子。图中，G 是一个无向连通图，从顶点 A 出发做一次深度优先搜索遍历，能访问完 G 上的所有顶点。在图 6.14(a)中，实线箭头给出了遍历过程中向前搜索的路线，虚线箭头给出了遍历过程中回溯的路线，顶点旁标注的数字给出了对各个顶点的访问次序。最后得到深度优先搜索遍历序列为

$$A-B-C-F-D-H-E-G$$

图 6.14(b)给出了做深度优先搜索遍历时经过的 $n-1$ 条边，恰好形成了一棵生成树。我们称此树为 G 的一棵深度优先搜索生成树，简称 DFS 生成树。随着深度优先搜索走的路线不同，产生的 DFS 序列可能会不同，构成 DFS 生成树的边集也会不同。

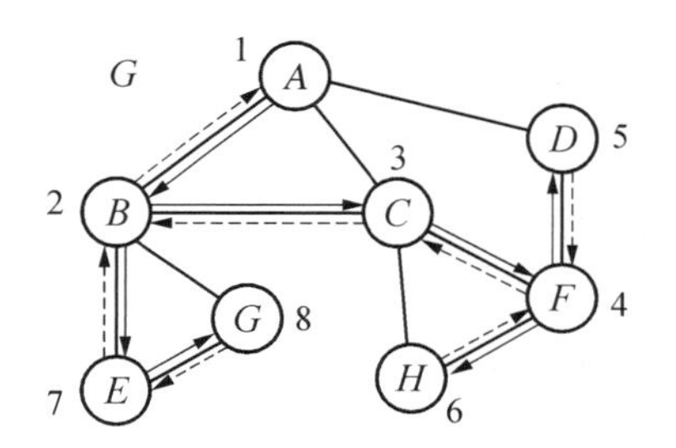

(a) 对图G深度优先搜索过程

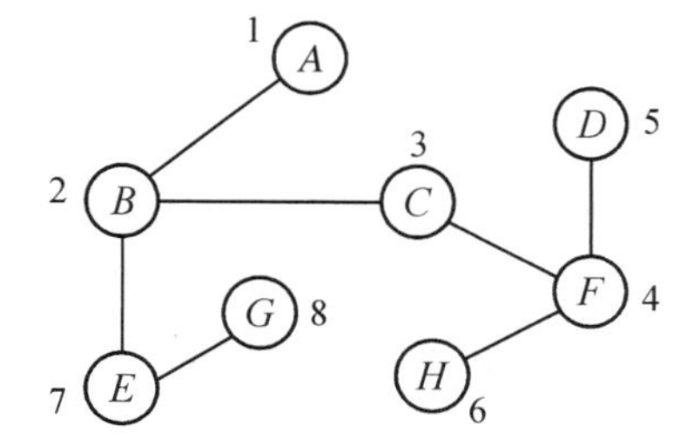

(b) G的深度优先搜索生成树

图 6.14 深度优先搜索示例

从一个出发点出发，只能遍历完与出发点有路径相通的全部顶点，对于无向图来说，就是遍历完出发点所在的连通分量。因此对于非连通图，每个连通分量都需要指定一个出发点。

算法 6.11 和算法 6.12 给出了深度优先搜索的递归实现算法。

算法 6.11

```
int visited[MAX_VERTEX_NUM];                          //访问标志数组,全局数组
void DFSTraverse(Graph G){
    //深度优先搜索遍历图 G
    for(i = 0;i<G.vexnum;i++) visited[i] = False;     //置未访问标志
    for(v = 0;v<G.vexnum;v++)                         //对 visited 数组循环
        if(!visited[v]) DFS(G,v);
            //从一个未访问的顶点 v 出发,对 G 做一次 DFS 遍历
}//DFSTraverse
```

算法 6.12

```
void DFS(Graph G,int v){
    //从序号为 v 的顶点出发,用递归方式深度优先搜索遍历图 G
    int w;
    visite(v);                                  //访问顶点 v
    visited[v] = True;                          //将顶点 v 打上访问标记
    for(w = FirstAdjVex(G,v);w! = -1;w = NextAdjVex(G,v,w))
      if(!visited[w])  DFS(G,w);
      //搜索 v 的所有邻接点 w,对尚未访问的邻接点递归调用 DFS
}//DFS
```

在算法 6.11 和 6.12 的参数表中,图 G 的类型名不是我们已经定义过的 MGraph 和 ALGraph,而是一个我们未曾定义过的"Graph"。这是因为算法中通过对基本运算 FirstAdjVex 和 NextAdjVex 的调用来实现对 v 的所有邻接点的搜索,从而隐去了图 G 的存储表示细节。这个算法无论对邻接矩阵表示的图还是邻接表表示的图,都能适用。

分析上述算法,对图的遍历过程实质上就是对每个顶点进行一次访问,然后查找其所有邻接点的过程。所耗费的时间取决于所采用的存储结构。对于具有 n 个顶点和 e 条边的图 G 来说,当采用邻接矩阵方式存储时,查找第 i 个顶点的邻接点要搜索邻接矩阵的第 i 行;n 个顶点就搜索了整个 $n \times n$ 的方阵,时间复杂度为 $O(n^2)$。当采用邻接表方式存储时,查找 n 个顶点的邻接点则是遍历了所有边结点,所需时间为 $O(e)$,加上对顶点的访问,整个 DFS 遍历的时间复杂度为 $O(n+e)$。

显然,对于同一个图,如果从不同的顶点出发,用 DFS 算法会得到不同的 DFS 遍历序列;如果图的表示方法不同(比如,邻接表中边链的结点排列次序不同),即使从同一个顶点出发,DFS 遍历的搜索路线也可能会不同,因而可能会得到不同的 DFS 遍历序列。

下面给出两个深度优先搜索遍历的应用例子。

例 6.1 已知 V_j 和 V_i 是无向连通图 G 上的两个顶点,试输出 V_i 到 V_j 的一条简单路径。

这个问题可以利用 DFS 遍历来解决,因为 DFS 遍历过程中不会对顶点做重复访问。以

V_i 为源点，对图 G 做深度优先搜索遍历，用一个栈来记录遍历时"访问"到的顶点。在这个例子中，对顶点的"访问"的行为就是令其进栈，并判断它是否是终点 V_j，如果已经到达 V_j，则栈中保存的顶点序列就是一条 V_i 至 V_j 的简单路径。当一个顶点的所有邻接点都被打上了访问标记，也就是说这个顶点即将退出 DFS 遍历时，令其出栈。调用 DFS_SimplePath(G,vi,vj,S)即可获得一条简单路径。

算法 6.13

```
int visited[MAX_VERTEX_NUM] = {False};
void DFS_SimplePath(Graph G,int v,int vj,Stack &S){
    //在连通图 G 上寻找顶点 vi 至顶点 vj 的一条简单路径,并将其输出
    //设栈 S 是一个已经被初始化的空栈,调用算法时取 v = vi
    Push(S,v);              //v 进栈;
    visited[v] = True;      //给 v 打上访问标记
    if(v == vj){            //搜索到了 vj
        StackTraverse(S);   //打印出自栈底至栈顶的所有顶点序列
        exit(0);
    }
    for(w = FirstAdjVex(G,v);w! = -1;w = NextAdjVex(G,v,w))
        if(!visited[w]) DFS_SimplePath(G,w,vj,S);
    Pop(S,v);               //令退出 DFS 遍历的顶点 vi 出栈
} // DFS_SimplePath
```

例 6.2　已知 V_j 和 V_i 是无向连通图 G 上的两个顶点，试输出 V_i 到 V_j 的全部简单路径。

对算法 6.13 稍作修改，就能得到解决本问题的算法。具体做法是：当一个顶点因退出 DFS 遍历而出栈时，将它的访问标志恢复成 False，以便使这个顶点可以成为 V_i 到 V_j 其他简单路径上的一个顶点。

算法 6.14

```
int visited[MAX_VERTEX_NUM] = {False};
void DFS_All_SimplePath(Graph G,int v,int vj,Stack &S){
    //在连通图 G 上输出顶点 vi 至顶点 vj 的全部简单路径
    //设栈 S 是一个已经被初始化的空栈,调用算法时取 v = vi
    Push(S,v);              //vi 进栈
    visited[v] = True;      //给 vi 打上访问标记
    if(v == vj){            //搜索到了 vj
        StackTraverse(S);   //打印出自栈底至栈顶的所有顶点序列
        Pop(S,v);
        visited[v] = False;
        return;
    }
```

```
    for(w = FirstAdjVex(G,v);w! = -1;w = NextAdjVex(G,v,w))
        if(!visited[w]) DFS_ All_SimplePath(G,w,vj,S);
    Pop(S,v);               //令退出 DFS 遍历的顶点 vi 出栈
    visited[v] = False;     //将出栈顶点 vi 的访问标志恢复成 False
} // DFS_All_SimplePath
```

6.3.2 广度优先搜索

广度优先搜索遍历(Breadth First Search Traversal),简称 BFS 遍历,类似于树的层序遍历,是一种相对于出发点由近及远的遍历过程。

设图 G 的初态是所有顶点均未访问过。在 G 中任选一顶点 V_0 为出发点(源点),则广度优先搜索遍历的规则是:首先访问源点 V_0,接着依次访问 V_0 的所有邻接 $V_1, V_2, \cdots, V_k$,然后再依次从 $V_1, V_2, \cdots, V_k$ 出发,访问它们的所有未曾访问过的邻接点,并使“先被访问顶点的邻接点”先于“后被访问顶点的邻接点”而被访问。以此类推,直至图中所有已被访问的顶点的邻接点都被访问到。若此时图中尚有顶点未曾被访问,则另选图中一个尚未访问的顶点作为新的源点,重复上述过程,直至图中所有顶点均被访问到为止。

可见,广度优先搜索遍历具有逐层进行的特点。出发点是第 1 层,第 2 层被访问的是出发点的所有邻接点,第 3 层被访问的是第 2 层顶点的所有未被访问过的邻接点,以此类推,第 i 层被访问的是第 $i-1$ 层顶点的所有未被访问的邻接点……直到找不到未曾被访问的邻接点为止。在上述访问过程中,第 $i-1$ 层上顶点的访问先后次序,决定了对第 i 层顶点的访问先后次序:假设在第 $i-1$ 层上,顶点 V_x 先于 V_y 被访问,那么在第 i 层上就先访问顶点 V_x 的未被访问的邻接点,后访问顶点 V_y 的未被访问的邻接点。

图 6.15(a)给出了对一个无向连通图 G 做广度优先搜索遍历的例子。图中,实线箭头给出了从顶点 A 出发的搜索路线,顶点旁标注的数字给出了各个顶点的访问次序,得到一个广度优先搜索遍历序列:$A—B—C—D—E—G—H—F$。图 6.15(b) 给出了做广度优先搜索遍历时经过的 $n-1$ 条边,恰好形成了一棵生成树。我们称此树为图 G 的一棵广度优先搜索生成树,简称 BFS 生成树。与 DFS 生成树一样,BFS 生成树的边集也取决于做 BFS 遍历时所走过的搜索路线。

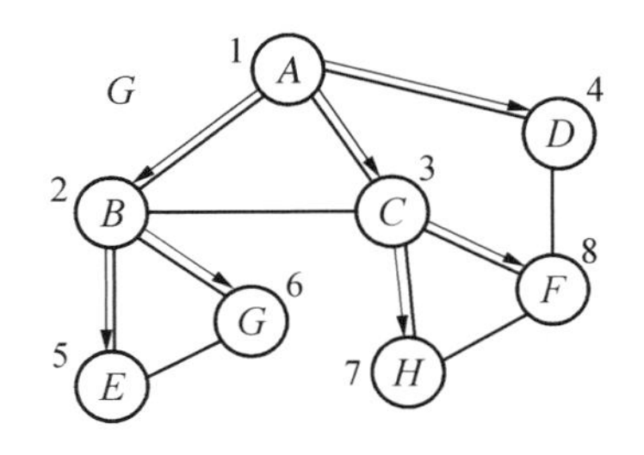

(a) 无向连通图广度优先搜索遍历过程

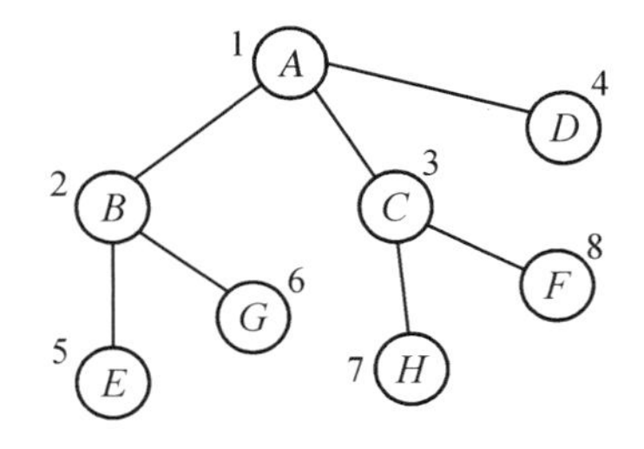

(b) 广度优先搜索生成树

图 6.15 广度优先搜索示例

广度优先搜索遍历的实现算法见算法 6.15。根据广度优先搜索的特点,算法中使用了

一个队列 Q 来控制对顶点的访问先后次序。

算法 6.15

```
int visited[MAX_VERTEX_NUM];                             //访问标志数组,全局变量
void BFSTraverse(Graph G){
    for(v = 0;v<G.vexnum;v ++ ) visited[v] = False;
    InitQueue(Q);                                        //初始化一个空队列 Q
    for(v = 0;v<G.vexnum;v ++ ){
        if(visited[v])continue;
        visite(v);                                       //访问顶点 v
        visited[v] = True;                               //给 v 打上访问标记
        EnQueue(Q,v);                                    //v 入队
        while(!QueueEmpty(Q)){
            DeQueue(Q,u);                                //队头出队并置为 u
            w = FirstAdjVex(G,u);
            while(w! = - 1){                             //搜索 u 的所有邻接点 w
            if(!visited[w]){                             //邻接点 w 未被访问
                visite(w);                               //访问顶点 w
                visited[w] = True;                       //给顶点 w 打上访问标记
                EnQueue(Q,w);                            //顶点 w 入队
            }//end if
            w = NextAdjVex(G,u,w);
            }//end while
        }//end while
    }//end for
}//BFSTraverse
```

广度优先搜索遍历的过程实质上也是通过边或弧找邻接点的过程,因此广度优先搜索遍历图的时间复杂度与深度优先搜索遍历相同。对于具有 n 个顶点和 e 条边的图 G,当 G 用邻接表表示时,BFS 算法的时间复杂度为 $O(n+e)$,当 G 用邻接矩阵表示时,BFS 算法的时间复杂度为 $O(n^2)$。

6.4 最小生成树

设 G 是一个具有 n 个顶点的无向连通网,T 是 G 的一棵生成树,树 T 的权就是 T 中所有边的权之和。在 G 的所有生成树中,边上权之和最小的生成树称为 G 的**最小代价生成树**(Minimum-cost Spanning Tree,MST),简称**最小生成树**。

无向连通网 G 的最小生成树不一定是唯一的,当 G 中含有相同权值的边时,有可能会形成不同形态的最小生成树。

最小生成树有很多重要的应用。例如,要在 n 个城市之间建立通信网,其中每两个城市之间都可以架设通信线路,但付出的代价可能不同。n 个城市之间最多可以架设 $n(n-1)/2$ 条通信线路,但连通 n 个城市最少只需架 $n-1$ 条线路。如果要为构建这个通信网设计一个成本最低的方案,可以用图来描述这个问题:每个城市是图中的一个顶点,城市之间架设的通信线路是边,边上的权是建设成本;不同的通信线路设计方案就是设计不同的生成树,其中建设成本最小的方案就是最小代价生成树。

求解无向连通网最小生成树有很多经典算法,其中最常用的是普里姆(Prim)算法和克鲁斯卡尔(Kruskal)算法。在介绍这两个算法之前,先介绍最小生成树性质。

最小生成树性质:设无向连通图 $G=(V,E)$,U 是顶点集 V 的一个非空子集。若(u,v)是一条具有最小权值的边,其中 $u\in U$,$v\in V-U$,则必存在一棵包含边(u,v)的最小生成树(证明略)。

为了叙述上的方便,我们将 MST 性质中的 U 集称为红点集,$V-U$ 集称为蓝点集。也就是说在 $G(V)$中,一部分顶点被染成红色,称为红点;剩下的全染成蓝色,称为蓝点。称依附于两个红点的边为红边,依附于两个蓝点的边为蓝边,依附于一个红点一个蓝点的边为紫边,这样 $G(E)$中仅存在红、蓝、紫 3 种颜色的边。

MST 性质告诉我们,红、蓝点集的划分是任意的。在任意一种划分下,权最小的紫边必将会出现在某一棵最小生成树的边集中。

Prim 算法正是利用了这个 MST 性质来求解最小生成树。即,如果对 G 的顶点集进行了 $n-1$ 次不同的红、蓝点集划分,而且在每次划分中能得到 1 条与其他划分不重复的最小紫边,这些紫边恰好能连通 G 的 n 个顶点,则这 $n-1$ 条紫边便构成了所求最小生成树的边集。

Prim 算法的具体做法是:

设无向连通网 $G=(V,E)$,所求的最小生成树为 $T=(U,TE)$,其中,U 是 T 的顶点集,TE 是 T 的边集。

首先任选一个顶点 v_0 作为红点,T 的初态为 $U=\{v_0\}$,$TE=\{\ \}$。

这是第 1 种划分状态:红点集中有 1 个红点,蓝点集中有 $n-1$ 个蓝点。在此划分下执行下列操作:

(1) 找出这个划分下的 1 条最小紫边,不妨设为(v_0,v_k);

(2) 将此最小紫边加入到 T 的边集 TE 中,即 $TE=TE+\{(v_0,v_k)\}$;

(3) 将此最小紫边中的蓝点 v_k 变成红点,并入红点集,即 $U=U+\{v_k\}$。

于是进入了第 2 种划分状态,即红点集中有 2 个红点,蓝点集中有 $n-2$ 个蓝点。对第 2 划分重复做与第一种划分同样的操作后,又往 U 中添加了 1 个红点,TE 中添加了 1 条,这样便进入了第 3 种划分状态……如此进行下去,直到 $U=V$ 为止。

图 6.16 给出了一个连通网最小生成树的形成过程。图中,加阴影线的顶点代表红点,没加阴影线的顶点代表蓝点,虚线代表紫边,实线是加入到最小生成树边集中的边。

显然,Prim 算法的关键是如何在候选紫边集中找到最小紫边来扩充最小生成树 T 的边

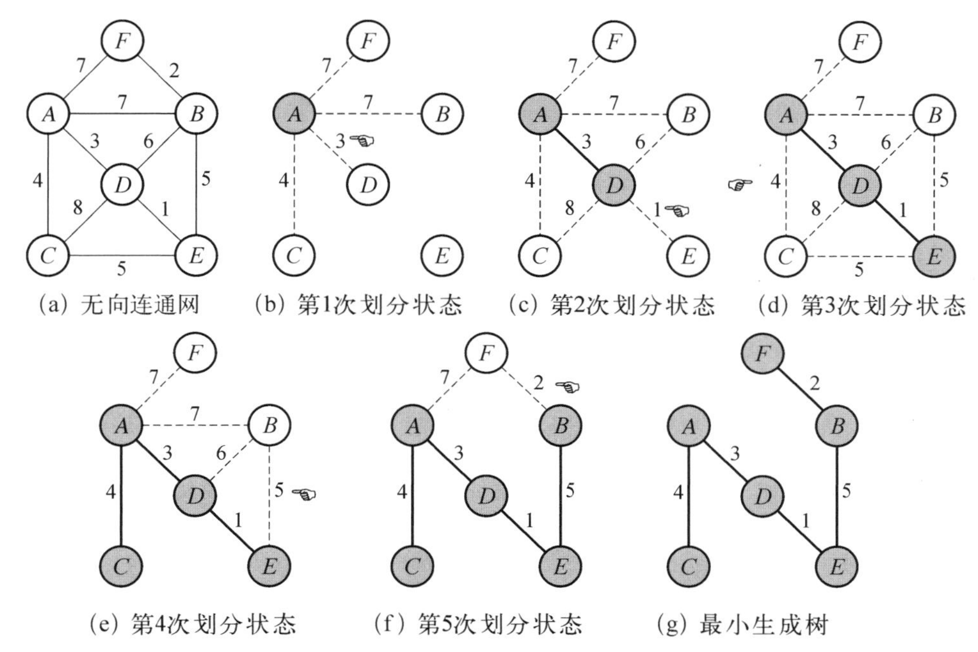

图 6.16　最小生成树的构造过程

集。为了缩小检索范围,有必要对候选紫边集做精简处理。

从图 6.16 可见,在一种划分下,每个蓝点可能与多个红点相关联。比如,在图 6.16(d)中,蓝点 B 通过 3 条紫边(B,A)、(B,D)和(B,E)分别与红点 A、D 和E 相关联。其中紫边(B,D)和(B,E)不可能成为候选紫边集中的最小边,因为它们的权值大于边(B,A)的权,所以应该被淘汰掉。因此,我们可以精简候选紫边集,即令每个蓝点仅保留 1 条权最小的紫边作为候选紫边,而淘汰掉其他权值较大的紫边。这就要求每当一个新红点 v_k 并入红点集后,必须更新候选紫边集。更新的方法是:对每一个蓝点 v_j,如果新紫边(v_k,v_j)小于 v_j 原来关联的候选紫边,就新紫边置换旧紫边。

图 6.17 给出了做了精简处理后最小生成树的构造过程。以图 6.17(c)为例,当顶点 D 成为新红点时,对蓝点 B 我们用权值为 6 的新紫边(B,D)置换了权值为 7 的旧紫边(B,A);对于蓝点 E,我们用权值为 1 的新紫边(E,D)置换了权值为∞的旧紫边(E,A)。

由此,Prim 算法可描述为:

```
置 U={v0},TE={};
while(U≠V){
    从候选紫边集中选一条最小紫边(u,v);
    将(u,v)添加到 TE 中,蓝点 v 变成红点添加到 U 集中;
    更新候选紫边集;
}
```

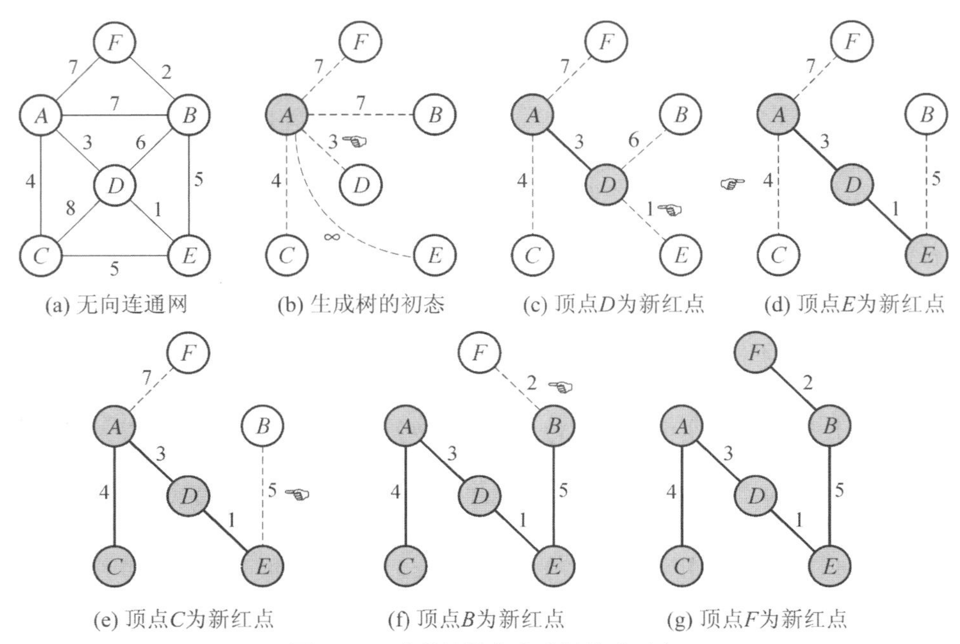

图 6.17　改进的最小生成树构造过程

为了实现 Prim 算法，我们采用以下数据结构：

图的存储结构：邻接矩阵

为了表示生成树的边集，设置两个一维数组 lowcost[n]和 adjvex[n]，其中

lowcost[i]：存放蓝点 v_i 所关联的候选紫边的权值

adjvex[i]：　存放该候选紫边依附的红点

设(v_j，v_i)是蓝点 v_i 所关联的候选紫边，则此边表示为 lowcost[i] = w，adjvex[i] = j。当蓝点 v_i 所关联的最小紫边被选中加入最小生成树时，置 lowcost[i] = 0，表示 v_i 已经变成了红点。

算法 6.16

```
void Prim(MGraph G,int v0,int adjvex[]){
    //从序号为 v0 的顶点出发，构造连通网 G 的最小生成树
    //adjvex[]用来存放最小生成树的边集
    int lowcost[MAX_VERTEX_NUM];          //定义辅助数组
    for(j = 0;j<G.vexnum;j++)             //用邻接矩阵的 v0 行初始化 lowcost
        if(j! = v0){
            lowcost[j] = G.arcs[v0][j];
            adjvex[j] = v0;
        }
    lowcost[v0] = 0;                      //将 v0 标记为红点
    for(i = 0;i<G.vexnum;i++){
      k = MinEdge(lowcost,G.vexnum);
      //在 lowcost 数组中选最小权值的紫边，k 是最小紫边的下标
```

```
            printf("(%d,%d),%d)\n",k,adjvex[k],lowcost[k]);
                                                //输出最小生成树上的一条边
            lowcost[k]=0;                       //vk变成红点
            for(j=0;j<G.vexnum;j++){            //调整紫边集
                if(G.arcs[k][j]<lowcost[j])
                    adjvex[j]=k;                //将vj的候选紫边所关联的红点改成vk
                    lowcost[j]=G.arcs[k][j];    //调整vj候选紫边的权
            }
        }
}//Prim
```

图6.18(a)给出了如图6.17(a)所示无向网的邻接矩阵。图6.18(b)给出了最小生成树构成过程中,数组lowcost[]和adjvex[]每步的数据状态。

分析算法6.16,设无向网 G 中含有 n 个顶点,则算法的第一个循环语句的执行频度为 n;第二个循环语句的执行频度为 $n-1$,其中内嵌了两个循环语句,一个是使用函数MinEdge在lowcost数组中求非零最小值,其频度为 n,另一个是调整候选紫边集,频度是 $n-1$。故Prim算法的时间复杂度为 $O(n^2)$,适合于求稠密网的最小生成树。

G.vexs	0	1	2	3	4	5
	A	B	C	D	E	F

G.arcs	0	1	2	3	4	5
0	∞	7	4	3	∞	7
1	7	∞	∞	6	5	2
2	4	∞	∞	8	5	∞
3	3	6	8	∞	1	∞
4	∞	5	5	1	∞	∞
5	7	2	∞	∞	∞	∞

(a) 如图6.17(a)所示无向网的邻接矩阵

初态	0	1	2	3	4	5
adjvex		0	0	0	0	0
lowcost	0	7	4	3	∞	7

第1步,$k=3$	0	1	2	3	4	5
adjvex		3	0	0	3	0
lowcost	0	6	4	0	1	7

第2步,$k=4$	0	1	2	3	4	5
adjvex		4	0	0	3	0
lowcost	0	5	4	0	0	7

第3步,$k=2$	0	1	2	3	4	5
adjvex		4	0	0	3	0
lowcost	0	5	0	0	0	7

第4步,$k=1$	0	1	2	3	4	5
adjvex		4	0	0	3	1
lowcost	0	0	0	0	0	2

第5步,$k=5$	0	1	2	3	4	5
adjvex		4	0	0	3	1
lowcost	0	0	0	0	0	0

(b) 辅助数组的数据状态

图6.18 构造最小生成树过程中辅助数组的数据状态

Kruskal算法从另一个途径构造最小生成树。

设无向连通网 $G=(V,E)$，G 的最小生成树为 $T=(U,TE)$，Kruskal 算法的基本思路是：

生成树的初态为 $U=V$，$TE=\{\ \}$，即生成树中只包含 n 个顶点，不包含边，每个顶点自成一个连通分量，共有 n 个连通分量。然后将边集 E 按权值不减的顺序排列，依次考察边 E 中的每一条边。如果被考察的边依附的两个顶点分别在 T 的两个连通分量上，即在 T 中加入此边后不会产生回路，则将此边加入到最小生成树的边集 TE 中，同时用这条边把两个连通分量连接成一个连通分量；反之，如果被考察的边依附的两个顶点属于同一个连通分量，则舍弃此边。如此执行下去，当 T 中的连通分量个数为 1 时，此连通分量即为所求的一棵最小生成树。

图 6.19 给出了用 Kruskal 算法构造一棵最小生成树的过程。图 6.19(a)给出了如图 6.17(a)所示无向网的 10 条边，并按权值非递减有序排列。依次考察这 10 条边，第 0～3 条边(D,E)、(B,F)、(A,D)和(A,C)符合上述条件，依次被加入到 T 中；第 4 条边(C,E)若加入到 T 中，将使 T 产生回路，故舍弃；第 5 条边(B,E)可连接两个连通分量，可加入 T。至此，T 已经成为一个连通图，这个连通图就是所求的一棵最小生成树。

	0	1	2	3	4	5	6	7	8	9
始点	D	B	A	A	C	B	B	A	A	C
终点	E	F	D	C	E	E	D	B	E	D
权	1	2	3	4	5	5	6	7	7	8

(a) 如图 6.17(a)所示无向网的边集，按权值非递减有序排列

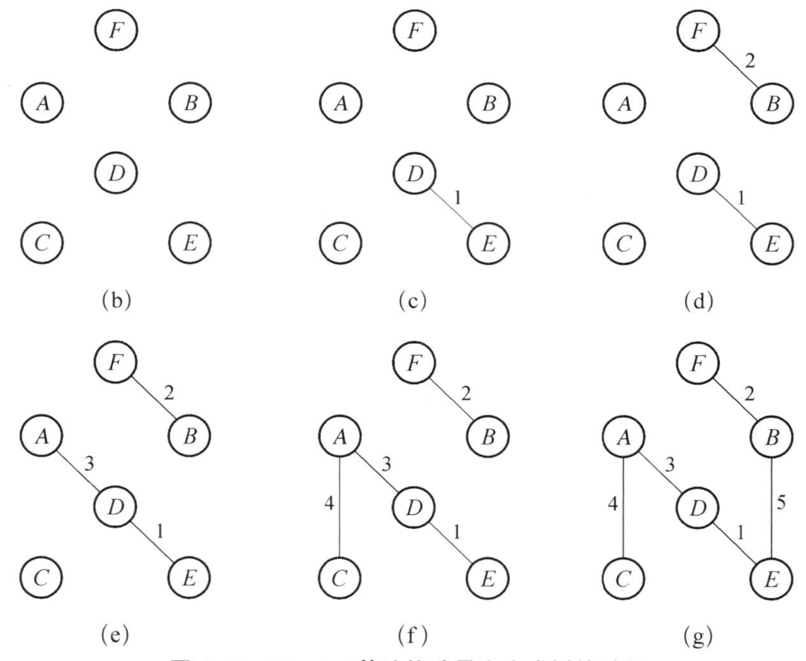

图 6.19　Kruskal 算法构造最小生成树的过程

6.5　拓 扑 排 序

有向无环图(Directed Acyclic Graph,DAG),顾名思义,是指不存在回路的有向图。有向无环图可以用来表示工程的进程,如施工的进度,课程学习计划、生产的流程等。除了最简单的情况之外,大部分工程可分为若干个称为“活动”的子工程。这些活动之间往往存在相互制约关系,其中某些活动必须在另外一些活动完成之后才能开始。

在一个表示工程的有向图中,顶点表示工程中的活动,有向边表示活动之间的优先关系,称这样的有向图为**顶点表示活动网**(Activity On Vertex Network),简称 **AOV 网**。

在 AOV 网中,若顶点 u 与顶点 v 之间存在一条弧 $\langle u,v\rangle$,则表示活动 u 必须优先于活动 v 完成,称 u 为 v 的直接前驱,称 v 为 u 的直接后继。若 AOV 网中存在从顶点 u 到顶点 v 的路径 $\langle u,v_{i1},v_{i2},\cdots,v\rangle$,则称 u 为 v 的前驱,称 v 为 u 的后继。

例如,计算机专业学生学习的课程之间存在先修关系,如图 6.20(a)所示,这种课程之间的先修关系可以用 AOV 网来表示,如图 6.20(b)所示。

课程编号	课程名称	先修课
C_1	高等数学	无
C_2	程序设计语言	C_1, C_6
C_3	离散数学	C_1
C_4	数据结构	C_3, C_2
C_5	计算机原理	C_6, C_2
C_6	计算机导论	无
C_7	操作系统	C_4, C_5

(a) 课程计划

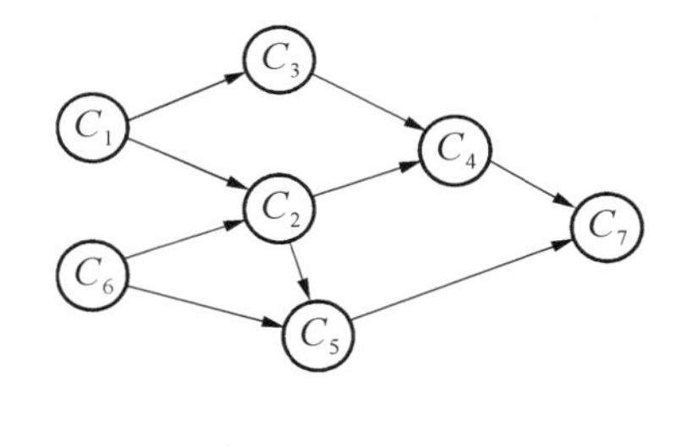

(b) AOV 网

图 6.20　课程之间先后关系的 AOV 网

AOV 网中不应存在环,否则顶点之间的优先关系就进入了死循环,这意味着某些活动的开始将以自身完成为先决条件,这显然是自相矛盾的。

拓扑序列:设 $G=(V,E)$ 是一个具有 n 个顶点的有向图,V 中的顶点序列 $v_1,v_2,\cdots,v_n$ 称为一个拓扑序列,当且仅当满足下列条件:若从顶点 v_i 到 v_j 有路径,则在上述顶点序列中顶点 v_i 必在 v_j 之前。

拓扑排序:对一个有向图构造拓扑序列的过程。

一般来说,一个 AOV 网的拓扑序列可能不唯一。比如,对图 6.20(b)所示的 AOV 网进行拓扑排序,可以得到 $C_1\,C_3\,C_6\,C_2\,C_4\,C_5\,C_7$、$C_1\,C_3\,C_6\,C_2\,C_5\,C_4\,C_7$、$C_6\,C_1\,C_2\,C_3\,C_5\,C_4\,C_7$ 等拓扑序列。这些拓扑序列的实际意义是:如果某学生一次只学习一门课程,那么他必须按照某个拓扑序列的次序来学习,这样就能保证在学习任何一门新课时,这门课的先修课已经学习过。

如果一个有向图中存在环,则该图的拓扑序列不存在。

对 AOV 网进行拓扑排序的基本方法是:

(1) 在 AOV 网中任选一个入度为 0 的顶点,输出该顶点;

(2) 从 AOV 网中删除该顶点,并删除这个顶点的所有出边;

(3) 重复(1)和(2),直到 AOV 网中不再有入度为 0 的顶点为止。

这样操作的结果有两种:一种是网中全部顶点都被输出,拓扑排序完成;另外一种就是网中还有未能输出的顶点,说明网中含有回路,不存在拓扑序列。

下面用邻接表作为 AOV 网的存储结构,讨论实现拓扑排序的算法。为了便于操作,增设一个辅助一维数组 InDegree,用来存放每个顶点的入度。"删除顶点所有出边"的操作就是将该顶点所有出边邻接点的入度值减 1。"任选一个入度为 0 的顶点"的操作只要对 InDegree 数组进行查找即可。为了避免重复查找,可以用一个栈来暂存已知的入度为 0 的顶点。

算法 6.17 给了出拓扑排序的算法。

算法 6.17

```
void TopologicalSort(ALGraph G){
    // G 用邻接表表示,输出一个拓扑序列
    // 如果 G 中存在回路,给出错误信息
    int count = 0;                          //输出顶点个数的计数器
    int InDegree[MAX_VERTEX_NUM] = {0};
                                            //定义用于存放顶点入度值的辅助数组,初始化为 0
    InitStack(S);                           //初始化一个空栈
    for(i = 0;i<G.vexnum;i++)               //遍历所有边链,求每个顶点的入度
        for(p = G.vertices[i].firstarc; p; p = p->nextarc)
            InDegree[p->adjvex]++;
    for(i = 0;i<G.vexnum;i++)
        if(InDegree[i] == 0) Push(S,i);     //入度为 0 的顶点进栈
    while(!StackEmpty(S)){
        Pop(S,j);                           //入度为 0 的顶点 Vj 出栈
        cout<<G.vertices[j].data;           // 输出 Vj
        count++;                            //输出顶点个数计数
        for(p = G.vertices[j].firstarc; p; p = p->nextarc){
            k = p->adjvex;
            InDegree[k]--;                  //Vj 出边邻接点的入度值减 1
            if(InDegree[k] == 0) Push(S,k); //如果入度为 0,进栈
        } //end for
    }//end while
    if(count<G.vexnum) cout<<"该图有环";
} //TopologicalSort
```

算法分析:设 AOV 网中含有 n 个顶点和 e 条边。计算各个顶点入度的时间复杂度为 $O(e)$;将入度为 0 的顶点压进栈,时间复杂度为 $O(n)$;拓扑排序过程中,每个顶点进栈 1 次,出栈 1 次;入度减 1 的操作为 e 次;所以整个算法的时间复杂度为 $O(n+e)$。

对于有向无环图,也可利用图的 DFS 遍历进行拓扑排序。由于图中无环,所以从某入度为 0 出发进行 DFS 遍历,最先退出遍历的顶点一定是一个出度为 0 的顶点,它也是拓扑序列的最后一个顶点。由此,用一个栈来记录每一个退出 DFS 遍历的顶点,遍历结束时,则自栈顶至栈底的顶点序列就是一个拓扑序列。

6.6 关 键 路 径

与 AOV 网密切相关的另一种有向网是 AOE 网。在有向无环的带权图中,用有向边表示一个工程的各个活动(Activity),有向边上的权值表示活动的持续时间(Duration),用顶点表示事件(Event),这样的有向图称为**边表示活动的网络**(Activity On Edge Network),简称 **AOE 网**。

这种 AOE 网在一些工程的估算方面非常有用,比如完成整个工程至少需要多长时间?为了缩短整个工程的工期,应当加快哪些活动?

在表示工程的 AOE 网中,有一个入度为 0 的顶点,称为**源点**(Source),源点表示工程的开始;有一个出度为 0 的顶点,称为**汇点**(Converge),汇点表示工程的结束。

例如,图 6.21 给出了一个 AOE 网,包含了 11 项活动 $a_1, a_2, \cdots, a_{11}$ 和 9 个事件 V_1, $V_2, \cdots, V_9$。在 AOE 网中,"事件"的含义是:当事件的入边活动全部完成,该事件就发生了,该事件之后的活动可以开工了,或者说事件触发了其出边活动的开始。比如,事件 V_1 表示整个工程的开始,是源点;事件 V_9 表示整个活动的结束,是汇点;事件 V_5 表示入边的两个活动 a_4 和 a_5 都已完成,出边的两个活动 a_7 和 a_8 可以开始。

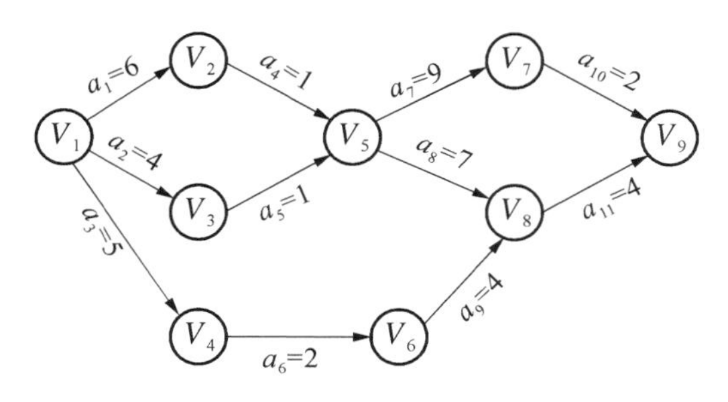

图 6.21 一个 AOE 网

在 AOE 网中,源点到汇点的最长路径叫做**关键路径**。比如,在图 6.21 中,源点到汇点的最长路径有两条:$(V_1, V_2, V_5, V_7, V_9)$和$(V_1, V_2, V_5, V_8, V_9)$,长度都是 18,它们都是关键路径。关键路径上的活动称为**关键活动**。

由于在 AOE 网中某些活动可以并列进行(比如图 6.21 中的 a_1 和 a_2),因此,完成整个工程所需的最短时间就是关键路径的长度,也就是关键路径上各项活动持续时间的总和。若要缩短整个工程的工期,就需要加快某些关键活动的进度。

为了找出关键路径,必须先求出关键活动。在求关键活动时,需要定义以下几个参量:

(1) 事件 v_k 的最早发生时间 $ve(k)$:从源点到顶点 v_k 的最长路径长度;

(2) 事件 v_k 的最迟发生时间 $vl(k)$:在不推迟整个工程工期的前提下,事件 v_k 允许的最迟发生时间,它是汇点的最迟发生时间减去 v_k 到汇点的最长路径长度;

(3) 活动 a_i 的最早开始时间 $e[i]$:活动 a_i 能够开工的最早时间,是 a_i 弧尾事件的最早发生时间;

(4) 活动 a_i 的最迟开始时间 $l[i]$:在不推迟整个工程工期的前提下,a_i 允许的最迟开工时间,是 a_i 弧头事件的最迟发生时间减去 a_i 的持续时间。

活动 a_i 的最迟开始时间和最早开始时间之差 $l[i]-e[i]$ 意味着完成活动 a_i 的时间余量。如果 $l[i]-e[i]=0$,活动 a_i 就是关键活动。显然,提前完成非关键活动并不能加快工程的进度。例如,在如图 6.21 所示的 AOE 网中,活动 a_6 的最早开始时间 $e[6]=5$,最迟开始时间 $l[6]=8$,这意味着 a_6 推迟 3 天开始或拖延 3 天完成都不会影响整个工程的完成。因此分析关键路径的目的是辨别哪些是关键活动,为生产的管理和安排提供依据,以便提高某些关键活动的工效,缩短整个工期。

下面讨论各参量的计算方法:

(1) 事件 v_j 的最早发生时间 $ve(j)$

源点表示工程的开始,源点的最早发生时间定义为 0;其余顶点的最早开始时间可以递推计算:

$$\begin{cases} ve[1] = 0 \\ ve[j] = \max\{ ve[i] + \text{活动}\langle v_i, v_j \rangle \text{ 的持续时间}\}, \\ \qquad\quad \langle v_i, v_j \rangle \in \text{顶点 } v_j \text{ 的入边集合} \end{cases}$$

这个递推公式必须按拓扑序列的排列次序进行,也就是说,顶点 v_j 的最早发生时间 $ve[j]$ 必须在 v_j 的所有前驱顶点的最早发生时间都已经求得了之后才能确定。

(2) 事件 v_i 的最迟发生时间 $vl(i)$

汇点的最迟发生时间等于汇点最早开始时间。其余顶点的最迟开始时间可以递推计算:

$$\begin{cases} vl[n] = ve[n] \\ vl[i] = \min\{ vl[j] - \text{活动}\langle v_i, v_j \rangle \text{ 的持续时间}\}, \\ \qquad\quad \langle v_i, v_j \rangle \in \text{顶点 } v_i \text{ 的出边集合} \end{cases}$$

同样,这个递推公式必须按拓扑序列的逆序次序进行,也就是说,顶点 v_i 的最迟发生时间 $vl[i]$ 必须在 v_i 的所有后继顶点的最迟发生时间已经求得了之后才能确定。

(3) 活动 a_k 的最早开始时间 $ee[k]$

设活动 a_k 是由弧 $\langle v_i, v_j \rangle$ 表示,则 $ee[k]=ve[i]$。

(4) 活动 a_k 的最迟开始时间 $el[k]$

设活动 a_k 是由弧 $\langle v_i, v_j \rangle$ 表示,则 $el[k]=vl[j]-\langle v_i, v_j \rangle$ 的持续时间。

由此，我们可以给出求关键路径的基本过程：

(1) 对 AOE 网进行拓扑排序。

(2) 从源点 v_1 出发，令 $ve[1]=0$，按拓扑序列的次序递推求出其余各顶点的最早发生时间 $ve[j](1\leqslant j\leqslant n)$。

(3) 从汇点 v_n 出发，令 $vl[n]=ve[n]$，按拓扑序列的逆序递推求出其余各顶点的最迟发生时间 $vl[i](n\geqslant i\geqslant 1)$。

(4) 根据依附于每条弧的顶点的最早发生时间 ve 和最迟发生时间 vl，求出该弧的最早开始时间 $ee[k]$和最迟开始时间 $l[k]$ $(1\leqslant k\leqslant e)$。

(5) 找出所有满足条件 $ee[k]==el[k]$ $(1\leqslant k\leqslant e)$的活动，它们就是所求的关键活动。

图 6.21 所示的 AOE 网有拓扑序列为

$$V_1, V_2, V_3, V_4, V_5, V_6, V_7, V_8, V_9$$

图 6.22 给出了按这个拓扑序列递推求出的各顶点的 $ve[j]$和 $vl[i]$ $(1\leqslant i, j\leqslant 9)$，进而求出的各条弧的 $ee[k]$和 $el[k]$ $(1\leqslant k\leqslant 11)$。

	1	2	3	4	5	6	7	8	9
顶点	V_1	V_2	V_3	V_4	V_5	V_6	V_7	V_8	V_9
$ve[j]$	0	6	4	5	7	7	16	14	18
$vl[i]$	0	6	6	8	7	10	16	14	18

	1	2	3	4	5	6	7	8	9	10	11
活动	a_1	a_2	a_3	a_4	a_5	a_6	a_7	a_8	a_9	a_{10}	a_{11}
$ee[k]$	0	0	0	6	4	5	7	7	7	16	14
$el[k]$	0	2	3	6	6	8	7	7	10	16	14
$el[k]-ee[k]$	0	2	3	0	2	3	0	0	3	0	0

图 6.22　图 6.21 所示 AOE 网中顶点的发生时间和活动的开始时间

从图 6.22 得知，满足 $el[k]-ee[k]=0$ 的关键活动有 6 个，分别是 $a_1, a_4, a_7, a_8, a_{10}$, a_{11}，它们组成了两条关键路径$(V_1, V_2, V_5, V_7, V_9)$和$(V_1, V_2, V_5, V_8, V_9)$。其中，任何一个关键活动的拖延，都将导致整个工程推迟完成。但只有加快两条关键路径上的公共活动 a_1 和 a_4 才能使整个工程提前完成。而加快关键活动 a_7, a_{10} 只能使路径$(V_1, V_2, V_5, V_7, V_9)$不再是关键路径；加快关键活动 a_8, a_{11} 只能使路径$(V_1, V_2, V_5, V_8, V_9)$不再是关键路径。

6.7　最短路径

一般在带权图和无权图中，最短路径的含义是不同的。

在无权图中，顶点 v_i 到顶点 v_j 之间的最短路径是指它们之间经过的边数最少的路径。若要求顶点 v_0 到图中其余各顶点之间边数最少的路径（如果可达），可以利用图的广度优先搜索遍历。以 v_0 为出发点对图做一次广度优先搜索遍历，在由此产生的 BFS 生成树上，顶点 v_0 到其他各顶点的路径就是所求的最短路径。

在带权图中，顶点 v_i 到顶点 v_j 之间的最短路径是指它们之间经过的边上权之和为最少的路径。

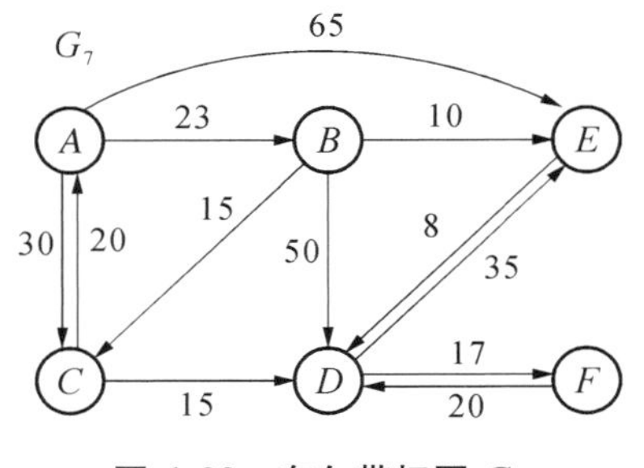

图 6.23　有向带权图 G_7

例如，在图 6.23 所示的有向带权图 G_7 中，顶点 A 到顶点 E 之间有 5 条路径：

路径	路径长度
$A—B—E$	33
$A—C—D—E$	53
$A—B—D—E$	108
$A—E$	65
$A—B—C—D—E$	88

其中，最短路径是 $A—B—E$。

显然，如果把无权图上每条边看成权值等于 1 的边，则无权图和带权图最短路径的定义是一致的。

下面讨论单源最短路径问题。所谓单源最短路径是指从带权图中一个确定的顶点 v_0 到其余各顶点的最短路径，出发点 v_0 称为源点。

例如，表 6.1 给出了有向带权图 G_7 中源点 A 到其余各顶点之间的最短路径。

表 6.1　有带权图 G_7 中顶点 A 到其余各顶点的最短路径

序号	始点	中转点	终点	路径长度
1	A	无	B	23
2	A	无	C	30
3	A	B，E	D	41
4	A	B	E	33
5	A	B，E，D	F	58

单源最短路径的一个应用实例是关于计算机网络传输的问题：怎样找出一种最经济的路径，从一台计算机向网络中其他机器发送消息。

如何求这些路径？Dijkstra 提出了一个“按路径长度递增的顺序逐步产生最短路径”的方法，称为 Dijkstra 算法。这个算法要求边上的权值>0。按照 Dijkstra 提出的方法，对 G_7 求源点 A 到其余各顶点的最短路径，各条路径产生的顺序如表 6.2 所示。仔细观察表 6.2 可以发现，源点到达某个顶点 v_x 的最短路径上如果有中转点，这些中转点的最短路径已经先于 v_x 被确定了。比如，在第 4 步求出的源点 A 到达终点 D 的最短路径 $ABED$ 上，经过了两个中转点 B 和 E，而源点 A 到终点 B 和源点 A 到终点 E 的最短路径已经在第 1 步和第 3 步中被确定。

表 6.2　用 Dijkstra 算法对 G_7 求解，路径产生的顺序

求解顺序	始点	中转点	终点	路径长度
第1步	A	无	B	23
第2步	A	无	C	30
第3步	A	B	E	33
第4步	A	B, E	D	41
第5步	A	B, E, D	F	58

Dijkstra 算法的基本思路是：给定带权图 $G=(V,E)$，设集合 S 中存放已经找到最短路径的顶点，初态时 S 中只包含一个源点 v_0；$V-S$ 中是尚未找到最短路径的顶点。在求解过程中，不断地从 $V-S$ 中选取到源点 v_0 路径长度最短的顶点 v_k，将 v_k 加入到集合 S 中，直到 $S=V$。

设带权图 G 中含有 n 个顶点，为了便于计算，G 采用邻接矩阵表示，并使用 3 个辅助数组 D、P 和 S，它们的作用如下：

一维数组 $D[n]$：$D[i]$中存放当前计算出的源点 v_0 到序号为 i 的顶点 v_i 的最短路径长度；初态时，

$$D[i]=\begin{cases}\text{弧}\langle v_0,\ v_i\rangle\text{的权}, & \text{如果}\langle v_0,\ v_i\rangle\in E\\ \infty, & \text{反之}\end{cases}$$

在求解的每一步，只要源点到 v_i 的最短路径尚未被最终确定，$D[i]$的值就会被不断地修正，越来越小。

二维数组 $P[n][n]$：$P[i]$中存放与 $D[i]$相应的路径上的顶点序列，初态时，

$$P[i]=\begin{cases}v_0,\ v_i, & \text{如果}\langle v_0,\ v_i\rangle\in E\\ \text{空}, & \text{反之}\end{cases}$$

一维数组 $S[n]$：起标志作用，$S[i]=0$ 表示顶点 v_i 的最短路径尚未最终确定（v_i 在集合 $V-S$中），$S[i]=1$ 表示顶点 v_i 的最短路径已经确定（v_i 在集合 S 中）。初态时，置 $S[v_0]=1$，其余为 0。

设第一条被确定的最短路径为(v_0,v_k)，其中 k 满足

$$D[k]=\min\{D[i]\mid v_i\in V-v_0\}$$

那么，下一条最短路径是哪一条呢？假设下一条最短路径的终点是 v_j，那么它或者是(v_0,v_j)，或者是(v_0,v_k,v_j)。其长度或者是边$\langle v_0,v_j\rangle$的权，或者是 $D[k]+$边$\langle v_k,v_j\rangle$的权。

一般情况下，若 $v_k\in V-S$ 且 $D[k]$为最小，则$(v_0,\cdots,v_k)$是当前求得的一条最短路径，将 v_k 并入 S 集，同时对 $V-S$ 中的每一个顶点 v_i，比较$(v_0,\cdots,v_i)$与$(v_0,\cdots,v_k,v_i)$的长度，如果后者比前者更小，则更新 v_0 到 v_i 的路径，即令 $D[i]=\min(D[i],D[k]+G.\mathrm{arcs}[k][i])$。

这样，Dijkstra 算法的求解过程可描述如下：

```
初始化 S,D,P 数组;
while(S≠V){
    (1) 选取出 S[k] = 0 且 D[k]为最小的顶点 vk;
    (2) 将 vk 并入 S 集中;
    (3) 修正集合 V-S 中各顶点 vi 的最短路径,令
        D[i] = min(D[i],D[k] + G.arcs[k][i])
}
```

下面给出 Dijkstra 算法的实现(算法 6.18)。

算法 6.18

```
void Dijkstra(MGraph G,int v0,int D[MAX_VERTEX_NUM],
                               int P[][MAX_VERTEX_NUM]){
    //带权图 G 用邻接矩阵表示,求顶点 v0 到其余各顶点的最短路径
    //数组 D 存放各条最短路径的长度
    //数组 P 存放各条最短路径的顶点序列
    int S[MAX_VERTEX_NUM] = {0};          //定义并初始化辅助数组 S
    for(i = 0;i<G.vexnum;i++){            //初始化 D 和 P
        D[i] = G.arcs[v0][i];
        if(D[i]! = INFINITY){
            P[i][0] = v0; P[i][1] = i; P[i][2] = -1;}
                                          //用 -1 作为路径结束的标志
    }
    S[v0] = 1;                            // 源点 v0 并入 S 集
    D[v0] = 0;
    for(i = 1;i<G.vexnum;i++){            //主循环,求 n-1 条最短路径
        min = INFINITY;
        for(j = 0;j<G.vexnum;j++)         //在 V-S 中找最短路径
            if(!S[j]&&D[j]<min){min = D[j];k = j;}
        S[k] = 1;                         //vk 并入 S 集
        for(j = 0;j<G.vexnum;j++)         //修正 V-S 各顶点的最短路径
            if(!S[j] && D[k] + G.arcs[k][j]<D[j]){
                D[j] = D[k] + G.arcs[k][j];
                for(w = 0;P[k][w]! = -1;w++) P[j][w] = P[k][w];
                P[j][w] = j;P[j][w+1] = -1;
            }//end if
    }// end for i
}//Dijkstra
```

Dijkstra 算法的时间复杂度为 $O(n^2)$。

例如,图6.23所示有向网 G_7 的邻接矩阵如下：

G.vexs

0	1	2	3	4	5
A	*B*	*C*	*D*	*E*	*F*

G.arcs

	0	1	2	3	4	5
0	∞	23	30	∞	65	∞
1	∞	∞	15	50	10	∞
2	20	∞	∞	15	∞	∞
3	∞	∞	∞	∞	35	17
4	∞	∞	∞	8	∞	∞
5	∞	∞	∞	20	∞	∞

若用 G_7 的邻接矩阵调用Dijkstra算法,求源点 *A* 到其余各顶点的最短路径,算法执行过程中数组 *D*、*S* 和 *P* 的变化状态如图6.24所示。

初始化

	S	D	P
0	1	0	
1	0	23	0 1
2	0	30	0 2
3	0	∞	
4	0	65	0 4
5	0	∞	

第1步

	S	D	P
0	1	0	
☞ 1	1	23	0 1
2	0	30	0 2
3	0	73	0 1 3
4	0	33	0 1 4
5	0	∞	

第2步

	S	D	P
0	1	0	
1	1	23	0 1
☞ 2	1	30	0 2
3	0	45	0 2 3
4	0	33	0 1 4
5	0	∞	

第3步

	S	D	P
0	1	0	
1	1	23	0 1
2	1	30	0 2
3	0	41	0 1 4 3
☞ 4	1	33	0 1 4
5	0	∞	

第4步

	S	D	P
0	1	0	
1	1	23	0 1
2	1	30	0 2
☞ 3	1	41	0 1 4 3
4	1	33	0 1 4
5	0	58	0 1 4 3 5

第5步

	S	D	P
0	1	0	
1	1	23	0 1
2	1	30	0 2
3	1	41	0 1 4 3
4	1	33	0 1 4
☞ 5	1	58	0 1 4 3 5

图6.24　用Dijkstra算法对 G_7 求解的过程

6.8 最大流问题

在交通物流运输、城市供水管道和通信网络信息传送等许多现实应用中，通常需要考虑从一点到另一点的"网络流量"问题，该问题可将系统模型首先建模为基于有向图的流网络，然后通过求解流网络的最大流问题得以解决。

流网络 $G=(V,E)$指的是一个赋权有向连通图，其中每条边$(u,v)\in E$ 的权值定义为一非负容量$c(u,v)\geqslant 0$。这些容量可以代表通过一个管道的水流量、或者两座城市间的交通流量。流网络中有两个特别的顶点，分别称为源点和汇点。若将流网络视作某种物质传递网络，则形式上，源点总是以一定速度产生物质，而汇点总是以同样的速度消耗该物质，流可等价于物质的输运速率。除了源点和汇点，物质只流经流网络中的其他顶点，而不会发生聚集、停滞。换句话说，除源点和汇点以外，物质进入其他顶点的速度必须等于离开它们的速度。这一特性被称为"流守恒"。一般地，定义一实值函数 $f(u,v)$为 G 中顶点u 至顶点 v 的流。显然，对所有 $u,v\in V$，满足 $f(u,v)\leqslant c(u,v)$。图 6.25 给出了一个流网络 G 及 G 中的一个流f，其中 S 表示源点，T 表示汇点，"x/y"表示当前边的"流/容量"。最大流问题即可描述为：在不违背容量限制的条件下，把物质从源点传输到汇点的最大速率是多少？

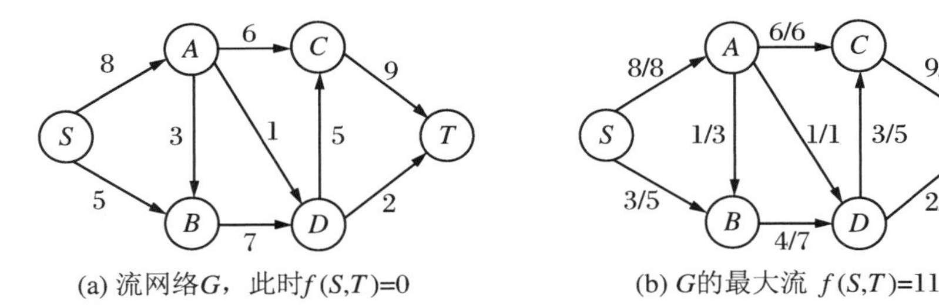

图 6.25 一个流网络 G 及其最大流

根据流守恒性质，除了源点和汇点以外，对于流网络 G 中任意一个顶点，流入该顶点的流等于流出该顶点的流。观察图 6.27(b)可知，对于顶点 B，流入顶点的流包含 $f(S,B)$及 $f(A,B)$，流出该顶点的流则为 $f(B,D)$，显然满足 $f(S,B)+f(A,B)=f(B,D)$。需要指出的是，一个顶点可以用任何方式聚合和发送流，只要满足容量限制并保持流守恒即可。

Ford-Fulkerson 方法是解决最大流问题的基本方法。为方便起见，首先定义残留容量和残留网络这两个概念。假定有一个流网络 G 及G 中的一个流f，考察一对顶点 $u,v\in V$。在不超过容量 $c(u,v)$的条件下，定义从 u 到 v 剩余可承载的网络流量为**残留容量**，记为 $c_f(u,v)$，可由下式表达：

$$c_f(u,v)=c(u,v)-f(u,v)$$

残留网络则指的是由 G 在f 下生成的网络 $G_f=(V,E_f)$，其中 $E_f=\{(u,v)\in V\times V\mid c_f(u,v)>0\}$。

另外，定义**增广路径**为在残留网络 G_f 中从S 到 T 寻获的一条简单路径，其中这条路径上的最小残余容量就是该网络当前可容纳的额外流。换句话说，沿一条增广路径 p 的每条边传输的网络流的最大量为 p 的残留容量，即 $c_f(p)=\min\{c_f(u,v),(u,v)在\ p\ 上\}$。

Ford-Fulkerson 算法的基本思路是采用穷举策略搜索增广路径，即在每次迭代中，找出任意增广路径 p 及 $c_f(p)$，并沿 p 每条边 (u,v)，按 $f(u,v)=f(u,v)+c_f(p)$ 更新流 $f(u,v)$。上述迭代过程持续执行，直至不再有新的增广路径为止。此时流 f 就是一个最大流。以图 6.25 给出的流网络 G 为例，图 6.26 给出了 Ford-Fulkerson 算法的处理过程。

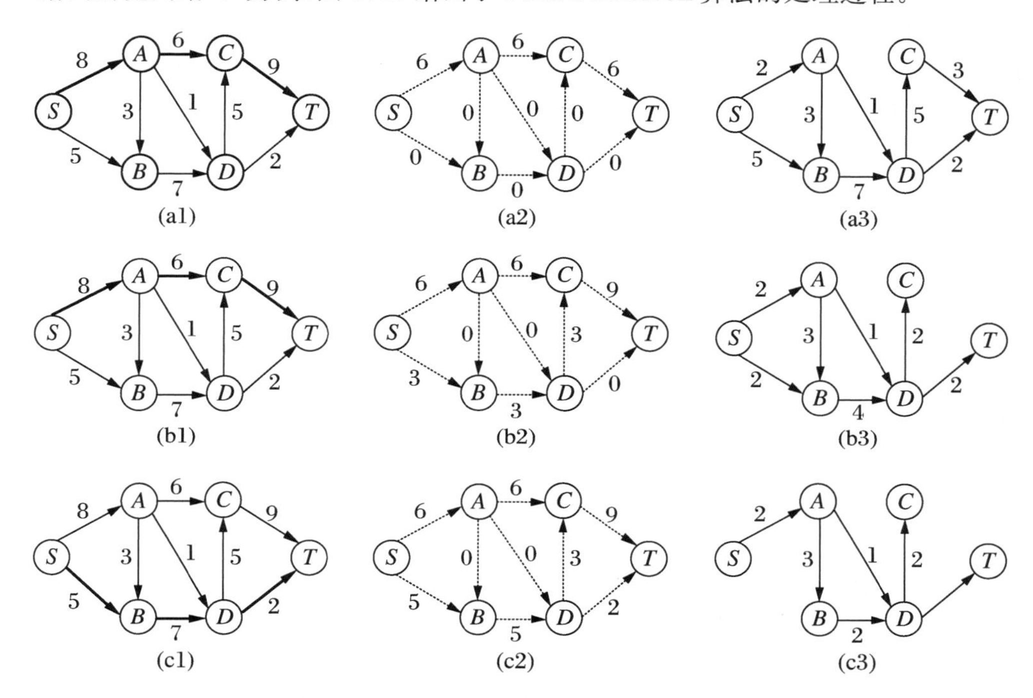

图 6.26　使用 Ford-Fulkerson 算法求解流网络 G 的最大流过程

在图 6.26 中，(a1)～(a3)展示了在初始流网络 G(a1)中选择增广路径 $S—A—C—T$、注入 $f(p)=6$ 的流网络(a2)及其残留网络(a3)；(b1)～(b3)显示了在残留网络(a3)中选择增广路径 $S—B—D—C—T$、注入 $f(p)=3$ 的流网络(b2)及更新后的残留网络(b3)；类似地，(c1)～(c3)反映的是在残留网络(b3)基础上选择的增广路径 $S—B—D—T$、注入 $f(p)=2$ 的流网络(c2)及更新后的残留网络(c3)。

初始情况下，假设我们从流网络 G 中可选择一条增广路径 $S—A—C—T$，如图 6.26(a1)所示。观察可知，该路径的最小边容量为 $c(A,C)=6$。于是在 G 中沿该路径可以注入流 $f=6$，形成图 6.26(a2)所示的流网络，注意其中每条边标记为流量而非容量。于是构造残留网络 G_f，如图 6.26(a3)所示，其中每条边标记为残留容量。以此类推，最终形成的残留网络如图 6.26(c3)所示，其中不再存在一条连接顶点 S 与 T 的增广路径，于是算法终止，求得的最大流即为 $f=11$。

不难发现，Ford-Fulkerson 算法能否求得最大流，主要依赖于对增广路径的正确选择。为了防止在搜索增广路径的过程中陷入局部极值的可能性，Ford-Fulkerson 算法提供了一种解除历史错误决策的方法，即在残留网络中为每条边维护一个流量为 $f(v,u)=-f(u,v)$

的反向边，以此机制来撤销历史搜索过程中所做出的可能错误的决定。

不良的增广路径选择方式不仅影响最大流的求解，同时也严重影响算法的执行效率。如果选择不好，甚至导致算法陷入死循环。因此，通常可以采用广度优先搜索或者深度优先搜索等来选择增广路径，以保证算法的运行时间控制在多项式时间复杂度。由于通过无权图的最短路径算法，一条增广路径可以以 $O(|E|)$时间找到，因此，对于一个边容量为整数而最大流为 f 的流网络 G，每条增广路径使流网络的流值至少增加 1，于是 Ford-Fulkerson 算法的平均时间复杂度为 $O(|E|f)$。显然，若 f 较大，意味着 Ford-Fulkerson 算法仍具有较高时间复杂度。经验上，总是选择容许流单次最大增长的增广路径，是提升该算法时间效率的一种有效办法。可以证明，如果 c_{max}为最大边容量，那么 $O(|E|\log c_{max})$条增广路径将足以找到最大流。由于对于增广路径的每次迭代计算均需要 $O(|E|\log|V|)$，故总的时间复杂度为 $O(|E|^2\log|V|\ \log c_{max})$。

本 章 小 结

图是很重要的非线性结构。本章介绍了图的概念和相关术语，给出了图最常用的两种表示方法：邻接矩阵表示法和邻接表表示法，并介绍了图的一些基本运算在这两种表示方法上的实现。

本章介绍了图的两种遍历方法：深度优先搜索遍历，它类似于树的先根遍历；广度优先搜索遍历，它类似于树的层序遍历。

本章讨论了图的几个经典问题的求解，包括求解最小生成树的 Prim 算法和 Kruskal 算法、拓扑排序算法、关键路径的概念和求关键路径的算法思想、求解单源最短路径的 Dijkstra 算法。最后，作为应用扩展，还讨论了流网络中的最大流问题及其基本求解算法。

习　　题

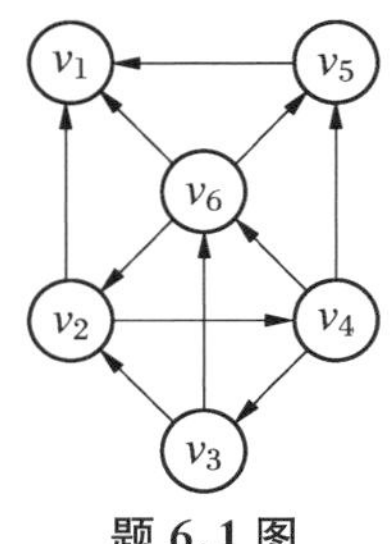

题 6.1 图

6.1　已知有向图 G 如题图所示，请给出该图的：

(1) 邻接矩阵表示法示意图；

(2) 邻接表表示法示意图；

(3) 逆邻接表表示法示意图；

(4) G 的所有强连通分量。

6.2　已知图 G 的邻接矩阵如题图所示。写出该图从顶点 V_1 出发的深度优先搜索遍历序列和广度优先搜索遍历序列，并画出相应的深度优先搜索生成树和广度优先搜索生成树。

	V_1	V_2	V_3	V_4	V_5	V_6	V_7	V_8	V_9	V_{10}
G.arcs	0	1	2	3	4	5	6	7	8	9
0	0	0	0	0	0	0	1	0	1	0
1	0	0	1	0	0	0	1	0	0	0
2	0	0	0	1	0	0	0	1	0	0
3	0	0	0	0	1	0	0	0	1	0
4	0	0	0	0	0	1	0	0	0	1
5	1	1	0	0	0	0	0	0	0	0
6	0	0	1	0	0	0	0	0	0	1
7	1	0	0	1	0	0	0	0	1	0
8	0	0	0	0	1	0	1	0	0	1
9	1	0	0	0	0	1	0	0	0	0

题 6.2 图

6.3 无向图 G 如题图所示。

(1) 给出 G 的邻接矩阵示意图；

(2) 给出 G 的邻接表示意图；

(3) 给出从顶点 A 出发，用 Prim 算法求解的最小生成树；

(4) 给出用 Kruskal 算法求解的最小生成树。

6.4 有向图 G 如题图所示，试给出其所有可能的拓扑序列。

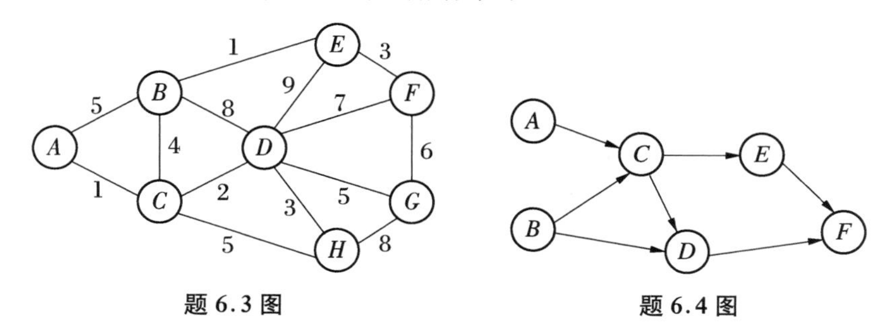

题 6.3 图　　**题 6.4 图**

6.5 试利用 Dijkstra 算法求题图中顶点 A 到其他各顶点之间的最短路径。要求写出执行算法过程中数组 D、P 和 S 各步的状态。

6.6 一个有向无环网如题图所示。

(1) 给出它的一个拓扑序列；

(2) 计算每个顶点的最早发生时间和最迟发生时间；

(3) 计算每条弧的最早开始时间和最迟开始时间；

(4) 给出它的关键路径；缩短某些弧的持续时间将使关键路径变短，请给出这些弧。

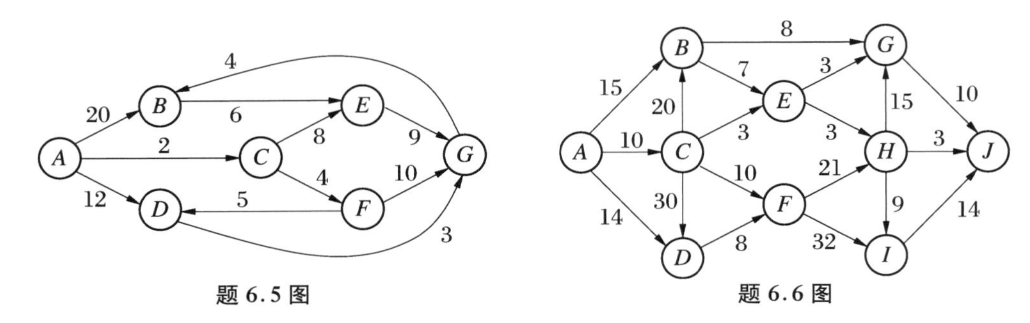

题 6.5 图　　　　题 6.6 图

6.7　试在邻接矩阵存储结构上实现图的基本操作：InsertVex(G,v)，InsertArc(G,v,w)，DeleteVex(G,v)和 DeleteArc(G,v,w)。

6.8　试在邻接表存储结构上实现图的基本操作：InsertVex(G,v)，InsertArc(G,v,w)，DeleteVex(G,v)和 DeleteArc(G,v,w)。

6.9　设具有 n 个顶点的有向图用邻接表存储。试写出计算所有顶点入度的算法，可将每个顶点的入度值分别存入一维数组 int Indegree[n]中。

6.10　有向图 G 用邻接表存储，试写一个算法，输出 G 中奇度顶点个数和偶度顶点个数。

6.11　假设有向图以邻接表作为存储结构。试基于图的深度优先搜索策略写一算法，判断有向图中是否存在由顶点 V_i 至顶点 V_j($i != j$)的简单路径。

6.12　假设有向图以邻接表作为存储结构。试基于图的广度优先搜索策略写一算法，判断有向图中是否存在由顶点 V_i 至顶点 V_j($i != j$)的简单路径。

6.13　以邻接表作为存储结构，实现求单源最短路径的 Dijkstra 算法。

6.14　以邻接表作为存储结构，实现求最小生成树的 Prim 算法。

6.15　试分别写出构造图 G 的 DFS 生成森林和 BFS 生成森林的算法(设森林用二叉链表存储)。

第7章　查　找　表

查找(Search,也称检索)是所有计算任务中最常使用的。我们可以把查找抽象地看成这样一个过程,即确定一个具有特定值的元素是不是一个特定集合中的成员。对查找更一般的认识是:试图在一组有特定关键码值的记录中找到某个记录,或者找到关键码值符合特定条件的某些记录,例如关键码值在某个值的范围内等。本章将讨论在实际应用中大量使用的一种数据结构——**查找表**(Search Table),它是由同一类数据元素(或记录)构成的集合,从逻辑上来说,这些元素之间没有任何的约束关系,但有时为了查找方便而对这些数据元素使用诸如顺序表、二叉链表等进行存储。

7.1　查找表的基本概念

假定 $k_1,k_2,\cdots,k_n$ 是互不相同的关键码值,有一个集合 T,包含 n 个记录,形式为

$$(k_1,I_1),(k_2,I_2),\cdots,(k_j,I_j),\cdots,(k_n,I_n)$$

其中 I_j 是与关键码 k_j 相关的信息,$1\leqslant j\leqslant n$。给定一个特定的关键码值 K,**查找问题**(Search Problem)就是在 T 中确定记录(k_j,I_j),使得 $k_j=K$。

查找成功就是找到至少一个关键码为 k_j 的记录,使得 $k_j=K$。

查找失败就是找不到记录使得 $k_j=K$(可能不存在这样的记录)。

精确匹配查询(Exact-match Query)是指检索关键码值匹配特定值的记录。

范围查询(Range Query)是指检索关键码值在某个指定关键码值范围内的所有记录。

为了便于讨论,我们先给出如下基本概念:若对查找表只作查找其是否存在的操作,则称此类查找表为**静态查找表**(Static Search Table)。若在查找过程中同时插入查找表中不存在的数据元素,或者从查找表中删除已存在的某个数据元素,则称此类表为**动态查找表**(Dynamic Search Table)。**关键字**(Key)是数据元素中某个数据项的值,用它可以标志(识别)一个数据元素。若此关键字可以唯一地标志一个元素(即不同的元素,其关键字均不同),则称此关键字为**主关键字**(Primary Key);反之,称用以识别若干元素的关键字为**次关键字**(Secondary Key)。当数据元素只有一个数据项时,其关键字即为该数据元素的值。

7.2 静态查找表

由于静态查找表不进行插入或删除操作，通常以顺序存储结构的线性表或有序表表示。下面介绍三种静态查找算法——顺序查找、二分查找和索引查找。首先给出静态查找表的类C语言实现：

```
typedef struct {
    Datatype  data;     //元素数据
    KeyType  key;       //元素关键字
} Elemtype;             //数据元素类型
typedef  struct {
    Elemtype  * elem;   //顺序存储空间,约定从下标 1 开始存放元素
    short int  len;
}StaticSrhTable;        //顺序静态查找表类型
```

7.2.1 顺序查找

若以顺序线性表表示静态查找表，则查找过程简单，只要从第一个元素的关键字起，依次和给定值相比较直至相等或不存在。由于最新数据多半放于表尾，故查找过程设计为自后向前，直至碰到**哨兵**(将待查给定值置于0下标单元，可以省去循环变量 i 的越界判断)，见算法7.1。

算法 7.1

```
status SeqSearch(StaticSrhTable SST,KeyType kval)          //顺序查找
{
    //在顺序表 SST 中顺序查找关键字为 kval 的记录
    //若找到,则返回记录在表中的位序;否则,返回 0
    SST.elem[0].key = kval;                                 //放置监视哨
    for(i = SST.len;SST.elem[i].key ! = kval;i -- );        //查找
    return i;                                               //查找结果
}
```

例 7.1 已知顺序线性表中数据元素的关键字如图7.1所示。假设给定值 $kval = 79$，则算法7.1执行的结果返回 $i = 6$；若给定值 $kval = 99$，则返回0值，意味着查找不成功。

那么，如何评价查找算法的时间效率呢？由于查找算法中的基本操作为“记录的关键字

和给定值相比较”,因此通常以查找过程中关键字和给定值比较的平均次数作为比较查找算法的度量依据。

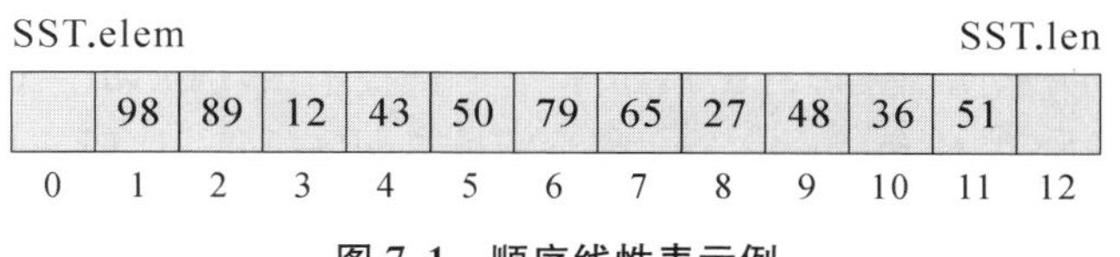

图 7.1 顺序线性表示例

查找过程中先后和给定值进行比较的关键字个数的**期望** E(Expectation)称作查找算法的**平均查找长度** *ASL*(Average Search Length)。

对于含有 n 个记录的查找表,查找成功时的平均查找长度为

$$ASL_{EP} = \sum_{1}^{n} 概率 \times 比较次数 = \sum_{i=1}^{n} P_i C_i \tag{7.1}$$

其中 P_i 为查找表中第 i 个记录的查找概率,且 $\sum_{i=1}^{n} P_i = 1$;C_i 为找到表中第 i 个记录时,曾和给定值进行过比较的关键字的个数,显然,C_i 的值随查找过程的不同而不同。

从算法 7.1 可见,顺序查找过程中,C_i 的值取决于记录在表中的位置。若所查记录是表中最后一个记录,则仅需比较 1 次;而所查记录是表中第一个记录时,给定值和表中 n 个关键字都要进行比较。因此,在此算法中,$C_i = n - i + 1$。

由此,顺序查找的平均查找长度为

$$ASL = nP_1 + (n-1)P_2 + \cdots + 2P_{n-1} + P_n \tag{7.2}$$

为简化,设查找表中每个记录的查找概率相等,即 $P_i = \frac{1}{n}$,则等概率情况下顺序查找的平均查找长度为

$$ASL_{SST} = \frac{1}{n}\sum_{i=1}^{n}(n - i + 1) = \frac{n+1}{2} \tag{7.3}$$

由上分析可以看出,在平均和最差的情况下需要 $O(n)$时间。顺序查找的优点是算法简单且适应面广,无论表中记录是否按关键字有序排列均可应用,而且对链式结构也同样适用。但缺点是其平均查找长度较大,特别是当表中记录数 n 很大时,查找效率较低。对于需要频繁反复检索的大量记录,顺序检索慢得难以忍受。

7.2.2 二分查找

对于已排序的表,最常用的查找算法是二分法查找,也叫**折半查找**。其查找过程是:先确定待查记录所在范围(区间),然后逐步缩小范围,直至找到该记录,或者到查找区间缩小到 0 也没有找到关键字等于给定值的记录为止。

例 7.2 假设某些记录的关键值为:(22,90,67,15,98,34,58,84,76,19,40),按关键字自小至大的次序进行排序,得到如图 7.2 所示的有序表,则可以进行二分查找。假设给定值 $kval = 22$,首先和记录所在区间[1..11]的中间位置((1+11)/2=6)记录的关键字 58 相比较,因为 22<58,表明:如果表中存在其关键字等于 22 的记录,它只可能存在于有序表的前

半个区间内，由此只需要在区间[1..5]内继续查找；同样，和该查找区间中间位置记录((1+5)/2=3)的关键字进行比较，由此找到了关键字等于22的记录。为方便说明，假设分别以指针 bot 和 top 指示待查区间的下界和上界，则中间位置为 mid=(bot+top)/2，上述查找过程如图7.2(a)所示。图7.2(b)展示了一个查找不成功($kval=64$)的例子。从图中可见，在进行了3次 SST.elem[mid].key 和给定值 $kval=64$ 的比较之后，查找区间缩小到0(此时 top＜bot)，表明表中没有关键字等于66的记录。

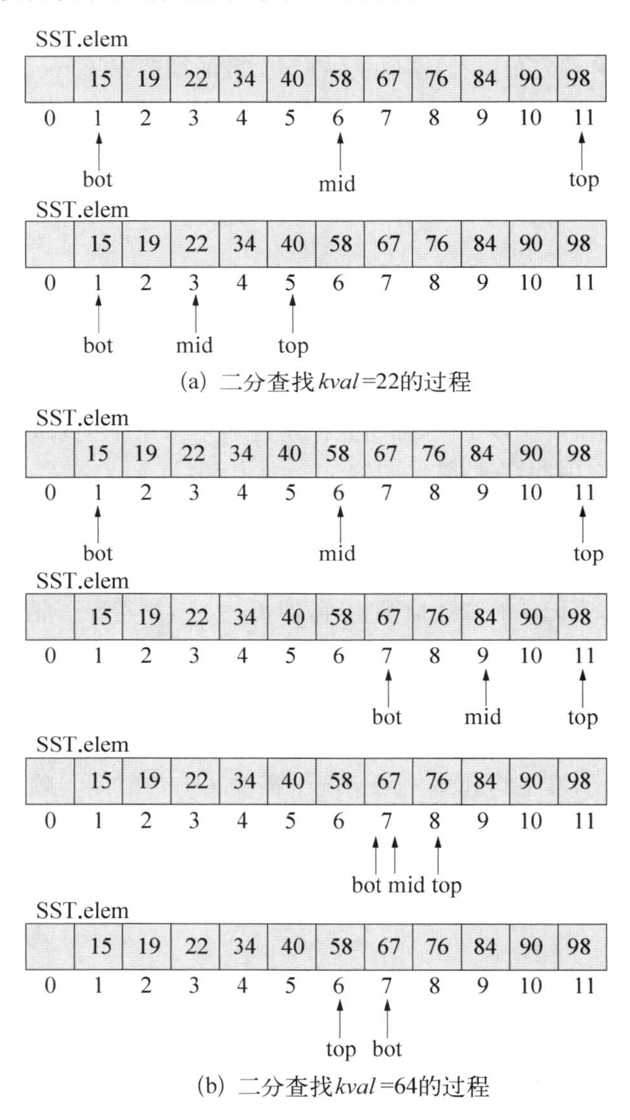

(a) 二分查找 $kval$=22的过程

(b) 二分查找 $kval$=64的过程

图7.2 有序表的二分查找过程示例

二分查找算法如算法7.2所示。

算法 7.2

```
state BinSearch(StaticSrhTable SST,KeyType kval)          //二分查找
{
    //在有序表 SST 中二分查找关键字为 kval 的记录
    //若找到,则返回记录在表中的位序;否则,返回 0
    bot = 1,top = SST.len;                                  //置查找范围初值
    while (bot<= top) {
        mid = (bot + top) / 2;
        if (SST.elem[mid].key == kval) return mid;          //查找成功
        else {
            if (SST.elem[mid].key>kval) top = mid - 1;      //前半区
            else bot = mid + 1;                             //后半区
        }
    }
    return 0;                                               //未查找到
}
```

可以用一棵二叉树来描述二分查找的过程,称此二叉树为二分查找的**判定树**。例如对上述含 11 个记录的有序表,其二分查找过程可如图 7.3 所示判定树表示。

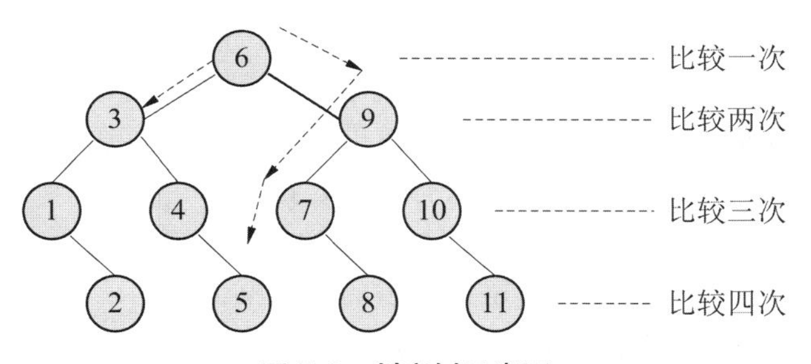

图 7.3 判定树示意图

二叉树中结点内的数值表示有序表中记录的序号(下标),如:二叉树的根结点表示有序表中第 6 个记录,图中的两条虚线分别表示上述查找关键字等于 22 和 64 记录的过程,虚线经过的结点正是查找过程中和给定值比较过的记录,因此记录在判定树上的"层次"恰为找到此记录时所需进行的比较次数。例如在长度为 11 的表中查找第 5 个记录时需要的比较次数为 4,因为该记录在判定树上位于第 4 层,查找过程中给定值先后和表中第 6、第 3、第 4 和第 5 个记录的关键字相比较。假设每个记录的查找概率相同,则从图 7.3 所示判定树可知,对长度为 11 的有序表进行二分查找的平均查找长度为

$$ASL = \frac{1 \times 1 + 2 \times 2 + 3 \times 4 + 4 \times 4}{11} = \frac{33}{11} = 3$$

一般情况下,假设有序表的长度为 $n = 2^h - 1$,则在每个记录的查找概率都相等的情况下,可证明得到折半查找的平均查找长度为

$$ASL_{bs} = \frac{n+1}{n}\log_2(n+1) - 1 \tag{7.4}$$

对于任意表长 n 大于 50 的有序表，其二分查找的平均查找长度近似为

$$ASL_{bs} \approx \log_2(n+1) - 1 \tag{7.5}$$

可见，二分查找的效率要好于顺序查找，特别在表长较大时，其差别更大。但是二分查找只能对顺序存储结构的有序表进行。对需要频繁进行查找操作的应用来说，以一次排序的投入而使多次查找获益，显然是合算的。

进一步讨论，如果我们对关键码值的分布一无所知，那么二分法检索是查找一个已排序的表的最好算法。然而，有时候我们对关键码值的分布是有预期的。

例如，考虑这样一个案例：在一部很大的词典中查找名字。很显然没有人会使用顺序查找，但也不会完全使用二叉查找，因为人们一般对字典中字母的大概分布是有经验的。因此，人们会使用二分法检索的一种改进形式：即查找并不从词典的中间位置开始，而是根据预期进行估算的位置。如果要查找的词以'S'开头，则查找者会估计到以'S'开头的词条大约在词典的四分之三处开始。于是，他就会先翻到词典的四分之三处，然后根据看到的内容决定接下来翻的方向。

也就是说，人们一般根据关键码值预期分布的知识"计算出"接下来向哪里翻。这种经过计算的二分法检索的形式称为**字典检索**（Dictionary Search）或者**插值检索**（Interpolation Search）。

字典检索试图利用存储在表中记录的关键码值预期分布的知识，对待查关键码进行估计，得到其在表中的预期位置，并且首先检查这个位置。当这个位置的关键码值和待查关键码比较后，就会排除这个位置上面或者下面的所有记录。然后可以在剩余的关键码区间内继续估计新的位置，并通过和待查关键码的比较进一步缩小查找范围。这个过程不断持续，直到找到需要的记录为止，或者表缩小到没有记录为止。

当预期的关键码值分布符合实际分布时，字典检索比二分法检索更有效率。如果预期的分布与实际分布有显著的差异，那么字典检索的效率就会很差。例如，想象一下你在电话簿中检索名字"Young"。一般会到靠近电话薄的后面去找。如果发现该位置是一个以"Z"开头的名字，你就会稍微再向前翻一点。如果下一个找到的名字仍然以"Z"开头，就会继续向前翻一点，如果这本特别的电话簿不同寻常，几乎一半的条目都以"Z"开头，那么就会多次移向前端，而每次仅排除少量一些记录。在最极端的情况下，如果对关键码值分布的预期很差，字典检索的性能可能并不比顺序检索好多少。

7.2.3 索引查找

了解了顺序查找和二分查找，下面介绍性能介于顺序查找和二分查找之间，适合对关键字"**分块有序**"的查找表进行查找的算法——**索引查找**。

所谓"分块有序"是指查找表中的记录可按其关键字的大小分成若干"块"，且"前一块"中的最大关键字小于"后一块"中的最小关键字，而各块内部的关键字不一定有序。

例 7.3 已知如图 7.4 中的查找表符合分块有序的原则，第一块中最大关键字 17 小于第二块中最小关键字 21，第二块中最大关键字 26 小于第三块中最小关键字 29，依次类推。

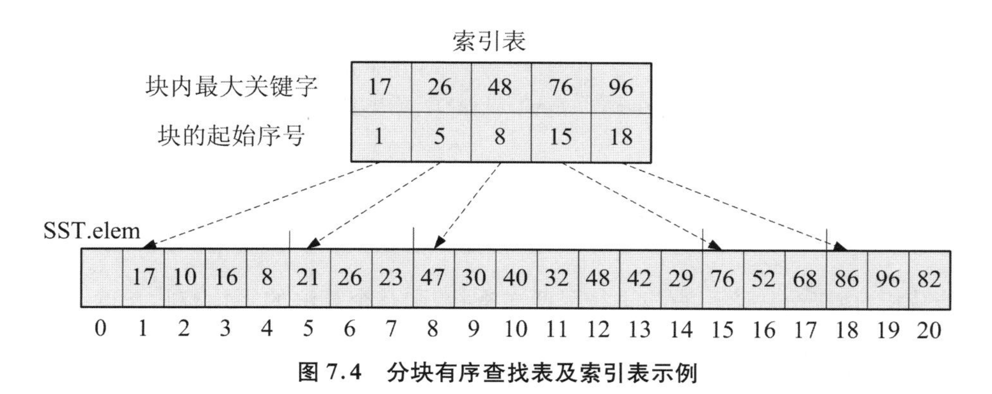

图 7.4　分块有序查找表及索引表示例

索引顺序查找的基本思想是:先从各块中抽取最大关键字构成一个索引表。由于查找表分块有序,则索引表为有序表。查找过程分两步进行:先在索引表中进行二分或顺序查找,以确定待查记录"所在块";然后在已确定的那一块中进行顺序查找。

例如,给定值 $kval = 48$ 时,从对图 7.4 中索引表进行查找的结果得知,若存在关键字等于 48 的记录,则必在顺序表的第 3 块中,由索引表给出的第 3 块起始序号(8)起,进行顺序查找,便可找到地址单元编号为 12 的该记录;若给定值 $kval = 90$,同样由索引确定,需要在顺序表中进行查找的块号为 5,接着由于在第 5 块中没有找到关键字等于 90 的记录,表明在整个查找表中不存在此记录。

分块索引查找如算法 7.3 所示。

算法 7.3

```
state BlkInxSearch(StaticSrhTable SST,InxTab Inx,KeyType kval)
{
    //在顺序表 SST 中分块查找关键字为 kval 的记录,其中 Inx 为索引表
    //若找到,则返回记录在表中的位序;否则,返回 0

    bot = 1,top = Inx.len,blFound = FALSE;              //置查找范围初值
    if (kval>Inx.elem[top].key) return 0;               //越界

    while (bot<=top && !blFound) {
        mid = (bot + top) / 2;
        if (Inx.elem[mid].key == kval) {                //查找成功
            blFound = TRUE;bot = mid;                   //bot 所指的为目标块
        }
        else {
          if (Inx.elem[mid].key>kval) top = mid - 1;    //前半区
          else bot = mid + 1;                           //后半区
        }
    }                                                   //退出循环时,bot 所指的为目标块
    bn = Inx.elem[bot].StartAdd;                        //bot 块的起始地址
```

```
    if (bot<Inx.len) en = Inx.elem[bot + 1].StartAdd - 1;
    else en = SST.len;                                   //bot 块的截止地址
    for (i = bn;(i< = en) && (SST.elem[i].key ! = kval); i++);
    if (i< = en) return i;
    return 0;                                            //未查找到
}
```

性能分析:由于分块索引查找进行了两次查找,则整个算法的平均查找长度是两次查找的平均查找长度之和。假设索引表的长度为 b,顺序表的长度为 n,若以二分查找来确定块,则整个索引查找的平均查找长度为

$$ASL_{\text{IndexSeq}}(n) = ASL_{\text{Index}}(b) + ASL_{\text{Seq}}\left(\frac{n}{b}\right) \approx \log_2(b+1) - 1 + \frac{\frac{n}{b}+1}{2} \tag{7.6}$$

要注意的是,进行索引顺序查找时,不一定要将顺序表等分成若干块并提取每块的最大关键字作为索引项,有时也可根据顺序表中关键字的特征来分块。例如对于学生记录的顺序表,可以按“院/系”或“班号”等。

7.3 动态查找表

先看一个示例:某药品管理系统,它有一个“药品名称表”供医院人员使用。显然,对每一批新进的药品,首先“查找”是否存在该类药品,若存在,则只需添加该类药品的数量即可;否则,需要在表中“插入”新的药品名称。反之,当医院不再使用这种药品后,需将该药品名称从表中“删除”。这样,在这类系统中,查找表并不是一次性生成的,而是在应用中逐渐变化形成的。通常称这种在程序运行过程中动态生成的查找表为**动态查找表**。

7.3.1 二叉查找树

二叉查找树(Binary Search Tree)又称**二叉检索树**,对于其任何一个结点,设其值为 K,则该结点左子树的任意一个结点的值都小于 K;该结点右子树的任意一个结点的值都大于或等于 K。

图 7.5 给出了对应一组数值的两个二叉查找树。按照(37,24,42,7,2,40,42,32,120)的顺序将各个结点插入,得到二叉树(a)。按照(120,42,42,7,2,32,37,24,40)的顺序将各个结点插入,则得到二叉树(b)。二叉查找树的特点就是,如果按照中序遍历将各个结点打印出来,就会得到由小到大的排列。

在图 7.5(a)二叉树中查找值 32。由于 32 小于根结点的值 37,查找过程进入左子树。由于 32 比 24 大,接着查找 24 的右子树。此时找到了包含值 32 的结点。如果查找值为 35,查找的路径是相同的,直到找到包含 32 的结点。由于这个结点没有子结点,我们可以判断

出 35 不存在于这个二叉查找树的任意一个结点中。

二叉查找树的检索算法为：从根结点开始，在二叉查找树中查找值 K。如果根结点存储的值为 K，则检索结束，如果不是，则必须查找树的更深层。二叉查找树的效率就在于只需要查找两个子树之一。如果 K 小于根结点的值，则只需查找左子树；如果 K 大于根结点的值，就只查找右子树。这个过程一直持续到 K 被找到或者遇到了空子树。如果遇到空子树仍没有发现 K，那么 K 就不在这个二叉查找树中。

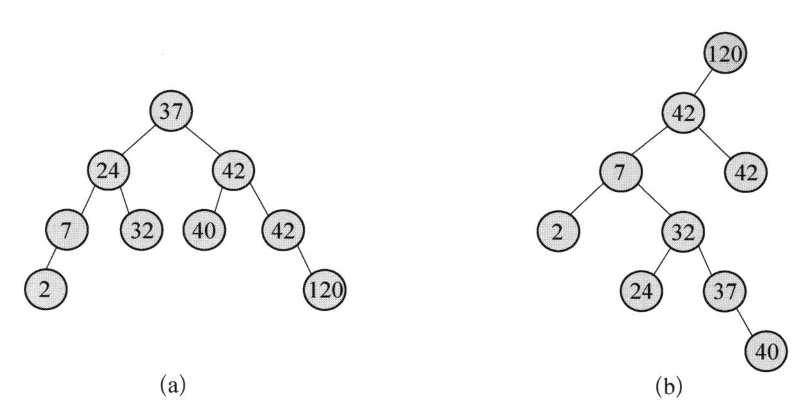

图 7.5　一组给定数的两个二叉查找树

二叉查找树的检索如算法 7.4 所示。

算法 7.4

```
Bool BinSrTree(BiTree BT,KeyType kval,BiTree &p,BiTree &f)
{   //二叉查找算法
    //在根指针 BT 所指二叉检索树中查找关键字为 kval 的记录。
      若找到,则指针 p 指向该记录并返回 TRUE;否则,返回 FALSE。
      指针 f 指向 p 所指记录的双亲记录;若查找失败则 p 为空指针,f 则为这个空指针的双亲。
    p = BT;                                      // p 指向树中某个结点,f 指向其双亲结点
    while (p) {
        if (p->data.key == kval) return TRUE;          //查找成功
        else {
            f = p;
            if (p->data.key>kval) p = p->lChild;       //查找左子树
            else p = p->rChild;                        //查找右子树
        }
    }
    return FALSE;                                      //未查找到
}// BinSrTree
```

当值 K 不在树中时，须进行插入操作。插入一个值 K 时，首先必须找出它应该放在树的什么地方。这就把我们带到一个叶结点或者一个分支结点，它在恰当的方向上没有子结点，记这个结点为 R。接着，把一个包含 K 的结点作为 R 的子结点加上去。图 7.6 展现了

这个操作。值 35 作为包含值 32 结点的右子结点被加上去。

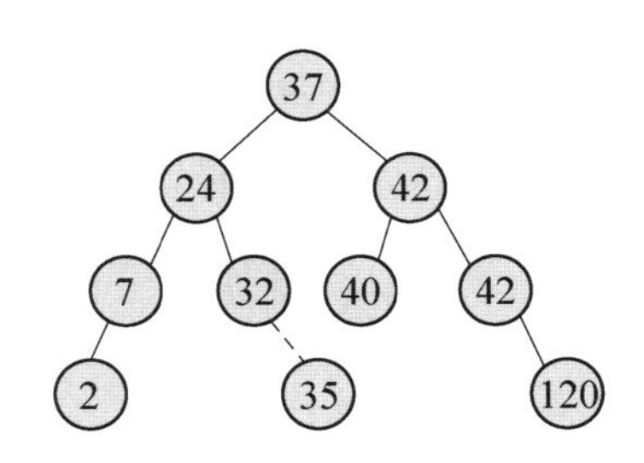

图 7.6　二叉查找树中插入值为 35 的结点

二叉查找树的插入如算法 7.5 所示。

算法 7.5

```
Bool BinSrTree_Ins(BiTree &BT,KeyType kval)     //二叉查找之插入
{
    //当二叉查找树 BT 中不存在关键字为 kval 的记录时，插入之并返回 TRUE
    //否则，不进行插入操作并返回 FALSE
    f = NULL;
    if (BinSrTree(BT,kval,p,f)) return FALSE;  //不插入
    else {
        t = new BiTNode;
        t->data.key = kval;t->lChild = t->rChild = NULL;
        if (!f) BT = t;                      //空树时为根结点
        else if (kval<f->data.key)
                f->lChild = t;               //为左孩子
            else f->rChild = t;              //为右孩子
        return TURE;
    }
}//BinSrTree_Ins
```

二叉查找树的形状取决于各个元素被插入二叉树的先后顺序。一个新的元素作为一个新的叶结点被添加到二叉树中，有可能增加树的深度，但不涉及树的整体改动。极端的情况下，一个包含 n 个结点的二叉查找树其高度可能达到 n，即每层只有 1 个结点。例如，所有元素按照已排列有序的顺序插入时，这种情况就会发生。一般来讲，结点总数一定的二叉查找树，其高度越小越好，因为查找总是经历从根结点到空子树结点的一条路径。

那么，又如何从二叉查找树中删除一个结点呢？显然，要求删除结点之后的二叉查找树仍然保持查找树的特性。可以分三种情况来分析：

(1) 假设被删除的结点的度为 0，如图 7.5(a)中关键字为 2 或 120 等结点。容易看出，删除这类结点不会影响到和其他结点之间的关系，由此只需要将它们的双亲结点的左指针或右指针置空即可。

(2) 假设被删除的结点的度为1,只有非空左子树或者非空右子树,如图7.5(a)中关键字为7或42等结点。此时删除结点之后只影响其双亲和它们的左或右子树之间的关系,则只需要将被删结点的非空左或右子树挂到其双亲结点上即可。

(3) 第三种情况则是一般情况,即被删结点左右子树都不为空,如图7.5(a)中关键字为24或37等结点。为不增加查找树的深度,可以这样处理:以其左子树中关键字最大的结点替代被删结点,即以左子树上关键字最大的结点中的数据元素顶替被删结点中的数据元素,然后从左子树中删除这个关键字最大的结点,由于该结点的右子树为空(否则它就不是左子树中关键字最大的结点),适用于上述第(2)种情况进行处理。同理,也可以用右子树中关键字最小的结点替代被删结点。

二叉查找树的删除如算法7.6所示。

算法 7.6

```
Bool BinSrTree_Del(BiTree &BT,KeyType kval)        //二叉查找之删除
{
    //当二叉检索树BT中存在关键字为kval的记录时,删除之并返回TRUE
    //否则,不进行删除操作并返回FALSE
    f = NULL;
    if (!BinSrTree(BT,kval,p,f)) return FALSE;     // 不删除
    if (p->lChild && p->rChild) {                  //度为2,左右子树都非空
        q = p;t = p->lChild;
        while (t->rChild) {q = t;t = t->rChild;}
        p->data = t->data;                         // t指向左子树中关键字最大的结点
        if (q != p) q->rChild = t->lChild;
        else q->lChild = t->lChild;                // t结点为p结点的左子树根
        free(t);
    }
    else {                                         //度<=1
        q = p;
        if (!p->rChild) p = p->lChild;             //右子树为空,挂其左子树
        else p = p->rChild;                        //左子树为空,挂其右子树
        if(!f)BT = p;                              //删除的是根结点
        else{
          if(q == f->lchild) f->lchild = p;
          else f->rchild = p;
        }
        delete q;
    }
}// BinSrTree_Del
```

当二叉树中没有重复值出现时,用左子树的最大值还是右子树中的最小值来代替并没有什么区别。如果有重复的值,那么我们就应该从右子树中选择替代者。究其原因,假设左

子树中的最大值为 G,如果左子树的其他结点也有值 G,那么选择 G 替代作为根结点就会导致一个二叉树的左子树中具有与根结点值 G 相同的结点,假如图 7.5(b)中我们使用左子树中的最大值 42 来替换 120,这种错误就出现了。从右子树中选择最小值就不会有类似的问题,因为具有相同值的结点只出现在右子树中,这样操作不会破坏二叉查找树的性质。

图 7.7 为用结点右子树中的最小值 40 来代替值 37。

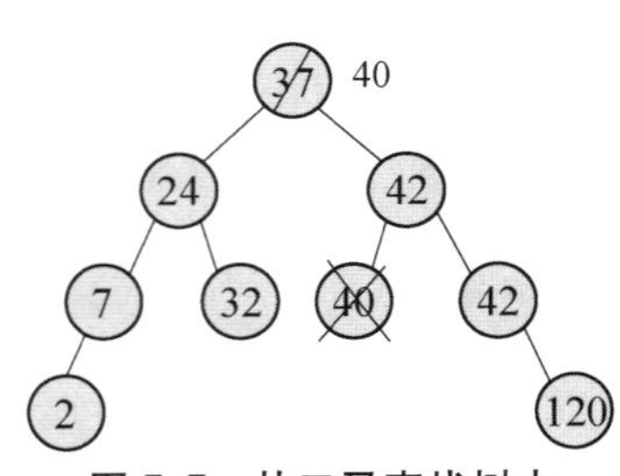

图 7.7　从二叉查找树中删除值 37 示例

性能分析:在上述对查找树查找、插入和删除操作中,任意一个操作的最差情况都等于该树的深度。这就要求尽量保持二叉查找树的平衡,即使其高度尽可能小。如果二叉树是均衡的,则有 n 个结点的二叉树的高度大约为 $\log_2 n$。但是如果二叉树完全不均衡,每层只有 1 个结点,则其高度可达到 n。因而,均衡二叉查找树每次操作的平均时间代价为 $O(\log_2 n)$,而严重不均衡的二叉检索树在最差情况下平均每次操作时间代价为 $O(n)$。假设我们按照一个一个地插入的方法创建一个有 n 个结点的二叉查找树,并且很幸运地每个结点的插入都使树保持平衡("随机"的顺序有可能较好地实现这种目的),那么每次插入的平均时间代价为 $O(\log_2 n)$,总代价为 $O(n \cdot \log_2 n)$。但是,如果结点按照递增的顺序插入,就会得到一条高度为 n 的二叉查找树,插入的时间总代价为 $O(n^2)$。

可以证明,平均情况下,二叉查找树的平均查找长度为

$$P(n) = 2\,\frac{n+1}{n}\log_2 n + C \tag{7.7}$$

进一步,当查找表对查找性能要求比较高时,需要在生成二叉查找树的过程中进行"平衡旋转操作",使所生成的二叉查找树始终保持"平衡"状态,即**平衡二叉(查找)树**。

图 7.8 给出了不同形态的二叉查找树。各图的平均查找长度如下:

$$\text{(a) ASL} = \frac{1\times1+2\times1+3\times1+4\times1+5\times1}{5} = 3$$

$$\text{(b) ASL} = \frac{1\times1+2\times2+3\times2}{5} = 2.2$$

$$\text{(c) ASL} = \frac{1\times1+2\times2+3\times4+4\times2+5\times1+6\times1}{11} = 3.27$$

$$\text{(d) ASL} = \frac{1\times1+2\times2+3\times4+4\times4}{11} = 3$$

从计算结果来看,平衡二叉树的平均查找长度显然要小很多,那么怎样在生成查找树过程中保持二叉树的平衡呢?首先我们给出平衡二叉树的定义:

平衡二叉树(Balanced Binary Tree)又称 AVL 树。它或者是一颗空树;或者其左右子树都是平衡二叉树,且左右子树的深度之差绝对值不超过 1。若定义二叉树中每个结点的**平衡因子**(Balance Factor)为其左子树的深度减去右子树的深度,那么平衡二叉树的所有结点的平衡因子只能取值为 −1、0 和 1。

为了使二叉树在生成过程中保持平衡,当插入新结点使得某个结点的平衡因子绝对值为 2 时,就必须进行必要的处理。一般情况下,一个结点的插入可能会导致原本平衡的二叉

树会有很多结点的平衡因子会变成2或-2,但我们发现只要调整离插入点最近的一个平衡因子不满足绝对值小于等于1的结点,就可以使二叉树重新处于平衡状态。我们称这个离插入结点最近的且平衡因子不满足绝对值小于1的祖先结点为**最小子树根**。下面我们研究导致最小子树根出现的四种情况(假设A最小子树根):

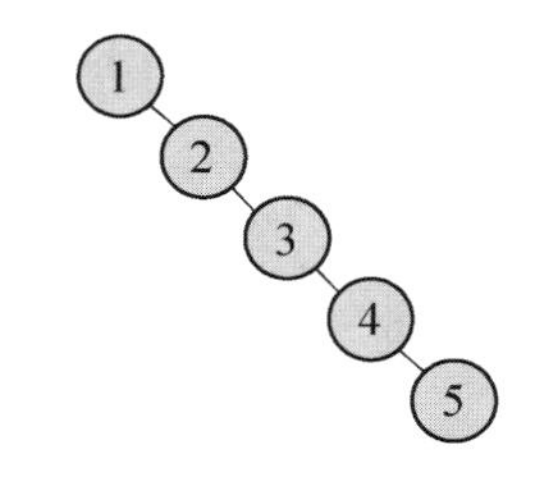

(a) 由关键字(1,2,3,4,5)生成的二叉查找树

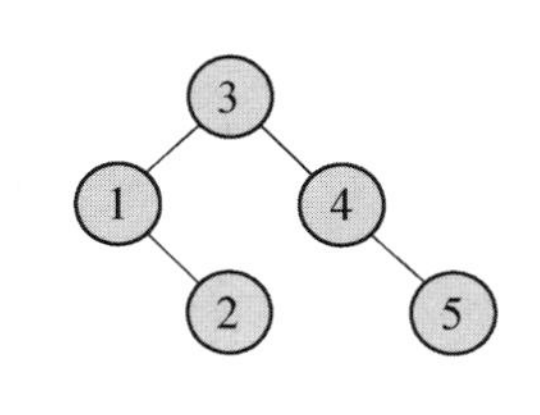

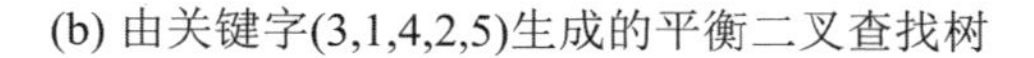

(b) 由关键字(3,1,4,2,5)生成的平衡二叉查找树

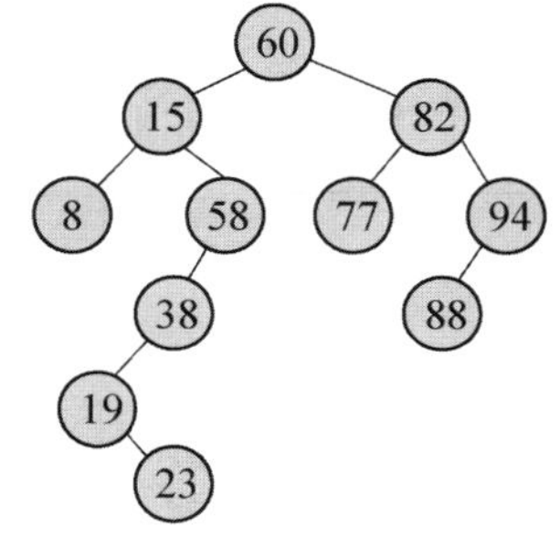

(c) 由关键字(60,15,82,8,58,77,94,38,88,19,23)生成的二叉查找树

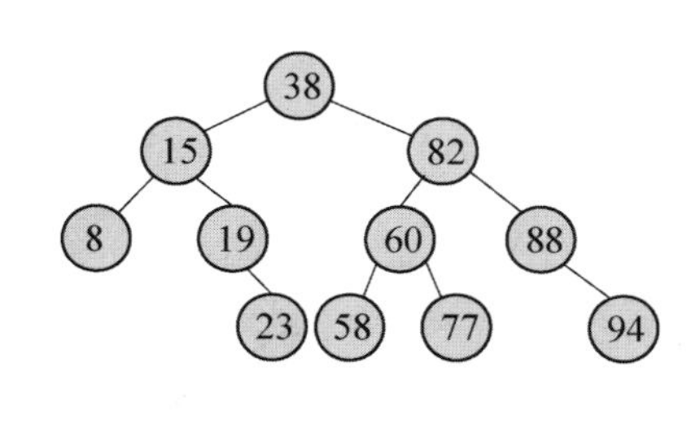

(d) 由关键字(38,60,15,82,8,58,77,88,94,19,23)生成的平衡二叉查找树

图7.8　不同形态的二叉查找树

(1) 插入结点位于最小子树根的左孩子的左子树上。这时需要围绕最小子树根进行一次向右的旋转。如图7.9(a)所示,称为LL型旋转。

(2) 插入结点位于最小子树根的右孩子的右子树上。这种情况和(1)对称,这时需要围绕最小子树根进行一次向左的旋转。如图7.9(b)所示,称为RR型旋转。

(3) 插入结点位于最小子树根的左孩子的右子树上。这时需要进行两次旋转,先围绕左孩子做一次向左旋转,再围绕最小子树根做一次向右旋转。如图7.9(c)所示,称为LR型旋转。

(4) 插入结点位于最小子树根的右孩子的左子树上。这种情况和(3)对称,需要进行两次旋转,先围绕右孩子做一次向右旋转,再围绕最小子树根做一次向左旋转。如图7.9(d)所示,称为RL型旋转。

在上述四种情况中,我们发现无论插入结点位于最小子树根结点的哪个子树上,只要通过合适的旋转,总可以使这个最小子树根结点的平衡因子重新满足绝对值小于等于1的平衡状态,并且该最小子树的深度不变。保持最小子树的深度不变这一点很重要,这就意味着通过调整后最小子树对其祖先的平衡因子都不会有影响。这也是为什么我们只需要调整最小子树根所确定的子树的原因。

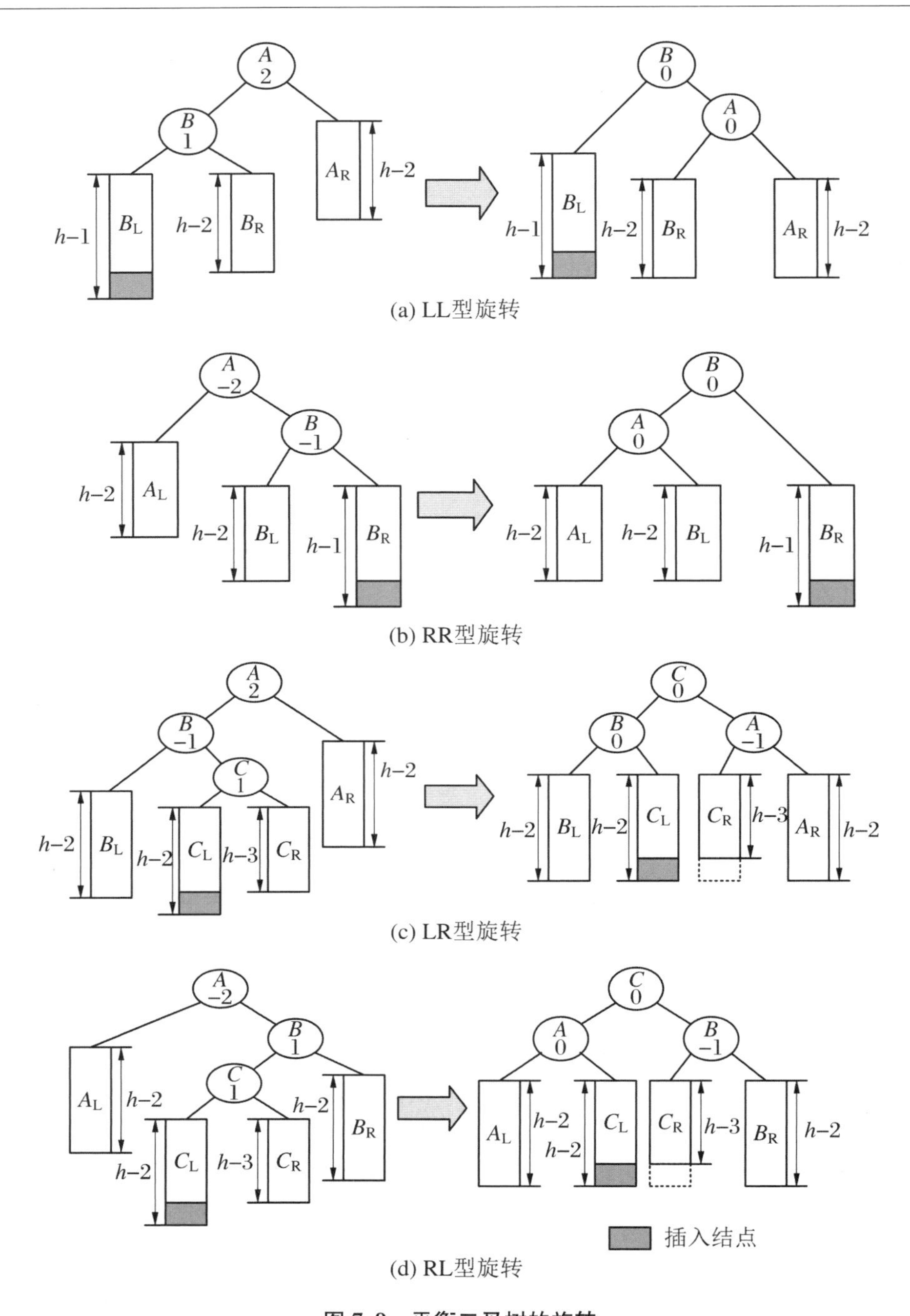

图 7.9　平衡二叉树的旋转

可以证明,在图 7.9(a)中插入前的 B_R 子树和 B_L 子树的深度是必然相等的,都是 $h-2$。因为假若 B_R 的深度为 $h-3$,而 B_L 的深度为 $h-2$,那么 B_L 插入结点增加深度后,B 的平衡因子就变成了 2,B 即成为最小子树根结点,A 就不是最小根子树结点了,这和我们最先假设 A 是最小根子树结点矛盾了;同样假若 B_R 的深度为 $h-1$,那么 B_L 插入新结点深度也增加为 $h-1$,那么以 B 为根结点的子树深度并没有增加,从而 A 的平衡因子不会变化,与先前假设矛盾。因此 B_R 的深度必然等于 B_L 的深度。同样可以确定(b)图中的 B_L 和 B_R，(c)和(d)图中的 C_L 和 C_R 也都是同深度的子树。而唯一不确定的是(c)和(d)图中新插入的结点究竟是插在 C 的左子树还是右子树，这需要在旋转实现时加以考虑。

图 7.9 中(a)和(b)情况是各经过了一次简单的旋转实现了重新平衡，旋转操作大致相同，只是方向相反，我们定义(a)图进行的旋转为右旋转(R_Rotate)，图(b)进行的旋转为左旋转(L_Rotate)；而(c)和(d)则是各经过了两次简单的旋转：(c)图先左后右，(d)图先右后左。

因此我们可以把图中四种情况的旋转归纳为由下面两个简单的旋转来实现，如算法 7.7 所示。为了实现二叉树在插入中保持平衡，我们需要在树结点结构中引入平衡因子，因此重新定义了二叉树的结点结构。

算法 7.7

```
typedef struct AVLNode{
  ElemType data;
  short int bf;  // 平衡因子
  struct AVLNode * lchild, * rchild;
} AVLNode, * AVLTree;

Bool L_Rotate(AVLTree &T)
{//对 T 为根的二叉树作左旋转,处理后 T 仍指向树根
    rchd = T->rchild;
    T->rchild = rchd->lchild;
    rchd->lchild = T;
    T = rchd;
}// L_Rotate

Bool R_Rotate(AVLTree &T)
{//对 T 为根的二叉树作右旋转,处理后 T 仍指向树根
    lchd = T->lchild;
    T->lchild = lchd->rchild;
    lchd->rchild = T;
    T = lchd;
}// R_Rotate
```

算法 7.7 中的旋转只是实现了树结构的变化，并没有考虑每个结点的平衡因子变化。而在实际平衡二叉树生成过程中是必须记录并维护每个结点的平衡因子的，因此针对图 7.9 中平衡旋转的四种情况，同时考虑旋转后各个结点平衡因子的变化，我们可以有算法 7.8 的实现。其中参数 LR 是用来区分插入结点是在最小根结点的左子树还是右子树，图中(a)、(c)都是插入在左子树，LR 取 0；图中(b)、(d)都是插入在右子树，LR 取 1。

算法 7.8

```
typedef enum {LEFT = 0,RIGHT = 1} LRtype;

void Balance(AVLTree &T,LRtype LR)
{//对 T 为最小子树根结点的二叉树做平衡旋转,处理后 T 仍指新树根
  TB = (LR == LEFT)? T->lchild:T->rchild;
  if (LR == LEFT){                       //情况(a)(c),插入在 T 左子树
    if (TB->bf == 1)                     //情况(a)
      {T->bf = TB->bf = 0;R_Rotate(T);}
    else{                                //情况(c) TB->bf == -1
      if (TB->rchild->bf == 1)           //插在 CL 上
        {T->bf = -1;TB->bf = 0;}         //置 A 的 bf = -1;B 的 bf = 0
      else if(TB->rchild->bf == -1)      //插在 CR 上
        {T->bf = 0;TB->bf = 1;}          //置 A 的 bf = 0;B 的 bf = 1
      else {T->bf = 0;TB->bf = 0;}       //插入结点是 C 本身
      TB->rchild->bf = 0;                //置 C 的 bf = 0
      L_Rotate(T->child);R_Rotate(T);    //先左后右两次旋转
    }
  }
  else{                                  //情况(b)(d),插入在 T 右子树
    if (TB->bf == -1)                    //情况(b)
      {T->bf = TB->bf = 0;L_Rotate(T);}
    else{                                //情况(d)
      if (TB->lchild->bf == 1)           //插在 CL 上
        {T->bf = 0;TB->bf = -1;}         //置 A 的 bf = 0;B 的 bf = -1
      else if (TB->lchild->bf == -1)     //插在 CR 上
        {T->bf = 1;TB->bf = 0;}          //置 A 的 bf = 1;B 的 bf = 0
      else {T->bf = 0;TB->bf = 0;}       //插入结点是 C 本身
      TB->lchild->bf = 0;                //置 C 的 bf = 0
      R_Rotate(T->child);L_Rotate(T);    //先左后右两次旋转
    }
  }
}//Balance
```

在算法 7.8 中处理(c)、(d)情况时,除了考虑插入结点在 C_L 或 C_R 不同情况外,还考虑了一种特殊情况,即 C 结点本身为插入结点,处理方法类似。

有了算法 7.8 对二叉树的平衡处理实现后,我们就可以用递归方式在生成二叉树的过程中去始终维持二叉树的平衡了,如算法 7.9 所示。

算法 7.9

```
Status InsertAVL(AVLTree &T,ElemType e,Boolean &taller)
{//在二叉树 T 中查找 e,若存在则返回 0,否则插入 e 为新结点,并通过平衡旋转保持
  //二叉树是平衡的。参数 taller 表示插入 e 后二叉树 T 是否深度增加
  if (!T){                                    //插入新结点作为树根
    T = new AVLNode;T->data = e;
    T->lchild = T->rchild = NULL;
    T->bf = 0;taller = TRUE;                   //单个结点是平衡的,树高度增加了
    return 1;
  }
  if (e.key == T->data.key)                   //已存在的关键字,不插入
    {taller = FALSE;return 0;}
  if (e.key<T->data.key){                     //在左子树继续查找
    if (!InserverAVL(T->lchild,e,taller))return 0;  //未插入
    if (!taller)return 1;                      //未长高,返回
    switch(T->bf){                             //左子树长高了
      case -1:                                 //原左子树比右子树矮
        T->bf = 0; taller = FALSE; break;
      case 0:                                  // 原左子树和右子树一样高
        T->bf = 1; taller = TRUE; break;
      case 1:                                  //原左子树比右子树高,插入后失衡
        Balance(T,LEFT); taller = FALSE; break;
    }//switch
  }
  else{                                        // e.key>T->data.key 在右子树继续查找
    if (!InserverAVL(T->rchild,e,taller))return 0;  //未插入
    if (!taller) return 1;                     //未长高,返回
    switch(T->bf){                             //左子树长高了
      case -1:                                 //原左子树比右子树矮,插入后失衡
        Balance(T,RIGHT); taller = FALSE; break;
      case 0:                                  // 原左子树和右子树一样高
        T->bf = -1; taller = TRUE; break;
      case 1:                                  //原左子树比右子树高
        T->bf = 0; taller = FALSE; break;
    }//switch
  }
  return 1;
}//InsertAVL
```

7.3.2 键树

键树又称**数字查找树**(Digital Search Trees)。它是一种特殊的查找树,树中每个结点

不是通常意义上的关键字,而是关键字中的一个字符,从根到叶子结点的一条"路径"才对应一个关键字。例如,图 7.10 所示为一颗键树,它表示下列 6 个关键字的集合:

(we, love, China, Beijing, world, peace)

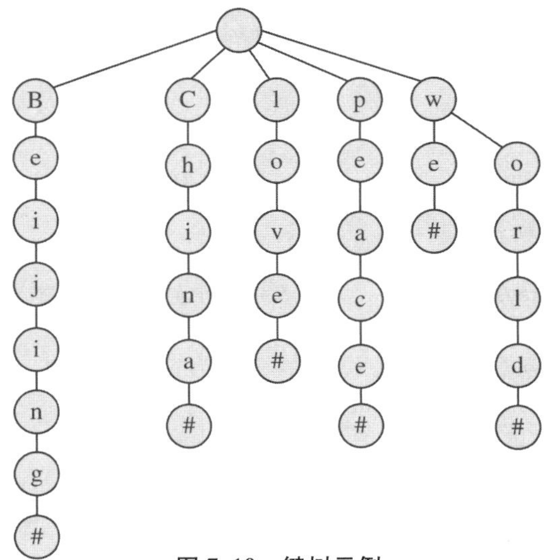

图 7.10 键树示例

容易看出,上述集合中的关键字有着明显的特点,即可以分成若干组,每一组都有相同的前缀。因此,键树也适用于数值型的关键字,此时每个结点包含一个0～9 的数位。为了查找和插入方便,通常约定键树为有序树,即同一层中兄弟结点之间依所含符号自左至右有序,并约定结束符＃小于任何字符。

在键树上进行查找的过程和二叉查找树类似,也是走了一条从根结点到叶子结点的路径,其平均查找长度和树的深度成正比。键树通常用作记录数目很大的查找表的"索引"。除此之外,还可以利用键树特有的特性实现全文检索、互联网搜索引擎的查找等。

7.3.3 哈希表

在之前的两节,我们对查找表的查找总是通过反复比较待查给定值和查找表中关键字(码)是否相等来实现查找的,这一节我们将探讨查找表的另一种完全不同的方法:根据关键码值来实现查找。

首先引入几个基本概念,把关键码值映射到查找表中的一个位置的过程称为**散列**(Hashing)。把关键码值映射到某个位置的函数称为**散列函数**(Hash Function),也称**哈希函数**,通常用 H 来表示。用来存放记录的数据结构称为**散列表**(Hash Table),也称**哈希表**。散列表中的每一个位置称为一个**槽**(Slot)。若散列表 T 中槽的数目用变量 M 表示,则槽可以从 0 到 $M-1$ 编号。散列方法的目标就是使得对于任何关键码值 K 和选定的散列函数 H,均有:$0 \leqslant H(K) \leqslant M-1$,且 $T[i].\text{key}=K, i=H(K)$。

一般来说,关键码值的空间要远大于散列表的空间 M,因此哈希函数对于不相等的关键码可能计算出相同的散列地址,我们称该现象为**冲突**(Collision)。给定一个散列函数 H 和两个关键码 k_1、k_2,如果 $H(k_1)=b=H(k_2)$,其中 b 是表中的一个槽地址,那么我们就说

k_1 和 k_2 对于 b 在散列函数 H 下有冲突。我们寻找好的哈希函数的目的就是要尽量将全部关键码均匀地映射(散列)到哈希表地址空间中，使得不同的关键码通过哈希函数计算出不同的地址。但由于关键码值的空间要远大于散列表的空间，因此在哈希表中，冲突是不可避免的，寻找好的解决冲突的方法也是构建哈希表的主要任务之一。

除了寻找好的哈希函数减少冲突之外，还可以通过增加哈希表存储空间的方法来减少冲突。假设散列表的空间大小为 M，填入表中的关键码数为 N，则称 α 为散列表的**负载因子**(load factor，或**装填因子**)：

$$\alpha = \frac{N}{M} \tag{7.8}$$

一般地，α 取值在 0.65～0.85 之间比较合理，α 过小会造成存储空间的浪费，α 过大则会加大冲突发生的概率。

通过上面的分析，我们知道要建立一个好的哈希表，需要做好两件事：第一是选择一个好的哈希函数，第二是设计一种解决冲突的方法。下面我们就从这两方面来展开介绍。

7.3.3.1　哈希函数

一般说来，我们希望选择的哈希函数能够把关键码记录比较均匀地散列到表的所有槽中以减少冲突。然而任何选定的哈希函数最终效果怎么样，还依赖于关键码值的分布情况。例如，如果输入的是关键码范围内的一组随机数，则比较容易找到一个哈希函数把输入记录散列到哈希表中。而当输入的记录关键码在整个关键码范围分布得不好时，则很难设计出一个哈希函数把记录均匀地散列到表中，尤其是事先不知道输入关键码分布的时候就更难设计哈希函数了。

选择哈希函数还有一个原则就是尽量让关键码中的所有部分都参与到函数计算中，这样，即使两个关键码在细微的部分有所不同，也可以体现到函数计算结果中，从而避免冲突。

一般地，设计哈希函数需要考虑的因素有关键码的长度、哈希表的大小、关键码分布情况等。下面给出几种常见的设计哈希函数方法。

1. 除余法

除余法就是用关键码 key 除以 P，并取余数作为散列地址，即

$$H(\text{key}) = \text{key} \bmod P$$

这里 P 一般取小于表长 M 的最大素数，主要是为了函数运算的结果能体现 key 中每一位数字。例如，若 $M=100$，我们可以取 $P=97$。如果 P 取 100，那么 $H(123)=23=H(223)$ 就会发生冲突，因为 P 取 100 时，实际上只有个位和十位在计算结果中，而百位被忽略了，就增加了冲突的可能性。

2. 平方取中法

虽然除余法是个简单的哈希函数，但由于在计算机内整数相除的运行速度通常比相乘要慢，所以也可以使用平方取中法。具体实现方法是：先计算关键码的平方值，从而扩大相近数的差别，然后根据表长度取中间的几位数作为哈希函数值。因为一个乘积的中间几位数与乘数的每一数位都相关，所以由此产生的散列地址是较为均匀的。

例如：key1＝1234，key2＝1324，key3＝1423，表长 $M=1000$，因为

$$1234^2 = 15\underline{227}56 \qquad 1324^2 = 17\underline{529}76 \qquad 1423^2 = 20\underline{249}29$$

则可以取

$$H(1234) = 227 \qquad H(1324) = 529 \qquad H(1423) = 249$$

3．数字分析法

有时候我们碰到的关键字是由很多位数字或字母组成的，数字或字母可能在某些位上分布均匀，而在另一些位上分布不均匀，那么我们可以可根据散列表的大小，选取分布比较均匀的若干数字位作为散列地址。

例如在某个地区的系统中，关键码是身份证号，我们分析一下身份证号的组成：前 1～6 数字表示省份、城市、区县的代码，在地区性系统中，其分布将非常不均匀；其 7～14 位数字表示出生年月日，很显然年月日在所在字符位上分布是不均匀的；其 15～16 位数字表示派出所的代码，相对均匀，第 17 位数字表示性别，是奇偶数表示，在该位相对均匀，第 18 位数字是校检码，分布也比较均匀，但因为出现非数字值 X，因此可以排除。通过上述分析，如果是建立 $M = 1000$ 的哈希表，则我们可以取身份证号 15～17 位的数字作为散列地址是比较合理的(图 7.11)。

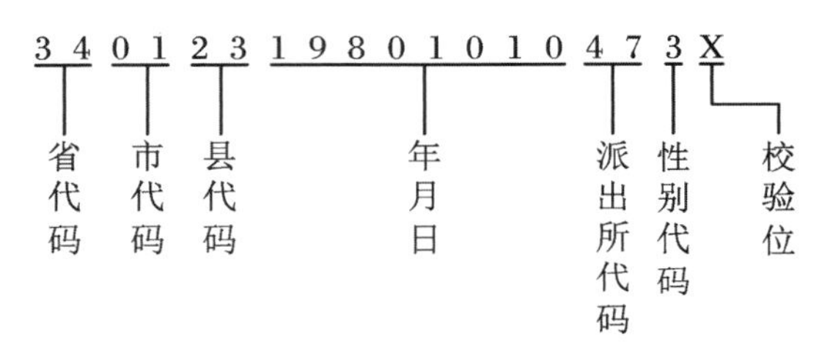

取15～17位分布较为均匀的数字(473)构成散列地址

图 7.11　字符分析法设计哈希函数

4．折叠法

有时关键码所含的位数很多，每个位置上的分布也都是均匀的，若采用平方取中法则计算太复杂了，这时可以考虑根据表长将关键码分割成位数相同的几部分，然后取这几部分的叠加和(舍去进位)作为散列地址，此方法称为折叠法。图 7.12 给出 $M = 1000$，关键码 key = 123456789 通过折叠法哈希函数获得散列地址的方法。

```
    1 2 3
    4 5 6
+   7 8 9
---------
 (1)3 6 8
```

$H(123456789)=368$

图 7.12　折叠法设计哈希函数

5．字符串哈希函数

字符串哈希函数通常是把字符串中的每个字符加以处理和计算，得到一个散列地址。如例 7.4 中的哈希函数用于处理长度为 10 的字符串关键码。

例 7.4

```
int H(char x[10]) {
    int i,sum;
    for (sum = i = 0;i<10;i++)
```

```
        sum + = (int) x[i];
    return (sum % M);
}
```

这个函数把字符串中10个字母的ASCII值加起来。如果 M 很小,它能够很好把字符串关键码散列到表中;但如果 M 较大,取模操作就可能会产生很差的分布。因为“A”的ASCII值是65,所以一个大写字母字符串的和总是在650～900之间。对于一个大小为100或者更小的散列表,就会有一个较好的分布;而对于一个大小为1000的散列表,分布就会极差。

例7.5中的ELFhash函数在Unix系统可执行链接格式(Executable and Linking Format,即ELF)中会经常用到。ELFhash函数就是对字符串的一种散列函数。它对于长字符串和短字符串都很有效,字符串中每个字符都有同样的作用,它通过巧妙地对字符的ASCII编码值进行计算,能够比较均匀地把字符串散列到查找表中。

例7.5 哈希函数ELFhash。

```
short int ELFhash(char * key)
{
    Unsigned long h = 0,g;
    while ( * key) {
        h = (h<< 4) + * key++ ;
        g = h & 0xF0000000L;           //g保留最高4 bit对应的字符
        if (g) h ^= g>> 24;
        h &= ~g;                       //清除最高4 bit
    }
    return (h % M);
}
```

7.3.3.2 解决冲突的方法

尽管哈希函数的目标是使得冲突最少,但实际上冲突一般是无法避免的。这样,哈希表的建立就必须包括某种形式的冲突解决策略。冲突解决技术可以分为两大类:**开散列方法**(Open Hashing,也称为**拉链法**,Separate Chaining)和**闭散列方法**(Closed Hashing,也称为**开地址方法**,Open Addressing)。

1. 开散列方法(拉链法)

开散列方法的一种简单形式是把散列表中的每个槽定义为一个链表的表头(这里和链表的头结点不一样,其并没有数据域,只有一个指针)。散列到一个特定槽的所有记录都放到这个槽的链表中。图7.13给出了这样的一个散列表,这个表中每一个槽存储一个指向链表的指针。

一个槽的链表中的记录可以按照多种方式排列:根据输入顺序、值的大小顺序或者访问频率的顺序。对于检索不成功的情况,根据值的大小有序排列是有好处的,因为我们一旦在

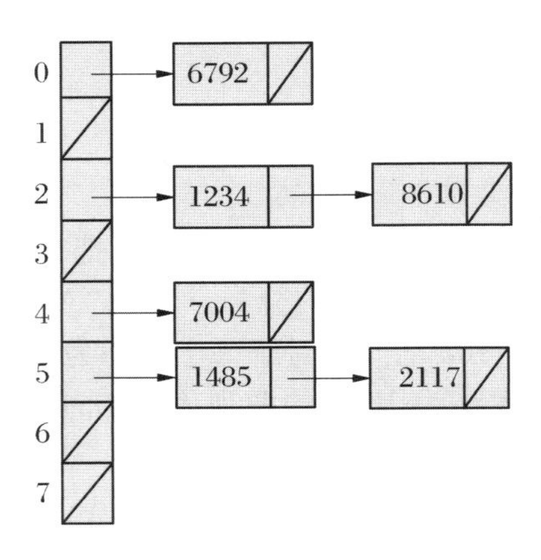

图 7.13 开散列方法说明

注：6 个数的插入顺序是 1234，6792，1485，8610，7004，2117，散列函数为 $H(k) = k \bmod 8$。

链表中遇到一个比待检索值大的关键码，我们就知道应该停止检索了。如果线性表中的记录没有排序或者根据访问频率排序，那么一次不成功的检索就需要访问完链表中的每一个记录。

给定一个大小为 M 存储 N 个记录的表，哈希函数总是尽力将 N 个记录平均散列到表中 M 个位置上，使得每一个链表中平均有 N/M 个记录，这样查找效率最高。但实际上由于哈希表很难做到完全平均散列的理想状况，那么拉链法解决冲突的哈希表其实际查找效率如何呢？我们来分析一下图 7.13 中哈希表的查找成功和不成功的平均查找长度：关键码 6792、1234、7004 和 1485 的查找长度都是 1 次，而 8610 和 2117 的查找长度为 2，则有

$$ASL_{成功} = \frac{1 \times 4 + 2 \times 2}{6} = \frac{4}{3}$$

当查找不成功的时候，分散列值 0～7 共 8 种情况。其中散列值为 1、3、6、7 时不需要和表中关键码比较，因此查找长度为 0，而散列值为 0、4 时的查找长度为 1，而散列值为 2、5 时查找长度为 2，则有

$$ASL_{不成功} = \frac{1 \times 2 + 2 \times 2}{8} = \frac{3}{4}$$

2．闭散列方法(开地址方法)

闭散列方法也称开放定址法，是把所有记录直接存储在哈希表封闭的空间中。每个记录 R(其关键码为 key)都有一个**基位置**(Home Position)，即由哈希函数计算出来的槽位置 H(key)。如果要插入一个记录 R，而另一个记录已经占据了 R 的基位置，那么就把 R 存储在表中的其他槽内，由冲突解决策略来确定是哪个槽。自然地，检索时也要像插入时一样遵循同样的策略，以便重复冲突解决的过程，找出有可能不在基位置的记录。

开放定址法处理冲突的策略如下：从基位置 $H(K)$ 开始进行探测，寻找可以存放记录的空位置，随着探测次数 i 的增加，会得到一个**探测序列**(Probe Sequence)，$H_1, H_2, \cdots, H_i$，其中 $0 \leqslant i \leqslant M-1$，只要哈希表未满，必能找到 H_i，使得 H_i 位置为空。即

$$H_i = (H(\text{key}) + p(i)) \ \% \ M, \quad 1 \leqslant i \leqslant M-1$$

其中，$p(i)$ 称为**探测函数**，它是探测次数 i 的函数，一般有以下几种取法，分别称为线性探测、二次探测和伪随机探测。

(1) $p(i) = i$，　　　　即 $p(i)$ 取值为 $1, 2, \cdots, M-1$

(2) $p(i) = (-1)^{i+1}\dfrac{i+1}{2}$，　　　　即 $p(i)$ 取值为 $1^2, -1^2, 2^2, -2^2, \cdots$

(3) $p(i)$ 取伪随机序列

图 7.14 给出了序列(15，26，17，12，20，33，22)分别按开放定址线性探测和二次探测法处理冲突的方法建立哈希表的过程。示例中使用的散列函数为 $H(k) = k \bmod 7$。在图 7.14(a)图线性探测中，可以看到当关键码 12 到来时，其基位置是 $H(12) = 5$，但此时 5 的位

置已经被 26 占用,因此开始第一次($i=1$)探测,$H_1=(H(12)+p(1))\%8=6$,6 的位置恰好空,于是 12 散列到 6 的位置。同样 33 经过 $i=1,2,3$ 三次探测,散列到 0 的位置。

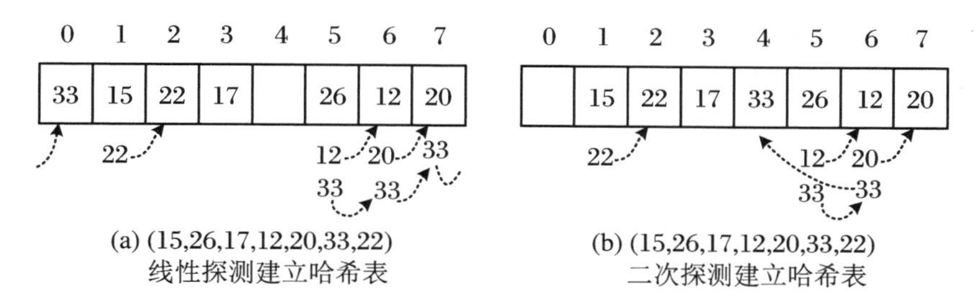

图 7.14 开放定址法建立哈希表示例

而在图 7.14(b)中采用二次探测时,关键码 12 到来时的处理和线性探测一样,其位置已经被 26 占用,因此开始第一次探测,$H_1=(H(12)+p(1))\%8=6$,6 的位置恰好空,于是 12 散列到 6 的位置。而 33 的第一次($i=1$)探测和线性探测一样为$(H(33)+p(1))\%8=6$,但第二次探测时和线性探测就不一样了,$H_2=H(33)-1^2=4$,即找到空的位置,因此散列到 4 的位置。

可以看出,探测函数 $p(i)$的实际含义是:当关键码 k 在其基位置$H(k)$发生冲突时,通过在基位置上增加一个增量 $p(i)$去尝试找一个空位置以放置关键码 k。线性探测是只向一个方向(后方)逐一探测,而二次探测则是两个方向以平方数增量探测,可见二次探测可以更快地在离开基位置更远的地方寻找空位置,这对于关键码比较集中在某一区域的情况是十分有利的。

例如在图 7.14(a)线性探测中,当 33 到来时,表中 5、6、7 位置分别放置了 26、12、20,这时候如果有哈希值为 5、6、7 的关键码将都会散列到 0 的位置,于是下一个关键码散列到 0 位置的概率要远高于其他的空单元,线性探查的这种把关键码聚集到一起的倾向称为**基本聚集**(Primary Clustering)。小的聚集可能汇合成大的聚集,使得问题更糟糕。基本聚集最终会导致很长的探测序列。所以使用二次探测可以减少基本聚集的情况出现,因为二次探测可以让探测位置快速离开基位置,同样伪随机探测也有同样的效果,可以避免基本聚集。也有使用 $H_i=(h(K)+ic) \bmod M$ 探测序列的,其中 c 是常数。但要注意常数 c 必须与 M 互质,否则可能使得探查序列不能访问到表中所有的槽。

下面分析一下闭散列方法处理冲突哈希表的查找效率。

图 7.14(a)中,15、26、17 的查找长度是 1,12、20、22 的查找长度是 2,33 的查找长度是 4,如表 7.1 所示,因此其查找成功的平均查找长度为

$$ASL_{成功}=\frac{1\times 3+2\times 3+4}{7}=\frac{13}{7}$$

表 7.1 查找成功情况下,各关键码的查找长度

关键码	15	26	17	12	20	33	22	ASL
线性探测查找长度	1	1	1	2	2	4	2	13/7
二次探测查找长度	1	1	1	2	2	3	2	12/7

对于查找不成功的平均查找长度的计算，也就是不在哈希表中的关键码的平均查找次数。那么不在哈希表中的关键码根据哈希函数散列值一共有 7 种情况 0～6，如果是一个关键码其哈希函数值为 0，那么该关键码需要分别和 33，15，22，17 比较不等后，和 4 位置的空关键码比，因此一共需要比较 5 次才能确定关键码不在此查找表中，同样哈希值为 1～6 的关键码其在查找不成功前分别完成比较的次数分别为 4、3、2、1、8、7 次，因此其查找不成功的平均查找长度为

$$ASL_{不成功} = \frac{5+4+3+2+1+8+7}{7} = \frac{30}{7}$$

可见闭散列对于不在查找表中的关键码的查找效率还是非常低的。

对于图 7.14(b)中的二次探测处理冲突的哈希表平均查找长度的计算和线性探测类似，平均查找长度为

$$ASL_{成功} = \frac{1\times 3+2\times 3+3}{7} = \frac{12}{7}$$

其查找不成功的计算方法和线性探测方法也类似，但由于 $p(i)$增量是按平方数增加，加上本例中装填因子比较大，因此很难定位到唯一的一个空位置。因此在使用二次探测的时候要特别注意是否存在查找不在查找表中的关键码的情况，如果有就要慎用。

3. 改进的闭散列冲突解决方法

从前面的分析知道，二次探测或伪随机探测都能够消除基本聚集。然而，如果若干个关键码散列到同一个基位置，那么它们就会具有同样的探测序列，即共享同一个探测序列。这是因为无论是伪随机探测还是二次探查产生的探查序列只是基位置和探测次数 i 的函数 $H_i=(H(\text{key})+p(i)) \bmod M$，而与关键码的值无关(因为 $H(\text{key})$都一样)，这样即使原关键码不同，但他们的探测序列仍然是完全一样的。于是这些关键码在探测过程中也一直会冲突下去。这种因哈希函数在一个特定基位置导致的聚集称为**二级聚集**(Secondary Clustering)。

为了避免二级聚集，我们需要使得探测函数 p 与关键码值发生关系，而不仅仅是探测次数和基位置的函数。于是探测函数的一般形式可以改为如下形式：

$$p(k,i) = i * h_2(k)$$

其中 h_2 是关键码的某种函数，这种解决冲突的探测方法称为**双散列方法**(Double Hashing)。

例如一个散列表的大小是 $M=100$，有 3 个关键码 $k_1=5, k_2=2, k_3=4$，若 $H(k_1)=30, H(k_2)=28, H(k_3)=30$，取 $h_2(k)=k$，则 $p(k,i)=i*k$。那么 k_1 的探测序列就是 30，35，40，45，…，k_2 的探测序列就是 28，30，32，34，…，k_3 的探测序列是 30，34，38，42，…，这样就没有关键码会共享同一个探测序列了。k_1 和 k_3 虽然有相同的哈希函数值即基地址，但因 k 不同，在双散列方法下探测序列也就不同了。

双散列方法的一个好的实现应当保证所有探测序列常数都与表的大小 M 互素。这很容易就能够做到。一种方法就是选择 M 是一个素数，h_2 返回的值满足 $1 \leqslant h_2(k) \leqslant M-1$。

7.3.3.3 哈希表的操作及实现

在哈希表中查找一个带有关键码 K 的记录包括两个过程：

（1）计算槽的位置 $H(K)$。

（2）从槽 $H(K)$ 开始，使用一种**冲突解决策略**(Collision Resolution Policy)定位包含关键码 K 的记录。

在哈希表中插入一个带关键码 K 的记录过程也是首先完成一个上述的查找过程，并且在查找失败的情况下，把待插入的记录存储在最后查找失败的空位置上。如果查找成功则无需插入(这里假定不允许出现关键码相同的记录)。

对于开散列的哈希表来说，冲突的关键码都在一个链表上，因此使用的冲突解决策略就是在链表上逐个查找直至链表结束，我们可以通过下面的数据结构来实现：

```
typedef struct {
    ElemType  data;
    LHNode  * next;             //记录数
}LHNode, * LHptr;
typedef struct {
    LHptr  * elem;
    int  count;                 //记录数
    int  size;                  //哈希表容量
} LHashTable;
```

下面给出基于上面的数据结构实现的开散列哈希表的查找和插入操作。

算法 7.10　开散列哈希表的查找。

```
LHptr SearchLHash(LhashTable H,KeyType K,LHptr &q){
    //在开散列哈希表H中查找关键码K,如果查到返回该结点指针,q指向前驱(无前驱时q为NULL)
    //如果查找不成功,返回NULL,同时q指向链表尾部结点或NULL
    p = H.elem[Hash(K)];        //获取链表头指针
    q = NULL;
    while(p && p->data.key! = K){q = p;p = p->next;}
    return p;
}//SearchLHash
```

算法 7.11　开散列哈希表的插入。

```
Bool InsertLHash(LhashTable &H,ElemType e){
    //在开散列哈希表H中插入记录e,如果插入成功,返回TRUE
    //如果插入不成功(如已经有该关键码元素),返回FALSE
    q = NULL;
    if(SearchLHash(H,e.key,q))return FALSE;   //已存在该关键码
    s = new LHNode;
    s->data = e;s->next = NULL;
```

```
    if(q)q->next=s;
    else H.elem[Hash(e.key)]=s;          //e是该槽的第一个元素
    H.count++;
    return TRUE;
}//InsertLHash
```

算法 7.12 开散列哈希表的删除。

```
Bool DeleteLHash(LhashTable &H,ElemType e){
    //在开散列哈希表H中删除记录e,如果删除成功,返回TRUE
    //如果删除不成功,返回FALSE
    q=NULL;
    if(!(p=SearchLHash(H,e.key,q)))return FALSE;   //没找到该关键码
    if(q)
        q->next=p->next;                           //q的next指向p后继
    else
        H.elem[Hash(e.key)]=p->next;               //e是该槽第一个元素
    delete p;
    H.count--;
    return TRUE;
}//DeleteLHash
```

上述开散列哈希表的删除操作中要注意,当删除某个槽的第一个节点时,需要将该槽的头指针指向被删除结点的下一个结点。

对于闭散列的哈希表,我们可以使用下面的数据结构来实现哈希表的存储。

```
typedef struct{
    ElemType   *elem;   //记录存储基址
    int   count;        //记录数
    int   size;         //哈希表容量
}OHashTable;
```

算法 7.13 闭散列哈希表的查找操作。

```
Bool SearchOHash(OHashTable H,KeyType K,int &p){
    // 在开放定址哈希表H中查找关键码为K的元素
    // 若查找成功,以p指示位置,并返回TRUE
    // 否则,以p指示插入位置(空key),并返回FALSE
    p=Hash(K);i=0;                         //求得哈希地址,冲突探测次数i
    while((H.elem[p].key!=NULLKEY)&&(H.elem[p].key)!=K)
        collision(p,++i);                  //collision探测方法,求下一探查地址p
```

```
    if(H.elem[p].key == K)return TRUE;      //查找成功,p返回待查数据元素位置
    else return FALSE;                      //查找不成功
}//SearchOHash
```

算法 7.14 闭散列哈希表的插入操作。

```
Bool InsertOHash(OHashTable &H,ElemType e){
    //查找不成功时插入数据元素 e 到哈希表中,并返回 TRUE;否则返回 FALSE
    if(SearchOHash(H,e.key,p))return FALSE;
                                            // 表中已有与 e 有相同关键字的元素
    H.elem[p] = e; ++H.count;
    return TRUE;                            // 插入 e
}//InsertOHash
```

算法 7.15 闭散列哈希表的删除操作。

```
Bool DeleteOHash(OHashTable &H,ElemType e){
    //查找成功时删除数据元素 e,并返回 TRUE;否则返回 FALSE
    if(!SearchOHash(H,e.key,p))return FALSE;
                                            // 表中没有与 e 有相同关键字的元素
    H.elem[p] = TOMBKEY; --H.count;         //设置墓碑
    return TRUE;                            // 插入 e
}//DeleteOHash
```

当从散列表中删除记录的时候。有两点是需要特别考虑的：

(1) 删除一个记录一定不能影响后面的检索。也就是说，检索过程必须仍然能够通过新清空的槽。这样，删除过程就不能简单地把槽标记为空(NULLKEY)，因为这样会隔离探测序列后面的记录。例如，在图 7.14(a)中，关键码 26 和 12 都散列到第 5 个槽。根据冲突解决策略，把关键码 12 放到第 6 个槽中。如果从表中删除 26，则对 12 的检索必须仍能探到第 6 个槽。

(2) 散列表中的槽在记录删除以后要依然可用，释放的槽应该能够在将来插入时使用。

通过在被删除记录的位置上放一个特殊标记，就可以解决上面这两个问题了，这个标记常被称为**墓碑**(Tomb Stone)。墓碑标志一个记录曾经占用过这个槽，但是现在已经不再占用了。引入墓碑后，查找时如果遇到一个墓碑，查找过程应该继续下去；而当插入时遇到一个墓碑，则可以将新记录存储在该墓碑。然而，为了避免插入两个相同的关键码，插入时的查找过程也是不能在墓碑的槽停止的。也就是说，在插入新记录时，先查找到空位置(NULLKEY)以确定没有该关键码记录，然后再把新记录插入到之前碰到的第一个墓碑处(如果有)。因此针对有删除操作的闭散列哈希表的查找操作需要做如下修改(算法 7.16)。

算法 7.16 考虑删除和插入的闭散列哈希表查找操作。

```
Bool SearchOHash1(OHashTable H,KeyType K,int &p){
    // 在开放定址哈希表 H 中查找关键码为 K 的元素
    // 若查找成功,以 p 指示位置,并返回 TRUE
    // 否则,以 p 指示插入位置(墓碑或空 key 处),并返回 FALSE
    p=Hash(K);q=i=0;                              //求得哈希地址,冲突探测次数 i
    while((H.elem[p].key!=NULLKEY)&&(H.elem[p].key)!=K){
        if(H.elem[p].key==TOMBKEY)q=(q)? q:p;     //q 保存第一个墓碑
        collision(p,++i);                         //collision 探测方法,求下一探查地址 p
    }
    if(H.elem[p].key==K)return TRUE;              //查找成功,p 返回待查数据元素位置
    else {p=q;return FALSE;}                      //查找不成功,p 指向第一个墓碑
}//SearchOHash1
```

墓碑的使用使得检索和删除都能正常进行,然而,经过一系列交替的插入、删除操作之后,有些槽仍然包含墓碑,这将会增加记录的查找长度,可以考虑在删除时进行一次局部重组,以缩小查找长度。例如,在删除一个关键码之后,继续深入这个关键码的探测序列,把探测序列中后面的记录交换到当前删除记录的槽中。也可以定期对哈希表进行重新散列,当由于频繁删除导致平均查找长度到达某一阈值时,可以考虑重建哈希表。

7.3.3.4 哈希表的性能分析

哈希表的效率究竟如何呢?我们可以根据完成一次操作时需要的记录访问计数来衡量散列方法的性能。有关的基本操作是插入、删除和查找,把成功的查找和不成功的查找区分开是很有必要的。因为在删除一条记录之前必须先找到它,这样删除一条记录之前需要的访问数等于成功查找到它需要的访问数;而插入一条记录,必须能够沿着记录关键码的探测序列找到一个空槽,这就等于对该关键码进行了一次不成功的查找。

当哈希表为空的时候,插入的第一条记录总会找到它空的基位置。这样,找到一个空槽只需要一次记录访问。随着表的不断填入,把记录插入某个基位置的可能性就减小了。如果一条记录散列到一个已被占用的槽,那么冲突解决策略必须能够找到另一个槽来存储它,即沿着关键码的探测序列检索到一个空槽。随着表的不断填充,越来越多的记录有可能放到离其基位置更远的地方。

可以看到散列方法预期的代价是和表当前的填充程度有关的,即前面定义过的负载因子 $\alpha=N/M$,其中 N 是表中当前的记录数目,M 是哈希表总的存储空间。

我们假定探测序列是依照哈希表中的槽随机排列的,易知,插入时发现基位置被占用的可能性是 α。发现基位置和探测序列中下一个槽都被占用的可能性是

$$\frac{N(N-1)}{M(M-1)}$$

i 次冲突的可能性是

$$\frac{N(N-1)\cdots(N-i+1)}{M(M-1)\cdots(M-i+1)}$$

如果 N 和 M 都很大，那么这大约是 $(N/M)^i$。探测次数的期望值是 1 加上 i 次冲突在 $i \geqslant 1$ 时的概率之和，大致上是

$$1+\sum_{i=1}^{\infty}(N/M)^i=\frac{1}{1-\alpha}$$

一次成功检索（或者一次删除）的代价与原来插入的代价相同。然而，插入代价的期望值所依赖的 α 值不是在删除的时候，而是在原来插入的时候。因此我们可以根据从 0 到 α 的当前值的积分推导出这个代价的一个估计（实质上是对所有插入代价的一个平均值），得到结果

$$\frac{1}{\alpha}\int\frac{1}{1-x}\mathrm{d}x=\frac{1}{\alpha}\ln\frac{1}{1-\alpha}$$

有一点需要注意一下，上述预期操作的代价，使用了不合实际的假设，即假设探查序列基于散列表中槽的随机排列（避免由于聚集产生的所有代价）。这样，这些代价就是平均情况的下限估计。分析表明，闭散列线性探查成功查找的平均查找长度是

$$ASL_{\mathrm{lc}}=\frac{1}{2}\left(1+\frac{1}{1-\alpha}\right)$$

而不成功查找的平均查找长度是

$$ASL_{\mathrm{lu}}=\frac{1}{2}\left(1+\frac{1}{(1-\alpha)^2}\right)$$

同样地，对于开散列拉链法解决冲突的哈希表，其成功与不成功检索的平均查找长度为

$$ASL_{\mathrm{os}}=1+\frac{\alpha}{2}$$

$$ASL_{\mathrm{lc}}=\alpha+\mathrm{e}^{-\alpha}$$

本 章 小 结

本章介绍了查找表的基本概念，对静态查找表和动态查找表进行了讨论，着重分析了二叉查找树和哈希表散列技术。在静态查找中，顺序、二分和索引查找因具体应用不同各有千秋。顺序查找对查找表没有任何约束；二分查找则要求查找表元素有序排列；而索引查找则要求查找表分块有序。在动态查找中，二叉检索树因其良好的性能而被频繁使用，通过把待查找元素的查找范围不断地缩小到一棵二叉检索树的子树上，从而实现类似于二分查找的效率。查找树的效率很大程度上取决于树的平衡特性，从而引入平衡二叉树的概念。在本章的最后比较详细地介绍了哈希查找，从哈希表的构造、哈希函数的设计、冲突的解决方法等方面对哈希散列技术进行了阐述，并给出了哈希表数据结构的实现。

习　　题

7.1　若对大小均为 n 的有序顺序表和无序顺序表分别进行顺序查找，试在下列三种情况下分别讨论两者在等概率时平均查找长度是否相同？

(1) 查找不成功，即表中没有关键字等于给定值 K 的记录；

(2) 查找成功，且表中只有一个关键字等于给定值 K 的记录；

(3) 查找成功，且表中有若干个关键字等于给定值 K 的记录，要求找出所有这些记录。

7.2　试分别写出在对有序线性表(a,b,c,d,e,f,g)进行折半查找，查值等于 e、f 和 g 的元素时，先后与哪些元素进行了比较。

7.3　画出对长度为 17 的有序表进行折半查找的判定树，并求其等概率时查找成功 ASL。

7.4　设有一组关键字{9,01,23,14,55,20,84,27}，采用哈希函数：$H(\text{key}) = \text{key mod } 6$，表长为 10，用开放地址法的二次探测再散列方法 $H_i = (H(\text{key}) + p_i) \text{ mod } 10$ ($p_i = 1^2, -1^2, 2^2, -2^2, \cdots$)解决冲突。要求：对该关键字序列构造哈希表，并计算查找成功的平均查找长度。

7.5　对关键字集{30,15,21,40,25,26,36,37}，若查找表的装填因子为 0.8，采用线性探测再散列方法解决冲突：

(1) 设计哈希函数；

(2) 画出哈希表；

(3) 计算查找成功和查找失败的平均查找长度；

(4) 写出将哈希表中某个数据元素删除的算法。

7.6　已知如下所示长度为 12 的表：

(Jan, Feb, Mar, Apr, May, Jun, July, Aug, Sep, Oct, Nov, Dec)

表中每个元素的查找概率分别为

(0.1, 0.25, 0.05, 0.13, 0.01, 0.06, 0.11, 0.07, 0.02, 0.03, 0.1, 0.07)

(1) 若对该表进行顺序查找，求查找成功的平均查找长度；

(2) 画出从初态为空开始，依次插入结点，生成的二叉排序树；

(3) 计算该二叉排序树查找成功的平均查找长度；

(4) 将二叉排序树中的结点 Mar 删除，画出经过删除处理后的二叉排序树。

7.7　已知关键字序列{10,25,33,19,06,49,37,76,60}，哈希地址空间为 0～10，哈希函数为 $H(\text{key}) = \text{key} \% 11$，求：

(1) 用开放定址线性探测法处理冲突，构造哈希表 $HT1$，分别计算在等概率情况下 $HT1$ 查找成功和查找失败的 ASL；

(2) 用开放定址二次探测法处理冲突，构造哈希表 $HT2$，计算在等概率情况下 $HT2$ 查找成功的 ASL；

(3) 用拉链法解决冲突，构造哈希表 $HT3$，计算 $HT3$ 在等概率情况查找成功的 ASL。

7.8　设哈希表 a、b 分别用向量 $a[0..9]$、$b[0..9]$表示，哈希函数均为 $H(\text{key}) = \text{key mod } 7$，处理冲突使用开放定址法，$H_i = [H(\text{key}) + p_i] \text{ mod } 10$，在哈希表 a 中 p_i 用线性探测再散列法，在哈希表 b 中 p_i 用二次探测再散列法，试将关键字{19,24,10,17,15,38,18,40}分别填入哈希表 a、b 中，并分别计算出它们的平均查找长度 ASL。

7.9　对以下关键字序列建立哈希表：(SUN，MON，TUE，WED，THU，FRI，SAT)，哈希函数为 $H(K)=$(关键字中第一个字母在字母表中的序号)mod 7，用线性探测法处理冲突，求构造一个装填因子为0.7的哈希表，并分别计算出在等概率情况下查找成功与不成功的平均查找长度。

7.10　给出二分查找的递归算法。

7.11　编写一个在键树 T 上查找关键字等于给定值 key 的记录的算法。若查找成功，返回指向该记录的指针；否则返回空指针。

7.12　写出判别一棵二叉树是否为二叉排序树的算法，设二叉排序树中不存在关键字值相同的结点。

7.13　假设哈希表长为 m，哈希函数为 $H(k)$，用链地址法处理冲突。试编写输入一组关键字并建造哈希表的算法。

第8章　排　　序

排序是数据处理中经常使用的一种很重要的运算，因此人们对它进行了深入细致的研究，并且已经设计出了许多巧妙的算法。但是，仍然有一些与排序相关的问题悬而未解，适应各种不同要求的新算法不断地被开发出来并得到了改进。本章在对排序问题进行讲解的同时，也触及许多重要算法的分析。排序算法涉及广泛的算法分析技术，对排序问题的研究也促进了文件处理技术的发展，这是由于有些排序问题在执行时必须不断地从外存读取信息（这部分信息由于太大而无法在内存中直接存放）。

8.1　排序的基本概念

本章介绍几种实用的**内排序**（Internal Sorting，在内存中完成排序）方法。首先对三个简单且相对较慢的算法进行分析，它们在平均和最差情况下的时间复杂度是 $O(n^2)$，然后介绍一些较好的算法，它们的时间复杂度是 $O(n\log_2 n)$，最后介绍了一种在最佳情况下时间复杂度仅为 $O(n)$的算法。

如果没有特别说明，本章中的数据类型都是存储在数组中的一组记录。数组中的每一个记录内部都有一个域称为**排序关键码**（Sort Key），或者简称为**关键码**（Key）。这个关键码可以是任何一种可比的有序数据类型，关键码的类型可能是：字符、字符串、整数、实数，或者别的更复杂的类型。另外，我们也假设比较关键码的运算符已经有了定义。因此，本章的排序中比较记录 R 和 S 就有以下的形式：

if (R. key< = S. key) …

我们也假设对每种记录类型已定义了用于交换两个记录的函数 swap。该函数以两个被交换的记录为变量，交换它们的内存数据内容。

排序问题：给定一组记录 $r_1, r_2, \cdots, r_n$，其关键码分别为 $k_1, k_2, \cdots, k_n$，将这些记录排成顺序为 $r_{s1}, r_{s2}, \cdots, r_{sn}$的一个序列$S$，满足条件 $k_{s1} \leqslant k_{s2} \leqslant \cdots \leqslant k_{sn}$。换句话说，排序就是要重排一组记录，使其关键码域的值具有规定的顺序。

根据定义，排序问题中的记录可以具有相同的关键码。有些应用中要求输入没有重复关键码的一组记录。当允许关键码重复时，也许具有相同关键码的记录之间就有某种内在的顺序,典型的情况就是它们的输入顺序。有的应用可能要求不改变具有相同关键码记录的原始输入顺序。如果一种排序算法不改变这种原始输入的相对顺序,则称之为**稳定的**(Stable)。本章中的大多数排序算法都是稳定的。

当比较两个排序算法时,最直截了当的方法是对它们进行编程,然后比较它们的运行时间。但是,有些算法的运行时间依赖于原始输入记录的情况,因此这种比较方法也会失去意义。特别是记录的数量、记录的大小、关键码的可操作区域以及输入记录的原始有序程度,这些都会大大影响排序算法的相对运行时间。

当分析排序算法时,传统方法是衡量关键码之间进行比较的次数。这种方法通常与算法消耗的时间有关,而与机器和数据类型无关。但是在一些情况下,记录也许很大,以致于它们的移动是影响程序整个运行时间的重要因素。在这种情况下,应该统计算法中所使用的交换次数。在大多数情况下,我们可以假设所有的记录及关键码都具有固定的长度,因此做一次比较或者交换所用的时间也是固定的,不用考虑所比较的是哪一个关键码。一些特定的应用可以采取较灵活的比较方法。例如,一个应用中不同的记录或关键码的长度差别很大(如对一个长度不同的字符串序列进行排序),可以采用一些特殊的算法。一些实例中只对少量记录进行排序,但是排序操作的频率很高。例如,对仅有的5个记录反复排序。在这种情况下,在渐进分析的运行时间公式中常常被忽略的常量系数和常数项就变得十分重要了。另外,还有一些实例中要求占用尽量少的内存。为方便理解,先定义本章排序所用到的线性顺序结构如下:

```
typedef struct {
    keytype key;
    infotype otherinfo;
}RcdType;                    // 元素(记录)类型结构
typedef struct {
    RcdType  r[MAXSIZE + 1];   // 0单元不存放元素
    short int Len;
} SqTable;                   // 待排序表结构
```

8.2 简 单 排 序

本节将介绍三种简单的排序方法:选择排序、起泡排序和插入排序。

8.2.1 选择排序

选择排序(Selection Sort)的第 i 趟是选择数组中第 i 小的记录,并将这个记录放到数组

的第 i 个位置。换句话说，选择排序首先从未排序的序列中找到最小关键码，接着是次小的，如此反复找出较小的关键码，直到完全排序。它比较独特的地方是很少交换。在寻找下一个较小的数时，需要检索整个未排序的序列，但是只用一次交换即可将最小关键码记录放到正确位置。这样最多要用 $n-1$ 次交换。

算法 8.1

```
void SelSort(SqTable &L)                // 对顺序表进行选择排序
{
    for (i = 1;i<L.Len;i ++ ) {         // 选择第 i 个记录
        lowIndex = i;                   // 记录索引位置
        for(j = L.Len;j>i;j -- )        // 找最小值
            if (L.r[j].key<L.r[lowIndex].key) lowIndex = j;
        swap(L.r[i],L.r[lowIndex]);
    }
}
```

图 8.1 为每列代表以 i 为循环值的外层 for 循环执行后数组中的记录情况。在每列中划横线以上的元素都已经是有序的了，而且都在它们的最终位置上。

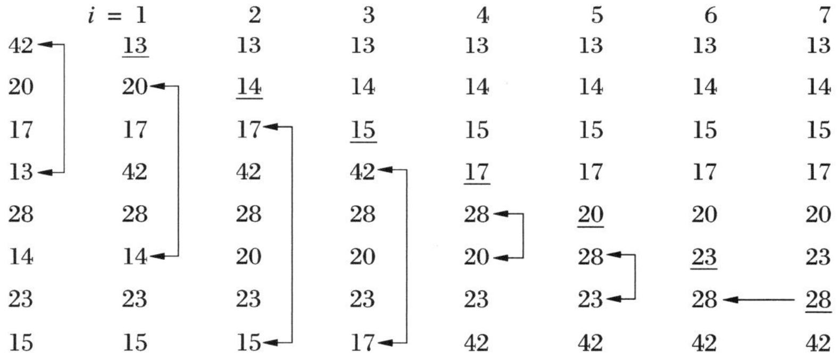

	i = 1	2	3	4	5	6	7
42	13	13	13	13	13	13	13
20	20	14	14	14	14	14	14
17	17	17	15	15	15	15	15
13	42	42	42	17	17	17	17
28	28	28	28	28	20	20	20
14	14	20	20	20	28	23	23
23	23	23	23	23	23	28	28
15	15	15	17	42	42	42	42

图 8.1　选择排序说明

选择排序实质上与起泡排序相似，我们记住选择的最小元素的位置并最后用一次交换使它到位，而不是不断地交换相邻记录以使下一个最小记录到位，因此，比较的次数仍为 $O(n^2)$，但是交换的次数要比起泡排序少得多。对于处理那些做一次交换花费时间较多的问题，选择排序是会更有效一些。例如当元素是较长的字符串或若是其他大型记录时，要比起泡排序有效。

还有一种方法可以降低各种排序算法用于交换记录所用的时间，尤其是当记录很多的时候，这就是使数组中的每一个元素仅存储指向记录的指针，而不是记录本身。在这种实现中，交换只需要对记录的指针进行操作。图 8.2 是该技术的一个示例。虽然需要一些空间来存放指针，但是换来的是更高的效率。

图 8.2(a)中 4 个记录的序列，关键码值为 42 的记录排在关键码值为 5 的记录前面。图

8.2(b)中显示两个指针交换后的4个记录,现在关键码值为5的记录排在关键码值为42的记录前面。

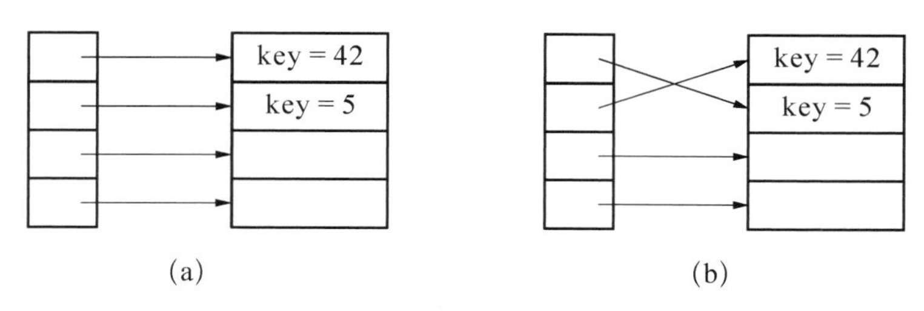

图8.2　交换指向记录的指针示例

8.2.2　起泡排序

起泡排序或称**冒泡排序**(Bubble Sort)算法常常在计算机科学的一些入门课程中作为例题给初学程序设计者讲述,如"程序设计C语言"。它是一种较慢的排序,并且不同于后面介绍的插入排序,它没有较好的最佳情况执行时间。

起泡排序包括一个简单的双重 for 循环。第一趟的内循环从数组的底部比较到顶部,比较相邻的关键码。如果下面的关键码比其上邻居的关键码小,则将二者交换顺序。如此反复地做下去。一旦遇到一个最小关键码,这个过程将使它像个"气泡"似地被推到数组的顶部(就像水底的气泡冒到水面上一样)。第二趟再重复调用上面的过程。但是,既然我们知道最小元素第一次就被排列到数组的最上面,因此就没有必要再比较最上面的两个元素了。同样,每一轮循环都是比较相邻的关键码,但是都将要比上一轮循环少比较一个关键码,图8.3阐明了起泡排序的工作过程。

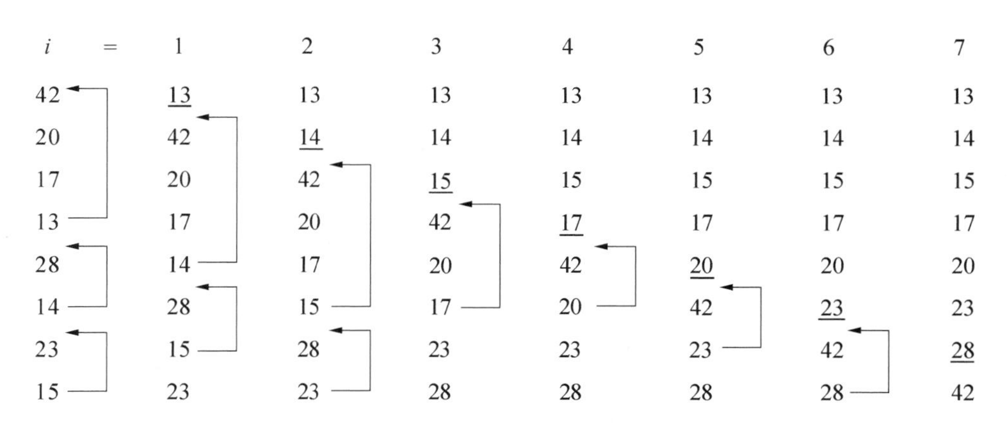

图8.3　起泡排序示意图

图8.3中的每一列数都表示以该列顶部的 i 值进行每一次 for 循环后数组中的内容。箭头指示一个循环中每次交换的具体位置。

分析起泡排序的比较次数十分简单。第 i 次循环中比较的次数是 $n-i$,因此总的时间复杂度为

$$O(\sum_{i=1}^{n-1}(n-i)) = O(n^2)$$

起泡排序算法 8.2 的最佳、平均、最差情况的运行时间几乎是相同的。但如果通过检测在某一轮循环中是否还存在数据交换来判断数据是否提前达到有序状态，从而结束 i 的循环，则可以大大提高算法的效率。尤其是初始数据有序或接近有序的情况下，时间复杂度甚至可以达到 $O(n)$。

算法 8.2

```
void BubSort(SqTable &L)              // 对顺序表进行起泡排序
{
    for (i = 1;i<L.Len;i ++ )         // 起泡第 i 个记录
        for(j = L.Len;j>i;j -- )
            if (L.r[j].key<L.r[j - 1].key)
                swap(L.r[j],Lr[j - 1];
}
```

一个结点比它前一个结点的关键码值小的概率有多大就决定了交换的次数。我们可以假定这个概率为平均情况下比较次数的一半，因此代价也为 $O(n^2)$。因此起泡排序算法总的时间复杂度为 $O(n^2)$。

8.2.3 插入排序

插入排序法(Insert Sort)逐个处理待排序的记录，每个新记录与前面已排序的子序列进行比较，将它插入到子序列中正确的位置。下面是插入排序算法实现，其输入是一个记录数组，数组中存放着 n 个记录。

算法 8.3

```
void InsSort(SqTable &L)
{//对顺序表 L 进行插入排序
    for (i = 2;i< = L.Len;i ++ ){                        // 插入第 i 个记录
        if (L.r[i].key>L.r[i - 1].key)contine;           // 无需插入
        L.r[0] = L.r[i];                                 // 设置哨卡
        for (j = i - 1;L.r[0].key<L.r[j].key;j -- )      //j 元素>待插入元素
            L.r[j + 1] = L.r[j];
        L.r[j + 1] = L.r[0];                             // 插入到合适位置
    }
}
```

考虑一下 InsSort 处理第 i 个记录的情况，记录的值设为 X。当记录 X 比它上面的那个值小时，它向上移动，直到遇到一个比它小或者与它相等的值时，本次插入才完成，因为再往前就一定都比它小了。

图8.4中的每一列数都表示以该列顶部的 i 值进行一次 for 循环后数组中的内容。每列中横线以上的记录是已排序的。每个箭头都指示了该元素应该插入的位置。

i =	2	3	4	5	6	7	8
42	20	17	13	13	13	13	13
20	42	20	17	17	14	14	14
17	17	42	20	20	17	17	15
13	13	13	42	28	20	20	17
28	28	28	28	42	28	23	20
14	14	14	14	14	42	28	23
23	23	23	23	23	23	42	28
15	15	15	15	15	15	15	42

图8.4 插入排序示意图

插入排序的程序体是由嵌套的两个 for 循环组成的。外层插入循环要做 $n-1$ 次。里面的插入循环次数分析起来要更困难一些,因为其次数依赖于在第 i 个记录前的 $i-1$ 个记录中有多少个记录的关键码值大于第 i 个记录的关键码。

插入排序最差的情况是:每个记录都必须插入到数组的顶端,如数组中的原始数据是逆序的,这种情况就会发生。这时内部循环共要做 $i-1$ 次比较。因此,比较次数最多为

$$O\left(\sum_{i=2}^{n}(i-1)\right) = O(n^2)$$

相反地,考虑最佳情况,此时数组中的关键码就是从小到大按照正序排列的。在这种情况下,每个结点不会进入内层 for 循环,没有记录需要移动。总的比较次数为 $n-1$ 次,即外层 for 循环的执行次数。因此最佳情况下插入排序的时间复杂度为 $O(n)$。

尽管最佳情况要比最差情况快得多,但是往往还是把最差情况的性能作为插入排序的评价指标。即使在有些情况下,待排序数据可能已经有序或者基本有序。基于这样的一个特点,当一个待排序列接近有序时,我们最好用插入排序来进行排序。

那么,插入排序的平均执行时间到底是多少呢?当处理到第 i 个记录时,内层 for 循环的执行次数依赖于该记录离最终位置的距离。也就是说,第 i 个记录前面的0到 $i-1$ 个记录中,比第 i 个记录大的那些记录都会引起 for 循环执行一步。例如,在图8.4中15前面有5个比它大的数。每一个这样的数称为1个**逆置**(Inversion)。逆置的数目将决定比较及交换的次数。我们需要判断对于第 i 个记录来说,其平均逆置有多少。在平均情况下,在数组的前 $i-1$ 个记录中有一半值比第 i 个记录的值大。因此,平均的时间开销就是最差情况的一半,仍然为 $O(n^2)$。因此,在渐近复杂性的意义上,平均情况也并不比最差的情况好多少。计算比较及移动的次数所得出的结果是相近的,因为几乎比较一次就要移动一次(除了每一轮插入时的第一次比较不需要移动或最后一次比较找到了应该插入的位置)。因此,总移动次数在最佳情况下为0,在最差及平均情况下为 $O(n^2)$。

8.2.4 交换排序算法的时间代价

图 8.5 列出了插入排序、起泡排序和选择排序分别在最佳、平均和最差情况下的比较与交换的次数。三种算法在平均及最差情况下的时间复杂度皆为 $O(n^2)$。

		插　入	起　泡	选　择
比　较	最佳情况	$O(n)$	$O(n^2)$	$O(n^2)$
	平均情况	$O(n^2)$	$O(n^2)$	$O(n^2)$
	最差情况	$O(n^2)$	$O(n^2)$	$O(n^2)$
交换/移动	最佳情况	0	0	0
	平均情况	$O(n^2)$	$O(n^2)$	$O(n)$
	最差情况	$O(n^2)$	$O(n^2)$	$O(n)$

图 8.5　交换指向记录指针示例

在典型情况下，后面要介绍的排序算法比上述三种快得多。但是在继续介绍其他算法之前，有必要讨论一下这三种排序算法如此之慢的原因，关键的瓶颈是只比较相邻的元素。因此，比较和移动只能一步一步地进行(除了选择排序外)。交换相邻记录叫作一次**交换**(Exchange)。因此这些排序有时被称为**交换排序**(Exchange Sort)。

任何一种交换排序的时间代价是数组中所有记录移到“正确”位置所要求的总步数。为了确定平均情况下交换排序的最佳时间代价，我们需要计算每一个记录的现在位置与其最终在排序好的数组中位置的差别，然后把这些差别累计起来。

那么交换排序的最小时间代价(平均来说)到底是多少呢？考虑一个有 n 个元素的序列 L。L 中有 $n(n-1)/2$ 对不同的元素，每一对都可能是一个逆置，每一种这样的对一定在 L 中或在 LR(L 的逆置序列)中。所以，L 及 LR 最多可有 $n(n-1)/2$ 对逆置，而平均起来每个序列只有 $n(n-1)/4$ 对逆置。因此，我们可以说任何一种将比较限制在相邻两个元素之间进行的交换算法的平均时间代价都是 $O(n^2)$。

8.3 希 尔 排 序

希尔排序(Shell Sort)算法是以它的发明者 D. L. Shell 的名字来命名的。但是也有人称之为**缩小增量排序法**(Diminishing Increment Sort)。不像交换排序，Shell 排序在不相邻的记录之间进行比较与交换。Shell 排序利用了插入排序的最佳时间代价特性。Shell 排序试图将待排序序列变成“近似有序”状态(我们称之为“基本有序”)，然后再用插入排序来完成最后的排序工作。如果能正确地实现，在最差情况下 Shell 排序肯定具有比 $O(n^2)$ 好得多的性能，因此它不是一种交换排序。

Shell 排序是这样来分组并排序的:将序列分成为子序列,然后分别对子序列进行排序,最后将之组合起来。Shell 排序将数组元素分成若干个“逻辑”子序列,每个子序列用插入排序方法进行排序。然后再重新划分较少数量的子序列,然后排序,依此类推。最后对整个序列进行插入排序。

在执行每一次循环时,Shell 排序把序列分为互不相连的子序列,并且使各个子序列中的元素在整个数组中的间距相同。例如,我们设数组中元素的个数为偶数 n,是 2 的整数次方幂。Shell 排序首先将它分成 $n/2$ 个长度为 2 的子序列。如果数组的下标为 1～16 的 16 个记录,那么首先是将它分成 8 个各有两个记录的子序列,第一个序列元素的下标是 1 和 9,第二个的下标是 2 和 10,依此类推。

第二轮 Shell 排序时将处理数量少一些的子序列,但是每个子序列都更长。对于我们的例子来说会有 $n/4$ 个长度为 4 的子序列。因此,第二次分割的第一个子序列中有位于 1、5、9、13 的 4 个元素,第二个子序列的元素位于 2、6、10、14,依此类推。每一个子序列仍然用插入排序法进行排序。

第三轮将对两个($n/8$)子序列进行,其中一个包含原数组中的奇数位上的元素,另一个包含偶数位上的元素。

最后一轮将是一次完全的插入排序。图 8.6 解释了对于一个 16 个元素的数组的排序过程,其中元素间距的增量分别为 8、4、2 和 1。下面是 Shell 排序算法(算法 8.4)。

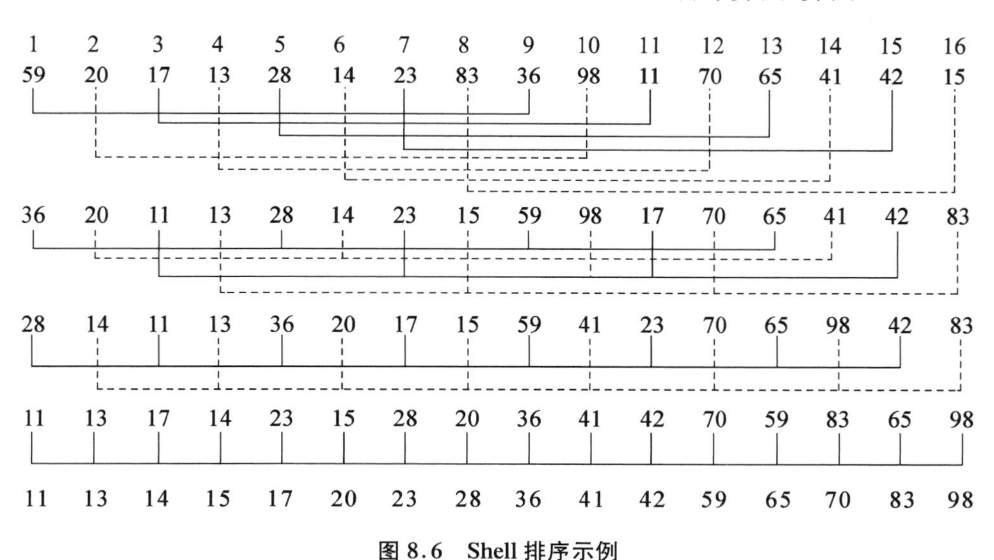

图 8.6　Shell 排序示例

算法 8.4

```
void ShlSort(SqTable &L)                    // 对顺序表进行 Shell 排序
{
    n = L.Len;
    for (i = n/2;i> = 2;i / = 2)            //增量
        for (j = 1;j< = i;j + + )           // 对每个子表排序
          InsSort2(&L.r[j],n + 1 - j,i);
```

```
    InsSort2(&L.r[1],n,1);
}

void InsSort2(RcdType A[],int n,int incr)    //A 下标从 0 开始,A[0..n-1]
{
    for (i = incr;i<n;i + = incr)
        for (j = i;(j> = incr) && (A[j].key<A[j - incr].key);j - = incr)
            swap(A[j],A[j - incr]);
}
```

Shell 排序并不关心分割的子序列中元素的间隔(尽管最后的间隔为 1,是一个常规的插入排序)。其目的是经过每次对子序列的处理可以使待排序的数组更加接近有序。当最后一轮调用插入排序时,数组已经是基本有序的了。

图 8.6 中用 4 个回合对 16 个元素进行排序。第一轮处理 8 个长度为 2 的子序列,第二轮处理 4 个长度为 4 的子序列,第三轮处理 2 个长度各为 8 的子序列,第四轮处理长度为 16 的整个数组。

选择适当的增量序列可以使 Shell 排序比其他排序法更有效。一般来说,增量选择是(2^k,2^{k-1},…,2,1)并没有多大效果,而当所选择的增量序列为(…,121,40,13,4,1)时效果很好(减 1 除 3)。

分析 Shell 排序的性能是比较困难的,一般认为 Shell 排序的平均时间复杂度可以达到 $O(n^{\frac{3}{2}})$(对于选择"增量每次减 1 除以 3"递减)。别的增量序列选取可以减少这个上界。因此,Shell 排序确实比插入排序或前述章节中讲到的任何一种时间复杂度为 $O(n^2)$的排序算法要快。Shell 排序说明,有时我们可以利用一个算法的特殊性能(如本例中的插入排序对接近有序数据的最佳性能)来提出一种更加优化的算法。

8.4 快速排序

快速排序(Quick Sort)是个恰当的命名,因为当用得恰到好处时,它是迄今为止所有内排序算法中最快的一种。快速排序应用广泛,典型的应用是 Unix 系统调用库函数例程中的 qsort 函数。有趣的是,快速排序往往由于其最差时间代价的性能而在某些应用中无法采用。

在我们讲解快速排序之前,先来考虑一个用二叉树进行排序的实例。你可以将所有的结点放到一个二叉查找树中,然后再按照中序方法遍历,结果得到一个有序数组。但是这种方法有许多弊端。首先,为了存储一棵二叉树要占用大量结点空间;其次,把结点插入二叉查找树中需要花很多时间。但是这种方法给了我们一些有用的启示:二叉查找树的根结点将树分为两部分,所有比它小的记录结点都在左子树,所有比它大的记录结点都位于其右子树。这样二叉查找树隐含地实现了**"分治法"**(Divide and Conquer),来对其左、右子树分别进行处理。快速排序以一种更有效的方式实现了“分治法”的思想。

快速排序首先选择一个轴值(Pivot)，假设输入的数组中有 $k-1$ 个小于轴值的结点，于是这些结点被放在数组最左边的 $k-1$ 个位置上，而大于轴值的结点被放在数组最右边的 $n-k$ 个位置上，这称为数组的**分割**(Partition)。在给定分割中的结点不必被排序，只要求所有结点都放到了正确的分组位置中，而轴值的位置就是下标 k。快速排序再对轴值的左右子数组分别进行类似的操作，其中一个子数组有 $k-1$ 个元素，而另一个有 $n-k$ 个元素。那么这些子数组的值又如何进行排序的呢？可以对这两个子数组继续使用快速排序法，直到每个子数组有序(只包含一个元素)。

算法 8.5

```
void QuiSort(SqTable &L,int i,int j)          // 对顺序表进行快速排序
    {
    if(j - i<1)return;
    pivotIndex = FindPivot(L,i,j);            // i、j 为子序列左右两端的下标
    swap(L.r[pivotIndex],L.r[j]);             // 置轴点到末端
    k = partition(L,i,j);                     //分割后轴值位置 k
    QuiSort(L,i,k - 1);                       //左分区排序
    QuiSort(L,k + 1,j);                       //右分区排序
}
```

请注意在调用 Partition 之前，轴值已经被放在数组的最后一个位置上(j 位置)，并且在分割过程中不处理 j 位置的记录。函数 Partition 将返回值 k，这是分割后轴值所在的位置，也是它在最终排序好的数组中的位置。要做到这一点，我们必须保证在递归调用 QuiSort 的过程中轴值将不再移动，即使是在最差情况下选择了一个不好的轴值，导致分割出了一个空子数组，而另一个子数组中有 $n-1$ 个记录。

选择轴值有多种方法。最简单的方法是使用第一个记录的关键码。但是，如果输入的数组是正序的或者是逆序的，就会将所有的结点分到轴值的一边。较好的方法是随机选取轴值。这样可以减少由于原始输入对排序造成的影响。可惜，随机选取轴值的开销较大，我们可以用选取数组中间点的方法代替。下面是一个简单的 FindPivot 函数：

```
shortint FindPivot(SqTable &L,int i,int j) {return (i + j)/2;}
```

现在我们来看函数 Partition。假如我们事先知道有多少个结点比轴值小，Partition 只需要将关键码比轴值小的结点放到数组的前 $k-1$ 个位置上，关键码比轴值大的元素放到 k 后面。由于我们事先并不知道有多少关键码比轴值小，我们可以用一种较为巧妙的方法来解决：从数组的两端移动下标，碰到不合适的记录时做必要的交换记录，直到数组两端的下标相遇为止。下面是 Partition 算法：

初始 $l=i$，保证了从 $L[i]$开始处理；$r=j-1$ 保证了 $L[j]$没有被处理。

算法 8.6

```
short int Partition(SqTable &L,int i,int j)
```

```
{//对轴值在L[j]的数组L[i..j]做分割,并返回分割后轴值的位置
    pivot = L.r[j].key;
    l = i;r = j - 1;                                        //l 左边界,r 右边界
    do {
        while (l< = j - 1 && L.r[l].key< = pivot)l ++ ;  // 从左移到右
        while (r> = i && L.r[r].key> = pivot))r -- ;      // 从右移到左
        if(l<r)swap(L.r[l],L.r[r]);
    } while (l<r);
    if(j! = l)swap(r[j],L.r[l]);                            // 置轴值位置
    return l;
}
```

图 8.7 阐明了函数的执行过程。开始时边界参数 l 和 r 在数组的上下边界,不包括轴值位置 j。每一轮执行外层 do 循环时,都将它们向数组的另一侧移动,直到它们相遇为止。请注意每次内层的 while 循环时,先将当前记录的关键码与轴值进行比较,关键码值适合放在本侧下标就移动,否则就停下来等待交换。另外请注意,在第二个 while 循环中保持 $r \geqslant i$,这就保证了当轴值所分割出来的左半部分的长度为 0 时,r 不至于会超出数组的下界(下溢出)。函数 Partition 返回轴值的位置,因此我们可以确定递归调用 QuiSort 的子数组的边界。图 8.8 演示了快速排序算法的全部执行过程。

初始状态	72	6	57	88	85	42	83	73	48	60
	$(i)l$								r	j
移动指针	72	6	57	88	85	42	83	73	48	60
	l								r	
第一次交换	48	6	57	88	85	42	83	73	72	60
	l								r	
移动指针	48	6	57	88	85	42	83	73	72	60
				l		r				
第二次交换	48	6	57	42	85	88	83	73	72	60
				l		r				
移动指针	48	6	57	42	85	88	83	73	72	60
				r	l					
放置轴值	48	6	57	42	| 60 |	88	83	73	72	85
				r	l					

图 8.7 快速排序的分割步骤

图 8.7 第一行给出了数组的初始情况。轴值是数组最后位置(j)上的 60。do 循环做了三次,每一次将两个下标变量向数组中央移动若干格,直到第三个循环结束时相遇。最后一次交换并没有完成,因为 $l>r$,交换是不必要的。于是,左边子数组有 4 个结点,而右边子数组有 5 个,轴值被放置于数组中的第 5 个位置上。图 8.8 给出了完整的快速排序过程示意图。

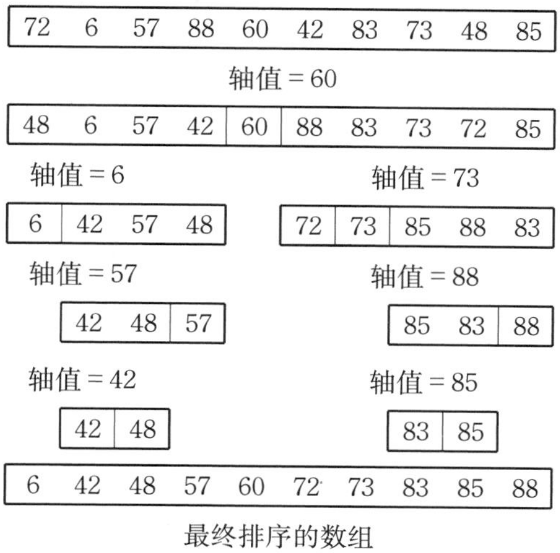

72	6	57	88	60	42	83	73	48	85

轴值 = 60

48	6	57	42	60	88	83	73	72	85

轴值 = 6　　　　轴值 = 73

6	42	57	48

72	73	85	88	83

轴值 = 57　　　　轴值 = 88

42	48	57

85	83	88

轴值 = 42　　　　轴值 = 85

42	48

83	85

6	42	48	57	60	72	73	83	85	88

最终排序的数组

图 8.8　快速排序图示(轴值取$(i+j)/2$)

算法 8.5 中选择了最右边的元素位置存放轴值，把数据分成两个部分后，再把轴值放回右半部分的最左侧，从而把轴值交换到中间位置。我们也可以选择最左边的一个元素位置做轴值，并暂存轴值，空出此位置给右侧不合适的值搬移到此处，然后右侧又会空出一个位置……如此循环，直到左右指针相遇时空出的位置恰好放回轴值，如图 8.9 所示。

暂存轴值 72

初始状态	72	6	57	88	85	42	83	73	48	60
	l									*h*
移动 *h* 指针	□	6	57	88	85	42	83	73	48	60
	l									*h*
交换值到左侧	60	6	57	88	85	42	83	73	48	□
	l									*h*
移动 *l* 指针	60	6	57	88	85	42	83	73	48	□
				l						*h*
交换值到右侧	60	6	57	□	85	42	83	73	48	88
				l						*h*
移动 *h* 指针	60	6	57	□	85	42	83	73	48	88
				l					*h*	
交换值到左侧	60	6	57	48	85	42	83	73	□	88
				l					*h*	
移动 *l* 指针	60	6	57	48	85	42	83	73	□	88
					l				*h*	
交换值到右侧	60	6	57	48	□	42	83	73	85	88
					l				*h*	
移动 *h* 指针	60	6	57	48	□	42	83	73	85	88
					l	*h*				
交换值到左侧	60	6	57	48	42	□	83	73	85	88
					l	*h*				
移动 *l* 指针	60	6	57	48	42	□	83	73	85	88
						l h				
放回轴值	{ 60	6	57	48	42 }	72	{ 83	73	85	88 }
						l h				

图 8.9　快速排序的分割步骤

对比上述两个分割算法，图 8.9 的分割算法实际上是把图 8.8 中一次的交换分成两次和空位置的交换来完成，这两种分割算法的效果是一样的。针对图 8.9 的分割思想，可以由算法 8.7 实现。

算法 8.7

```
int Partition2(SqTable &L,int low,int high)
{//对 L 顺序表，选取 L.r[low]作为轴值进行分割，并返回轴值位置
    L.r[0] = L.r[low];                          // 暂存轴值
    pivot = L.r[low].key;
    while (low<high){
        while(low<high && L.r[high].key> = pivot)high-- ;
            L.r[low] = L.[high];                // 右侧的小于轴值的元素移动到左侧
        while (low<high && L.r[low].key< = pivot) low++ ;
            L.r[high] = L.[low];                //左侧的大于轴值的元素移动到右侧
    }
    L.r[low] = L.r[0];                          //放回轴值
    return low;
}// Partition2
```

下面分析算法 8.5 快速排序的效率。我们首先分析一下对长度为 k 的子数组进行 FindPivot 和 Partition 操作的例子。显然，FindPivot 使用的是常数时间。Partition 函数包含 1 个 do 循环和 2 个 while 循环，分割操作的总时间消耗取决于 l 和 r 这两个下标要向中间移动多久才能相遇。一般说来，如果子数组的长度为 s，那么两个下标变量一共要走 s 步。但是，这并没有直接告诉我们每个 while 循环要消耗多少时间。do 循环是每执行一次指针都向前移动至少一步，while 循环移动它相应的下标至少一次(除非下标遇到了数组的边界，但是这种情况至多发生一次)。因此，do 循环至多执行 s 次，总的移动下标的次数最多是 s 次，并且每一个 while 循环最多执行 s 次。于是最大的时间消耗为 $O(s)$。

知道了 FindPivot 和 Partition 的时间，我们就可以分析快速排序的时间代价。我们首先分析一下最差情况：最差情况出现在轴值未能很好地分割数组，即一个子数组中没有结点，而另一个数组中有 $n-1$ 个结点。在这种情况下，分割过程未能很好地完成任务。因此，下一次处理的子数组只比原数组小 1。如果这种情况发生在每一次分割过程中，那么算法的总时间代价为

$$O\left(\sum_{k=1}^{n} k\right) = O(n^2)$$

在最差情况下，快速排序的时间复杂度为 $O(n^2)$。这是很糟糕的，并不比起泡排序更好。那么什么时候会出现这种最差情况呢？仅仅在每个轴值都未能将数组分割好时会出现。如果数组的记录是随机选取的，那么这种情况并没有多大可能发生。当然选取中间点作为轴值也没有多大可能出现。因此，这种最差的情况并不影响快速排序的工作。

当每个轴值都将数组分成相等的两部分时，出现了快速排序的最佳情况。快速排序一

直将数组分割下去，直到最后，如图 8.8 所示。在最佳情况下，要分割 $\log_2 n$ 次。最上层原始待排序数组中有 n 个记录，第二层分割的数组是 2 个长度各为 $n/2$ 的子数组，第三层分割的子数组是 4 个长度为 $n/4$ 的子数组，…，以此类推。因此，在每一层中，所有分割的步骤之和是 n，于是整个算法的时间复杂度为 $O(n\log_2 n)$。

快速排序的平均情况介于最佳与最差两种情况之间。平均情况应考虑到所有可能的输入，对所耗费的时间求和，然后除以输入的总情况数。我们做一个合理的简化设想，在每一次分割时，轴值处于最终排序好的数组中位置的概率是一样的。换句话说，轴值将数组分成长度为 0 和 $n-1$，1 和 $n-2$，…，以此类推。这些分组的概率是相等的。

在这种假设下，平均时间代价可以推算为

$$T(n) = cn + \frac{1}{n}\sum_{k=0}^{n-1}(T(k) + T(n-1-k)),\quad T(0) = c,\quad T(1) = c$$

这是一个递归公式。$T(k)$是指处理长度为 k 的数组时快速排序算法所花费的时间。这个等式说明了在长度为 n 的数组中，数组被分割为 0 和 $n-1$，1 和 $n-2$，…的概率都是 $1/n$。表达式“$T(k)+T(n-1-k)$”是分别递归处理长度 k 和 $n-1-k$ 点的子数组时所用的时间。最前面的项 cn 是 FindPivot 和 Partition 函数所用的时间。根据公式所推算出来的时间为 $O(n\log_2 n)$。因此，快速排序算法的平均时间复杂度为 $O(n\log_2 n)$。

快速排序算法是可以改进的。最明显的潜力与寻找轴值函数 FindPivot 有关。快速排序的最差情况发生在轴值将数组分成一个空的和一个长度为 $n-1$ 的数组时。如果我们再多花些精力寻找一个更好的轴值，这个坏轴值的影响会减少甚至消失。一种较好的方法是“三者取中法”，即取三个随机值的中间一个。用一个随机函数耗时较多，因此较普遍的方法是取当前子数组中第一个、中间一个及最后一个位置数值的中间值。

事实上，当 n 很小时，快速排序是相对较慢的，于是我们还可以做一些重要的改进。如果我们都处理大数组就不需要管它，也不用管偶尔对小数组排序时所耗费的时间较长，因为数据较少它仍能较快完成。应该注意到快速排序本身就在不断地对小的数组进行排序，这是分治法自然的副产品。

一个简单的改进是用处理小数组较快的方法来替换快速排序，如插入排序及选择排序。但是，有一种更有效也很简单的优化方法。当快速排序的子数组小于某个阈值时，什么也不要做。尽管那些子数组中的数值是无序的，但是，我们知道左边数组的关键码都要小于右边数组的关键码。因此，虽然快速排序只是大致将排序码移到了接近正确的位置，不过数组已是基本有序的了。这样的待排序数组正适合使用插入排序。最后一步仅仅是调用一下插入排序过程将整个数组排序。经验表明，最好的组合方式是当子数组的长度小于 9 时就选择使用插入排序。

最后想到的缩短运行时间的方法是与递归调用有关的。快速排序本质上是递归的，由于每个快速排序操作都要对两个子序列排序，因此无法使用一种简单的方法来转换成为等价的循环算法。但是，当需要存储的信息不是很多时，可以使用栈来模拟递归调用，以实现快速排序。事实上，我们没有必要存储子数组的拷贝，只需要将子数组的边界存起来。此外，我们也可以用将函数 FindPivot 及 Partition 的代码变为直接的编码形式嵌入算法中，因为函数调用比直接编码耗时更多。如果按照以上建议的那样，不处理长度小于 9(或更小)的子数组，不管这个长度规定是多少，已经减少了 80%到 90%的函数调用。因此，消除其余的函数调用只能提高有限的速度。

8.5 堆 排 序

前文所述，二叉检索树(BST)占用的空间太大，而且由于插入结点需要花费一些时间，如果 BST 不平衡，可能导致最差运行时间为 $O(n^2)$。二叉树中子树的平衡与快速排序中对数组的分割很相似。快速排序的轴值与 BST 根结点的值起着相同的作用，左半部分(左子树)的值都小于轴值(根结点值)，右半部分(右子树)的值都大于等于轴值(根结点值)。

特别地，我们希望二叉树是平衡的，消耗的存储空间小，并且运算速度快。注意排序这种特殊的应用，一开始就全部给出了已经存储而用于排序的所有值，这就意味着没有必要将结点一次一个地插入二叉树中。人们设计了一个基于树结构的更好的排序算法。

堆排序(Heap Sort)基于堆数据结构。首先给出堆的定义：n 个元素的序列 $k_1, k_2, \cdots, k_n$，如果满足下列关系之一，则称为堆：

$$\begin{cases} k_i \leqslant k_{2i} \\ k_i \leqslant k_{2i+1} \end{cases} \quad 或 \quad \begin{cases} k_i \geqslant k_{2i} \\ k_i \geqslant k_{2i+1} \end{cases}, \quad i = 1,2,\cdots,[n/2]$$

前者称为小顶堆，后者称为大顶堆。

堆排序具有许多优点。整个树是平衡的，而且它的数组实现方式对空间的利用效率也很高，我们可以一次性地把所有值装入数组中。堆排序的最佳、平均、最差执行时间均为 $O(n\log_2 n)$。平均情况下它比快速排序要慢常数因子，但是堆排序更适于外排序，处理那些数据集太大而不宜于在内存排序的情况。

一个基于"大顶堆"(Max-heap)排序算法的思想是很直接的。首先我们将数组转化为一个满足堆定义的序列，然后将堆顶的最大元素取出，再对剩下的数排成堆，再取堆顶数值，……如此下去，直到堆为空。应该注意的是，每次将堆顶的最大元素取出放到数组的最后。假设 n 个元素存于数组中的 1 到 n 个位置上。当将堆顶元素取出时，应该将它置于数组的 n 位置。这时堆中元素的数目为 $n-1$ 个。再将这 $n-1$ 个元素重新排列成堆，再取出最大值并放入数组的第 $n-1$ 个位置……到最后结束时，就排出了一个由小到大排列的数组。这就是为什么要用大顶堆而不用小顶堆。图 8.10 描述了堆排序的过程。

堆排序的算法实现见算法 8.8。

算法 8.8

```
typedef SqTable HeapList;
void HeapAdjust(HeapList &L,int s,int t)
{// 在 L.r[s..t]中，除了 L.r[s]不满足大顶堆定义外，其他都满足，本函
   数通过调整，使得 L.r[s..t]满足大顶堆
```

```
    w = L.r[s];                                    //暂存 L.r[s]
    for (i = 2 * s;i< = t;i * = 2){
      if(i< t && L.r[i].key<L.r[i+1].key)i++;      //i 为 s 较大的孩子
      if(w.key> = L.r[i])break;                    //w 放在 s 处
      L.r[s] = L.r[i];                             //较大的值上移
      s = i;
    }
    L.r[s] = w;
}// HeapAdjust
```

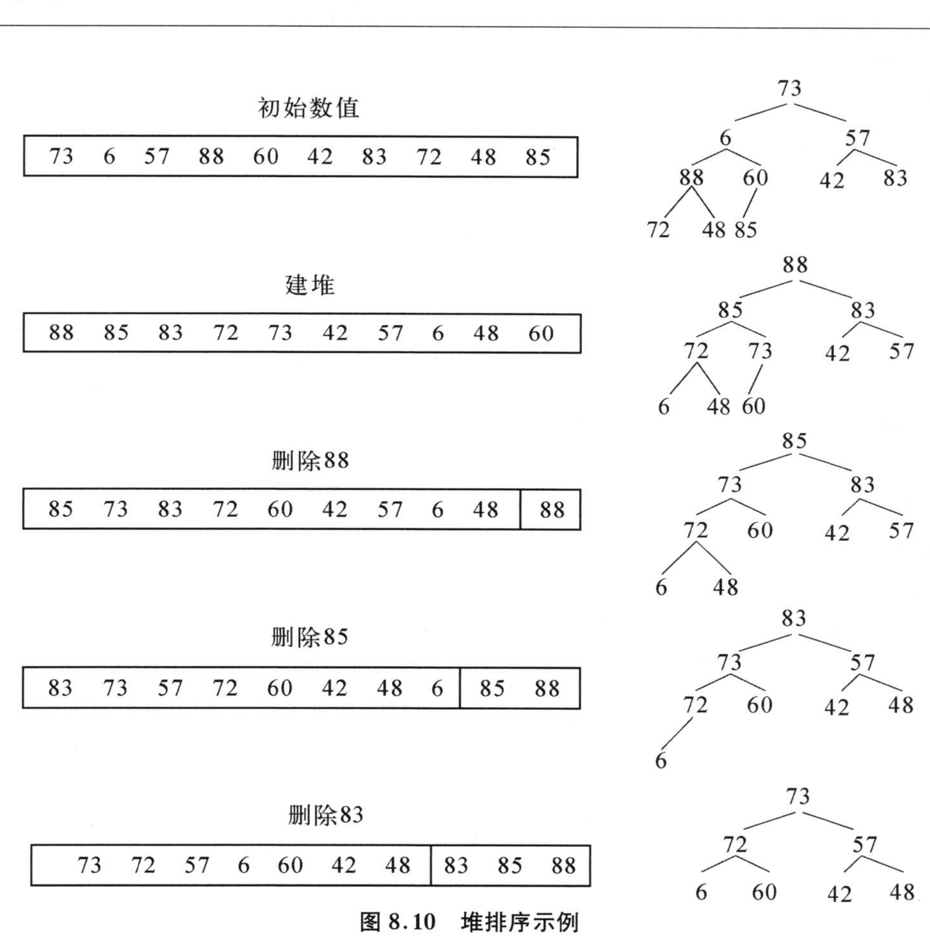

图 8.10　堆排序示例

算法 8.9

```
void HeapSort(HeapList &L)
{// 对顺序表 L 进行堆排序
  for (i = L.Len/2;i> = 1;i--)    // 从最后一个非叶子结点开始调整
    HeapAdjust(L,i,L.Len);
  for (i = L.Len;i>1;i--){
```

```
    swap(L.r[1],L.r[i]);            // 交换第1个和最后一个记录(i)
    HeapAdjust(L,1,i-1);            // 重新把L.r[1..i-1]调整为大顶堆
  }
}// HeapSort
```

因为初始建大顶堆要用 $O(n\log_2 n)$时间,并且每次取堆的最大元素后重新调整也要用 $O(\log_2 n)$时间,因此整个时间消耗仍为 $O(n\log_2 n)$,这是堆排序的最佳、平均、最差时间代价。尽管有时要比快速排序慢,但是堆排序有其独特的优点。由于每次都可以找出一个最大值,如果我们只是希望找到数组中 k 个最大的元素,如果 k 很小,就可能要比前面所讲述的方法速度快得多。Kruskal 的最小生成树(MST)算法就利用了这个特点,该算法要求按照递增顺序访问带权边,因此应该用小顶堆(Min-heap),而且最小生成树一旦形成,算法就立即结束,不必等待整个排序过程完成。

8.6 归并排序

归并是一种想法很简单的排序算法,而且不论在理论上还是在实践方面,都证明该算法的速度是很快的。可惜,它在实际应用中仍有一些问题。像快速排序一样,**归并排序**(Merge Sort)也是基于分治法的。归并排序将一个数组分成两个长度相等的子数组,为每一个子数组排序,然后再将它们合并成一个数组。将两个有序数组合并成一个有序数组称为**归并**(Merging),归并排序的运行时间并不依赖于输入数组中元素的组合方式,这样,它就避免了快速排序中的最差情况。可是,在某些特殊数组中,归并排序并不一定比快速排序更快。图 8.11 阐释了归并排序的实现过程。

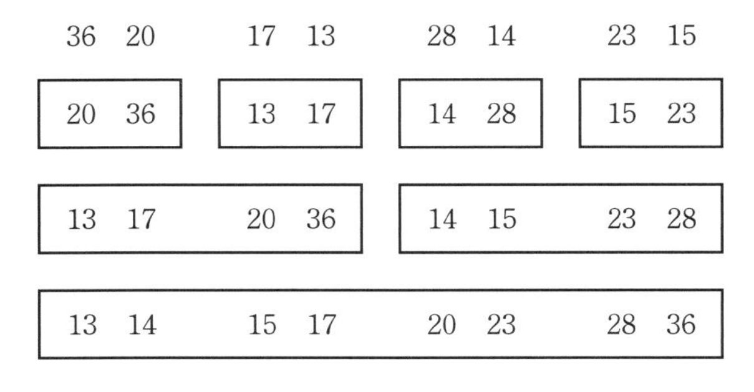

图 8.11 归并排序示例

图 8.11 第一行给出的是 8 个待排序的数。归并排序首先将线性表分成 8 个只有一个元素的子线性表,然后对子表进行重组。第二行是进行第一轮归并后的四个长度为 2 的数组。第三行是对第二行的子线性表进行第二轮归并后,形成的两个长度为 4 的子线性表。第四行是对第三行的两个子线性表进行归并后,最后形成的一个完成排序的线性表。

要实现归并排序仍然有一些困难。第一个困难是怎样才能重组线性表。由于归并排序并不需要随机选取中心点,所以可以选择使用单链表。因此,当输入的待排序数据存储在链表中时,归并排序是一个很好的选择。将两个链表实行归并,非常直截了当,因为我们只需要把待归并的链表中的第一个结点取出来,然后链接到结果链表的尾部。将输入链表分成两个等长的子链表看来有些困难,尽管我们事先知道链表的长度,也要遍历半个链表以得到后半部分的开始结点。一个不需要知道链表长度的简单方法是交替地将链表的元素分配给两个子链表。链表的第一个结点分配给第一个子链表,第二个结点分配给第二个子链表,第三个结点分配给第三个子链表……以此类推,这需要完全遍历输入链表来建立子链表。

当使用归并排序算法为一个数组排序时,如果事先知道数组的边界,确定两个子数组是比较容易的。如果将归并结果放到另一个数组中,那么归并的过程也是很简单的。但是,这将使得归并排序的空间开销是我们上面所讨论的排序方法的两倍,这是归并排序的较大的缺陷。不用额外的数组是可以的,但是这样做起来极其困难,因此并不可取。用一个辅助数组来实现归并排序,虽然简单,但是也有其麻烦之处。考虑一下归并排序是如何将待排序的数组分成子数组的,如图 8.11 所示,归并排序一直调用分割的过程,直到子数组的长度为 1,共需要 $\log_2 n$ 次递归。这些子数组再归并成为长度为 2 的子数组,然后是长度为 4……以此类推,我们需要避免每一次归并都使用一个新的数组。尽管有一点困难,我们仍然可以设计一个算法,只使用两个数组轮换进行排序。一个较好的方法是将排序好的子数组首先复制到辅助数组中,然后再将它们归并回原数组。递归的归并如算法 8.10 所示。

算法 8.10

```
void Merge(RcdType Rs[],RcdType Rt[],int s,int m,int t)
{// 将有序表 Rs[s..m]和 Rs[m+1..t]归并为有序表 Rt[s..t]
  for(i=s,j=m+1,k=i;i<=m && j<=t;k++){
    if (Rs[i].key<=Rs[j].key) Rt[k]=Rs[i++];
    else Rt[k]=Rs[j++];
  }
  while(i<=m) Rt[k++]=Rs[i++];      // 复制剩余的 Rs[i..m]
  while(j<=t) Rt[k++]=Rs[j++];      // 复制剩余的 Rs[j..t]
}// Merge

void MSortPass(RcdType Rs[],RcdType &Rt[],int s,int t)
{// 通过递归将 Rs[s..t]归并排序到 Rt[s..t]中
  if(s==t){Rt[s]=Rs[s]; return;}
  m=(s+t)/2;                        // 将数组 Rs[s..t]平分为二 Rs[s..m]、Rs[m+1..t]
  MSortPass(Rs,Rtmp,s,m);           // 递归归并排序前半部分
  MSortPass(Rs,Rtmp,m+1,t);         // 递归归并排序后半部分
  Merge(Rtmp,Rt,s,m,t);             // 将临时数组的两部分归并到 Rt[s..t]
}// MSortPass

void MergeSort(SqTable &L)
```

```
{// 对顺序表 L 归并排序
  MsortPass(L.r,L.r,1,L.Len);
}
```

对归并算法的分析非常直观，尽管它是一个递归程序。设 n 为两个要排序子数组的总长度，归并过程要花费 $O(n)$时间。需要排序的数组一直不断被分成两半，直到子数组长度为 1；然后开始将它们归并为长度为 2 的子数组，然后是长度为 4……以此类推，如图 8.11 中所示的那样。因此，当被排序元素的数目为 n 时，递归的深度为 $\log_2 n$。第一层递归可以认为是对 1 个长度为 n 的数组排序，下一层是对 2 个长度为 $n/2$ 的子数组排序，再下一层是对 4 个长度为 $n/4$ 的子数组排序，最后一层对 n 个长度为 1 的子数组排序。显然，对 n 个长度为 1 的子数组归并，需要 $n\times 1$ 步；对 $n/2$ 个长度为 2 的数组归并，需要$(n/2)\times 2$ 步……依此类推。在所有 $\log_2 n$ 层递归中，每一层都需要 $O(n)$的时间开销，因此总的时间代价为 $O(n\log_2 n)$。这个时间代价并不依赖于待排序数组中数值的相对顺序。因此，这也就是归并排序的最佳、平均、最差的运行时间。

我们也可以给出归并排序非递归的实现方式，也称 2－路归并，如算法 8.11 所示。

算法 8.11

```
void MergePass2(RcdType Rs[],RcdType Rt[],int s,int n)
{//数组 Rs[]中长度为 s 的子序列已经有序，通过本算法处理为长度为 2s 的有序
   子序列，元素总数为 n
  i = 1;
  while(i + 2 * s - 1 <= n){
    Merge(Rs,Rt,i,i + s - 1,i + 2 * s - 1);
    i + = 2 * s;
  }
  if(i + s - 1 < n)                  //最后还有两个集合，但不等长
    merge(Rs,Rt,i,i + s - 1,n);
  else                               // 最后还有一个集合
    while(i <= n){Rt[i] = Rs[i];i ++ };
}// MergePass2

void MergeSort2(SqTable &L)
{// 对顺序表 L 进行 2 - 路归并排序
  RcdType  T[L.Len + 1];
  s = 1;
  while(s < n){
    MergePass2(L.r,T,s,n);
    s * = 2;
    MergePass2(T,L.r,s,n);
    s * = 2;
```

```
    }
}// MergeSort2
```

8.7 基数排序

考虑关键码范围为 0～99 的一个序列。假如有 10 个盒子，首先我们可以对关键码模 10，每个关键码都以它的个位为标准分到 10 个不同的盒子中。然后，我们按照顺序从盒子中收集这些记录得到一趟的结果，并且再次按照最高位(十位)为标准放入盒子。也就是将数组中记录 i 按照 $A[i]$.key/10 的值再放入到盒子里，再次收集后得到了第二趟的结果，此时我们发现序列已经有序了，这就是基数排序的思想。图 8.12 展示了这种算法。

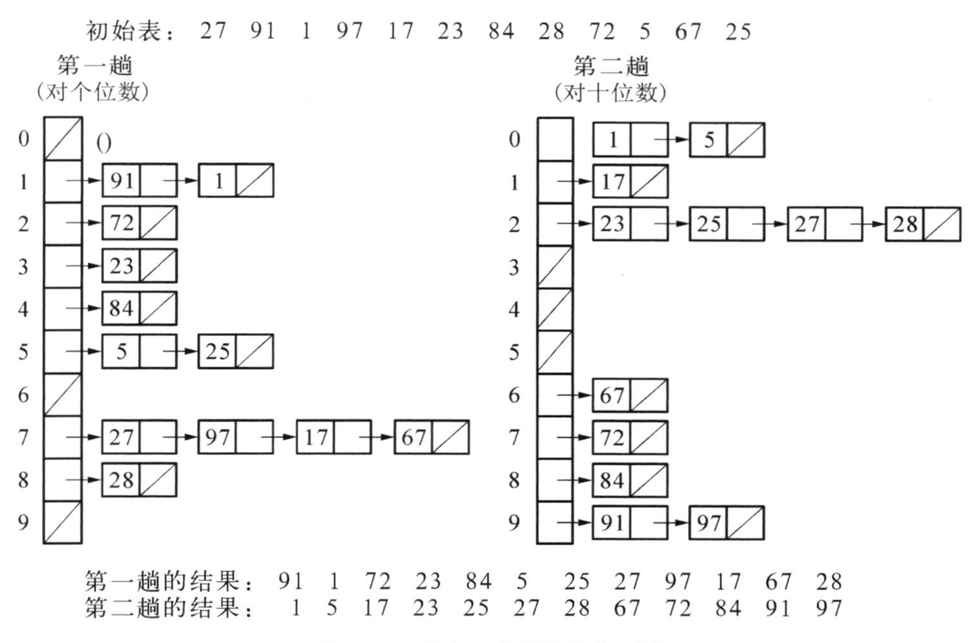

图 8.12　链表实现基数排序示例

在这个例子中，盒子数 $r=10$ 称为基数，关键字被分成了 $d=2$ 项(个位和十位)，分别用于两次分配和收集。一般地，基数排序的关键字要求是可分成 d 项，每项所有可能的取值个数就是基数 r，这样我们对关键字进行 d 趟的分配和收集就可以完成排序，其中每项关键字的基 r 是可以不一样的。由于在每一趟中对于每个记录的分配处理时间是 $O(1)$，因此 n 个元素总的处理时间为 $O(n)$，这样处理 d 趟的时间复杂度就是 $O(n\times d)$。上例只是**基数排序**(Radix Sort)的一个简单例子，这个排序算法可以扩展到对任意位长的关键码进行排序。我们从最右边的位(个位)开始，到最左边的位(最高位)为止，每次按照关键码某位的数字把它分配到盒子中。如果关键码有 k 位数，那么就需要 k 次对盒子分配关键码元素。

正如归并排序一样，基数排序也有一个棘手的问题。人们一般更愿意对数组排序，以避开链表的处理。如果事先知道每个盒子里有多少个元素的话。那么我们可以使用一个长度为 n 的辅助数组。例如，如果第一轮第 1 个盒子将接收 2 个记录，第 2 个盒子将接收 1 个记录，那么我们可以简单地把前 2 个位置空出来留给第 1 个盒子使用，把接着的 1 个位置空出来留给第 2 个盒子使用，其类似于三元组表示矩阵转置中的“按位就座”思想。

在图 8.13 中，我们跳过(b)图的分配过程，观察序列从(a)直接到(c)的变化。可以发现，数 27 之所以在(c)中的第 8 个存储位置，是因为初始序列中个位数小于 7 的数有 7 个；同样 91 排在第 1 个存储位置，是因为初始序列中个位小于 1 的数为 0 个，依次类推。最终我们发现需要统计初始序列的个位数分布情况。可以很容易得到下列统计表(图 8.14)。

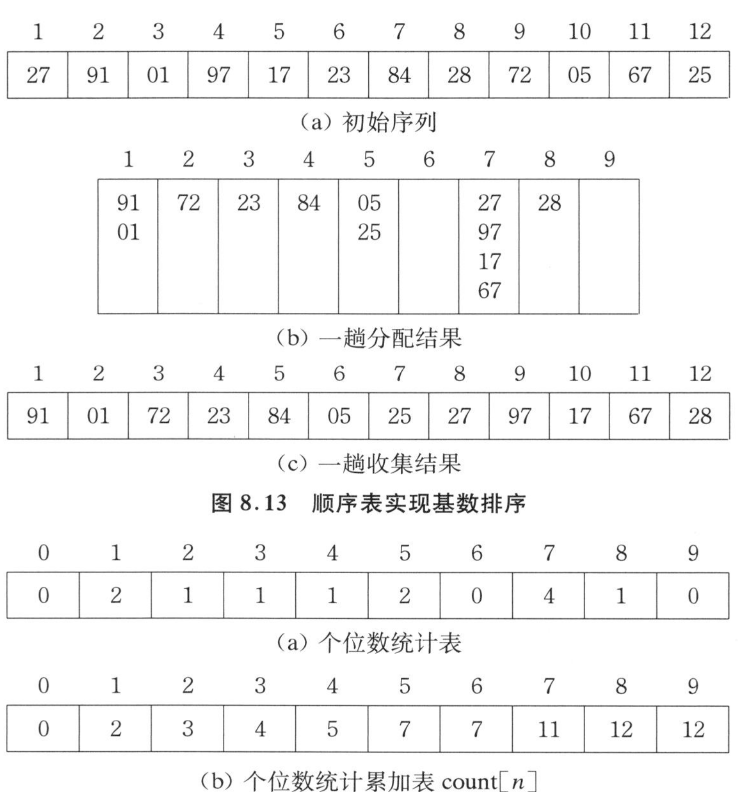

1	2	3	4	5	6	7	8	9	10	11	12
27	91	01	97	17	23	84	28	72	05	67	25

(a) 初始序列

1	2	3	4	5	6	7	8	9
91 01	72	23	84	05 25		27 97 17 67	28	

(b) 一趟分配结果

1	2	3	4	5	6	7	8	9	10	11	12
91	01	72	23	84	05	25	27	97	17	67	28

(c) 一趟收集结果

图 8.13　顺序表实现基数排序

0	1	2	3	4	5	6	7	8	9
0	2	1	1	1	2	0	4	1	0

(a) 个位数统计表

0	1	2	3	4	5	6	7	8	9
0	2	3	4	5	7	7	11	12	12

(b) 个位数统计累加表 count[n]

图 8.14　个位数统计表

把统计表进行累加可以得到个位数小于等于某值的元素有多少个。例如表中 5 对应的数是 7，则表示初始序列中个位数小于等于 5 的元素有 7 个，那么最后一个个位为 5 的元素应该放在图 8.13(c)中的存储位置 7 上。这样我们从后往前扫描初始序列，碰到的第一个个位为 5 的元素即 25 应该放在存储位置 7 上，如果有多个个位为 5 的元素呢？显然下一个个位为 5 的元素应该放在存储位置 6 上了。因此我们可以形成这样的操作方法：由初始序列(a)从后往前扫描，根据当前元素的个位 i 查找统计累加表 i 列，得到累加值 p，然后将该元素放置在结果数组中的 p 位置，同时把统计累加表中的 p 减 1；重复这个过程直至全部元素都放置到结果中。

实现代码如算法 8.12 所示。

算法 8.12

```
#define D 2                                          // 关键字项数
#define R 10                                         // 基数,本例都是 10
typedef struct {
  KeyType keys[D];// keys[0..D-1],0 位最高
  InfoType otherinfo;
} RcdType;                                           // 重新定义 RcdType

void RadPass(RcdType R[],RcdType T[],int n,int k)
{// 对 R[]的元素按关键字的第 k 项做一趟的分配和收集,k 取 0..D-1
// 结果放置在 T[]中
  for(j=0;j<R;j++) count[j]=0;                       // 初始化统计数组
  for(j=1;j<=n;j++) count[R[j].keys[k]]++;
                                                     //求统计数组
  for(j=1;j<R;j++) count[j]=count[j-1]+count[j];
                                                     //累加统计数组
  for(j=n;j>=1;j--){
    p=R[j].keys[k];                                  // 当前元素 k 项关键字内容
    T[count[p]]=R[j];                                //放置 R[j]到 T[p]
    count[p]--;
  }
}//void RadPass

void RadSort(SqTable &L)
{// 对序列 L.r[1..Len]进行基数排序
  RcdType T[L.Len+1];                                // 辅助数组
  k=D-1;                                             // k 取最低位项关键字
  while(k>=0){
    RadPass(L.r,T,L.Len,k);
    k--;
    if(k>=0){
      RadPass(T,L.r,L.Len,k);
      k--;
    }else                                            // D 为奇数时,需要把数据复制回 L
       for(j=1;j<=L.Len;j++)L.r[j]=T[j];
  }//while
}//RadSort
```

对于 n 个数据的序列,假设基数为 r,这个算法需要 d 趟分配收集工作,则其总时间开

销为 $O(n*d)$。这个算法与 r 的关系如何呢？因为 r 是基数，它是比较小的。可以用 2 或者 10 作为基数，对于字符串的排序，采用 26 作为基数比较好(因为有 26 个英文字母)。我们可以把 r 看成一个常数值，而忽视它的影响，因为对 r 个盒子总是可以随机访问的。变量 d 与关键码的长度有关，它是以 r 为基数时关键码可能具有的最大位数。在一些应用中我们可以认为 d 是有限的，因此也可以把它看成是常数。在这种假设下，基数排序的最佳、平均、最差时间代价都是 $O(n)$。这使得基数排序成为所讨论过的具有最好渐近复杂性的排序算法。

基数排序还有待于改进，可以使基数 r 尽量大些。考虑整型关键码的情况，令 $r=2^i$，i 为某个整数。换句话说，r 的大小与每一趟分配时可以处理的位数(Bits)有关。如果 r 增加一倍，则分配的趟数可以减少一半。当处理整型关键码时，令 $r=256=2^8$，即一趟分配可以处理 8 个二进制位，那么处理一个 32 位的关键码只需要 4 趟分配。对于大多数计算机来说可以采用 $r=64\text{K}$，只需两趟分配。只有当待排序的记录接近或超过 64K 以上时，算法的性能才是较好的。换句话说，要使得基数排序的效率更高，一定要仔细研究记录数目和关键码长度。在许多基数排序的应用中，都可以调整 r 的值而获得较好的性能。

对于某一位数值，基数排序要把它确定地在 $O(1)$时间内分配到若干个盒子中的一个，基数排序依赖于这种分配能力，即依赖于对于盒子的随机访问能力。因此，基数排序对某些数据类型来说是较难实现的。例如，如果关键码的数据类型为实型或者不等长的字符串，就会需要一些特殊处理。特别是基数排序中在确定实数的“最后一个数字”或者变长字符串的“最后一个字符”时，都比较麻烦，需要做一些特殊的处理。

本 章 小 结

迄今为止，已有的排序方法远远不止本章讨论的几种方法。人们之所以热衷于研究多种排序方法，一方面是由于排序在计算机中所处的重要地位；另一方面，由于这些方法各有其优缺点，难以得出哪个最好和哪个最坏的结论。因此，排序方法的选用应视具体场合而定。一般情况下考虑的因素有：① 待排序的记录个数 n；② 记录本身的大小；③ 关键字的分布情况；④ 对排序稳定性的要求等。下面就从这几个方面对本章所讨论的各种排序方法作综合比较。

1. 时间性能

(1) 按平均的时间性能来分，有三类排序方法：

时间复杂度为 $O(n\log_2 n)$的方法有：快速排序、堆排序和归并排序，其中快速排序被认为是目前最快的一种排序方法，后两者之比较，在 n 值较大的情况下，归并排序较堆排序更快。

时间复杂度为 $O(n^2)$的方法有：插入排序、起泡排序和选择排序，其中以插入排序为最常用，特别是对于已按关键字基本有序排列的序列尤为如此，选择排序中记录移动次数最少。

时间复杂度为 $O(n)$ 的排序方法只有基数排序一种。

(2) 当待排记录序列按关键字顺序有序时，插入排序和起泡排序能达到 $O(n)$ 的时间复杂度；而对于快速排序而言，这是最不好的情况，此时的时间性能蜕化为 $O(n^2)$，因此应尽量避免。

(3) 选择排序、堆排序和归并排序的时间性能不随记录序列中关键字的分布而改变。在大多数情况下，人们应事先对要排序的记录关键字的分布情况有所了解，才可对症下药，选择有针对性的排序方法。

(4) 以上对排序的时间复杂度的讨论主要考虑排序过程中所需进行的关键字间的比较次数，当待排序记录中其他各数据项比关键字占有更大的数据量时，还应考虑到排序过程中移动记录的操作时间，有时这种操作的时间在整个排序过程中占的比例更大，从这个角度考虑，$O(n^2)$ 时间复杂度的三种排序方法中起泡排序效率最低。

2. 空间性能

空间性能指的是排序过程中所需的辅助空间大小。

(1) 所有的简单排序方法(插入、起泡和选择排序)和堆排序的空间复杂度均为 $O(1)$。

(2) 快速排序为 $O(\log_2 n)$，为递归程序执行过程中轴值所需的辅助空间。

(3) 归并排序和基数排序所需辅助空间最多，其空间复杂度为 $O(n)$。

3. 排序方法的稳定性能

(1) 稳定的排序方法指的是对于两个关键字相等的记录在经过排序之后，不改变它们在排序之前在序列中的相对位置。

(2) 除快速排序、希尔排序和堆排序是不稳定的排序方法外，本章讨论的其他排序方法都是稳定的。例如：对关键字序列 $(6,5,\underline{6},3)$ 进行快速排序，其结果为 $(3,5,\underline{6},6)$。

(3) “稳定性”是由方法本身决定的。一般来说，排序过程中所进行的比较操作和交换数据仅发生在相邻的记录之间，没有大步距的数据调整时，则排序方法是稳定的。如本章的选择排序没有满足“稳定”的要求是因为每趟在右部无序区找到最小记录后，常要跳过很多记录进行交换调整。显然若把“交换调整”的方式改一改就能写出稳定的选择排序算法。而对不稳定的排序方法，不论其算法的描述形式如何，总能举出一个说明它不稳定的实例来。

由此，在选择排序方法时，可有下列几种选择：

(1) 若待排序的记录个数 n 值较小(例如 $n<30$)，则可选用插入排序法，但若记录所含数据项较多，所占存储量大，则应选用选择排序法。反之，若待排序的记录个数 n 值较大，则应选用快速排序法。但若待排序记录关键字有“有序”倾向，就应慎用快速排序，而宁可选用归并排序或堆排序。

(2) 快速排序和归并排序在 n 值较小时的性能不及插入排序，因此在实际应用时，可将它们和插入排序“混合”使用。如在快速排序划分子区间的长度小于某值时，转而调用插入排序；或者对待排记录序列先逐段进行插入排序，然后再利用“归并操作”进行两两归并直至整个序列有序为止。

(3) 基数排序的时间复杂度为 $O(d\times n)$，因此特别适合于待排记录数 n 值很大，而关键字“位数 d”较小的情况，并且还可以调整“基数”(如将基数定为100或1000等)以减少基

数排序的趟数 d 的值。

(4) 一般情况下，进行排序记录的“关键字”各不相同，则排序时所用的排序方法是否稳定无关紧要。但在有些情况下的排序必须选用稳定的排序方法。例如，一组学生记录已按学号的顺序有序，由于某种需要，希望根据学生的身高进行一次排序，并且排序结果应保证相同身高的同学之间的学号具有有序性。显然，在对“身高”进行排序时必须选用稳定的排序方法。

我们上面提到的排序方法是对比较单纯的数据模型进行讨论的，而实际的问题往往比这要复杂，需要综合运用多种排序办法。例如在有些应用场合，关键字的组成结构不一定是整数型，每个分关键字有不同的属性值。汽车牌照皖 AH3784、苏 AH6612、浙 A1234B 是汉字、字母和数字混合结构，这是一种多关键字的排序应用，需要把关键字拆成汉字、字母和数字 3 个部分进行考虑。

习　题

8.1　以关键字序列(5,1,6,0,9,2,8,3,7,4)为例，手工执行下列排序算法，写出每一趟排序结束时关键字序列状态：

(1) 直接插入排序；

(2) 希尔排序(取增量为 5,3,1)；

(3) 快速排序；

(4) 冒泡排序；

(5) 归并排序；

(6) 堆排序。

8.2　上题中哪些排序方法是稳定的，哪些是不稳定的？并为每种不稳定的排序方法举一个不稳定的实例。

8.3　设要将序列(Q,H,C,Y,P,A,M,S,R,D,F,X)按字母升序重新排列，请分别给出对该序列进行冒泡排序、初始步长为 4 的希尔排序和以第一个元素为枢轴元素的快速排序的第一趟扫描的结果，并给出对该序列作堆排序时初始建堆的结果。

8.4　全国有 10 000 人参加物理竞赛，只录取成绩优异的前 10 名，并将他们从高分到低分输出。而对落选的其他考生，不需排出名次，问此种情况下，用何种排序方法速度最快？为什么？

8.5　设有 n 个无序元素，若按非递减次序排序，且只想得到前面长度为 k 的部分序列，其中 $n \gg k$，最好采用什么排序方法？为什么？如果有这样一个序列{59,11,26,34,17,91,25}，得到的部分序列是{11,17,25}，对于该例使用所选择的方法实现时，共执行多少次比较？

8.6　判别以下序列是否为堆(小顶堆或大顶堆)，若不是，则把它调整为堆：

(1) (96,86,48,73,35,39,42,57,66,21)；

(2) (12,70,33,65,24,56,48,92,86,33)。

8.7　编写一个双向起泡的排序算法，即相邻两遍向相反方向起泡。

8.8　试以单链表为存储结构，实现简单选择排序算法。

8.9　试证明：当输入序列已经呈现为有序状态时，快速排序的时间复杂度为 $O(n^2)$。

8.10　已知一个单链表由3 000个元素组成，每个元素均是整数，其值在1～1 000 000之间。试考察本章中的排序算法，哪些可用于解决这个链表的排序问题？哪些不合适？为什么？

8.11　快速排序算法中，如何选取一个轴元素，影响着快速分类的效率，而且轴元素也并不一定是被分类序列中的一个元素。例如，我们可以用被分类序列中所有元素的平均值作为轴元素。编写算法实现以平均值为界值的快速分类方法。

8.12　最小最大堆(Min-max-heap)是一种特定的堆，其最小层和最大层交替出现，根总是处于最小层。最小最大堆中的任一结点的关键字值总是在以它为根的子树中的所有元素中最小或最大。题图所示为一最小最大堆。

(1) 画出在上图中插入关键字为5的结点后的最小最大堆；

(2) 画出在上图中插入关键字为80的结点后的最小最大堆；

(3) 编写一算法实现最小最大堆的插入功能。假定最小最大堆存放在数组中，关键字为整数。

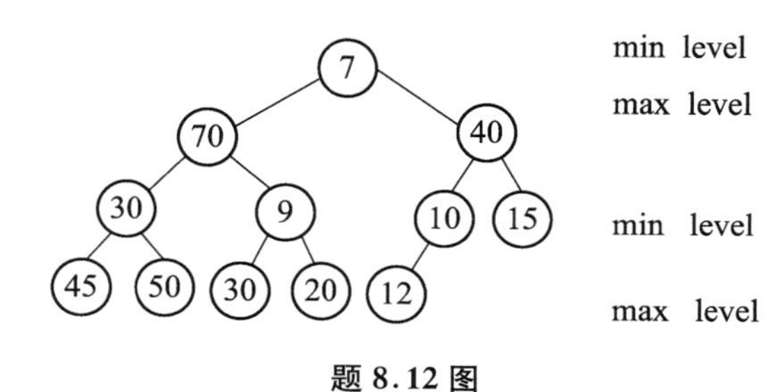

题8.12图

第9章　算法设计策略

为了获得有效的算法，必须了解一些解题的基本思想和方法。对于许多问题，只要仔细分析了数据对象后，相应的处理方法就有了；对于有些问题则不然。然而，作为探寻问题求解思路的基本思想和方法，对于任何算法设计都是有用的。本章简要介绍一些常用的算法设计方法和技术，并重点介绍分治法、贪心法、回溯法、动态规划、分支限界这五种算法设计策略。

9.1　算法设计的基本方法

9.1.1　穷举法

穷举法亦称作枚举法。它的基本思想是：

(1) 首先根据求解问题的部分条件确定答案的大致范围，即列举出解的所有可能的情况。

(2) 然后在此范围内对所有可能的情况逐一验证，若某个情况经过验证符合问题条件则为一个解，若全部情况验证后均不符合题目条件则问题无解，从而得出求解问题的完整解。

例如要找出200到500之间的所有素数，只需要对这个范围内的每一个数逐个用素数的定义去判断就行了。

穷举法的特点是算法简单，但有时运算量大，效率较低。在可以确定解的取值范围，但一时又找不到更好的算法时，就可以使用穷举法求解。

9.1.2　迭代法

迭代法的基本思想是，由一个量的原值求出它的新值，不断地再用新值替代原值求出它的下一个新值，直到得到满意的解。新值与原值之间存在一定的关系，这种关系可以用一个公式来表示，称之为迭代公式。

迭代法主要用于那些很难用或无法用解析法求解的一类计算问题，如高次方程和超越方程等；使得复杂问题的求解过程，转化为相对较简单的迭代算式的重复执行过程，用数值方法求出问题的近似解。

使用迭代法构造这一类问题求解算法的基本方法是：

(1) 先确定一个收敛性能好(即收敛速度快)的迭代公式，选取解的一个近似值(即迭代初值)和解的精度要求(即允许的最大误差范围)；

(2) 然后用循环处理实现迭代过程，终止循环的条件是前后两次得到的近似值之差的绝对值小于解的精度要求，并认为最后一次得到的近似解为问题的解。

这种迭代方法称作逼近迭代，如著名的牛顿迭代法就是这种逼近迭代方法。

此外，精确值的计算也可以使用迭代法。例如计算 $s=1+2+3+\cdots+1000$，可选取迭代公式 $s+I\rightarrow s$ 和迭代初值 0(即 $0\rightarrow s$)。

9.1.3　递推法

递推法是从前面的一些量推出后面的一些量的一种方法，它从已知的初始条件出发，逐次推出所需要求解的各中间结果和最终结果。

递推过程往往表现为迭代，即由一些量的原值推出它的新值，不断地用新值替代原值推出下一个新值，直到推出最终结果，新值与原值之间的关系用递推公式表示。

例如 Fibonacci 数列存在着递推关系：

$$F(1)=1,\quad F(2)=1,\quad \cdots,\quad F(n)=F(n-1)+F(n-2)\quad (n\geqslant 2)$$

需要求出 Fibonacci 数列中某一项的值，利用递推公式逐步求出 $F(3)$，$F(4)$，……，直到求出该项的值，也许有人会说，如果使用通项公式计算岂不更方便吗？事实上，有些递推问题的通项公式是很难找出的，即使找出通项公式计算也不一定简便。如 Fibonacci 数列的通项公式为

$$F(n)=\{[(1+\sqrt{5})/2]^{n+1}-[(1-\sqrt{5})/2]^{n+1}\}/\sqrt{5}$$

显而易见，找出这个通项公式不易，利用它计算 $F(n)$也相当费力。相反地，若利用递推初值和递推公式计算 $F(n)$就容易和方便多了。

9.1.4　递归法

如果一个过程直接或间接地调用它自身，则称该过程是递归的；直接调用自身称作直接递归，间接调用自身则称作间接递归。

递归是构造算法的一种基本方法，它将一个复杂问题归结为若干个较为简单的问题，然后将这些较为简单的问题进一步归结为更简单的问题，这个过程一直进行下去直到归结为最简单的问题时为止。这个最简单的问题即为递归终止条件，也称作递归出口。

如著名的汉诺(Hanoi)塔问题的求解算法，以及本书中的有关树和二叉树的许多算法，都是递归法的典型运用。

递归和递推是既有区别又有联系的两个概念。

(1) 递推是从已知初始条件出发逐次推出最后所求的值；

(2) 递归则是从函数本身出发，逐次上溯调用其本身求解过程直到递归出口，然后再从

里向外倒推回来得到最终的值。

一般来说,一个递推算法总可以转换为一个递归算法。对于同一问题所设计的递归算法往往要比相应的非递归算法(如递推算法)付出更多的执行时间代价和更多的辅助存储空间开销。

然而,利用递归方法分析和设计算法可使难度大幅度降低,且程序设计语言中一般都提供递归机制;利用递归过程描述问题求解算法不仅非常自然,而且算法的正确性证明要比相应的非递归算法容易得多;另外有成熟的方法和技术,可以很方便地把递归算法改写为非递归算法。

所以,递归技术是算法设计的基本技术,递归方法是降低分析设计难度、提高设计效率的重要手段和工具。

9.1.5 回溯法

回溯法是算法设计中的一种基本策略,它通过对问题的分析找出一个解决问题的线索,然后沿这个线索逐步试探。

对于每一步试探,若成功就继续下一步试探;若不成功就逐步退回换别的路线再进行试探,直至探索成功得到问题的解或试探完所有的线索问题无解。

在那些涉及寻找一组解的问题或者满足某些约束条件的最优解的问题中,许多都可以用回溯法来求解。

例如,在国际象棋棋盘上的骑士周游问题和我们平时参加的走迷宫游戏,都是使用回溯法进行的。

9.1.6 贪心法

贪心法也称作贪婪法算法,它是通过一系列的选择来得到问题的一个解。

贪心法在每一步所做出的选择,都总是在当前状态下看来是最好的选择即贪心选择,并希望通过每次所作的贪婪选择导致最终结果是求解问题的一个最优解。

换句话说,贪心法并不从整体最优上加以考虑,它做出的选择只是在某种意义上的局部最优选择,但希望算法得到的最终结果也是整体最优的。虽然这种贪心策略不能对所有问题都得到整体最优解,然而在许多情况下的确能够产生整体最优解。

在一些情况下,即使贪心算法不能得到整体最优解,其最终结果却是最优解的很好近似。

9.1.7 分治法

求解一个复杂问题时,尽可能地把这个问题分解为若干较小的子问题,在找出各个较小问题的解之后再组合成为整个问题的解,这就是所谓的分治法。

使用分治法时,往往要按问题的输入规模来衡量问题的大小;当要求解问题的输入规模相当大时,应选择适当策略将输入划分成若干子集合得到一组子问题,在求出各子问题的解之后用适当的方法把它们合并成整个问题的解,分治法便应用成功了。

如果得到的子问题还相对过大，可再次使用分治法将这些子问题进一步划分成更小的子问题。

9.1.8　智能优化法

智能优化法采用启发式的随机搜索策略，在复杂问题的全局空间中进行搜索寻优，能在可接受的时间内找到全局最优解或者可接受解。和传统方法相比，智能优化法并不依赖问题本身，对求解问题不需要严格的数学推导，而是借助于大自然规律和人类智慧设计通用算法，具有普遍的适应性、并行性和健壮性等典型特征。智能优化法以及在优化计算、模式识别、图像处理、自动控制及通信网络等多个领域取得了许多成功应用。

9.2　分 治 策 略

分治策略（又称分治法）与软件设计的模块化方法非常相似。为了解决一个大的问题，可以：① 把它分成两个或多个更小的问题；② 分别解决每个小问题；③ 把各小问题的解组织起来，即可得到原问题的解答。小问题通常与原问题相似，可以递归地使用分而治之策略来解决。

例 9.1　找出伪币。给一个装有 16 个硬币的袋子。16 个硬币中有一个是伪造的，并且那个伪造的硬币比真的硬币要轻一些。现在的任务是找出这个伪造的硬币。为了帮助完成这一任务，将提供一台可用来比较两组硬币重量的仪器，利用这台仪器，可以知道两组硬币的重量是否相同。

比较硬币 1 与硬币 2 的重量。假如硬币 1 比硬币 2 轻，则硬币 1 是伪造的；假如硬币 2 比硬币 1 轻，则硬币 2 是伪造的。这样就完成了任务。假如两硬币重量相等，则比较硬币 3 和硬币 4。同样，假如有一个硬币轻一些，则寻找伪币的任务完成。假如两硬币重量相等，则继续比较硬币 5 和硬币 6。按照这种方式，可以最多通过 8 次比较来判断伪币的存在并找出这一伪币。

另外一种方法就是利用分治法。假如把 16 硬币的例子看成一个大的问题。第一步，把这一问题分成两个小问题。随机选择 8 个硬币作为第一组称为 A 组，剩下的 8 个硬币作为第二组称为 B 组；第二步，判断 A 和 B 组中是否有伪币。假如两组硬币重量不相等，则存在伪币，并且可以判断它位于较轻的那一组硬币中。最后，在第三步中，用第二步的结果得出原先 16 个硬币问题的答案。若仅仅判断硬币是否存在，则第三步非常简单。无论 A 组还是 B 组中有伪币，都可以推断这 16 个硬币中存在伪币。因此，仅仅通过一次重量的比较，就可以判断伪币是否存在。

这样，16 硬币的问题就被分为两个 8 硬币（A 组和 B 组）的问题。通过比较这两组硬币的重量，可以判断伪币是否存在。如果没有伪币，则算法终止。否则，继续划分这两组硬币来寻找伪币。假设 B 是轻的那一组，因此再把它分成两组，每组有 4 个硬币。称其中一组为

$B1$,另一组为 $B2$。比较这两组,肯定有一组轻一些。如果 $B1$ 轻,则伪币在 $B1$ 中,再将 $B1$ 又分成两组,每组有两个硬币,称其中一组为 $B1a$,另一组为 $B1b$。比较这两组,可以得到一个较轻的组。由于这个组只有两个硬币,因此不必再细分。比较组中两个硬币的重量,可以立即知道哪一个硬币轻一些。较轻的硬币就是所要找的伪币。

9.2.1 分治法的基本思想

任何一个可以用计算机求解的问题所需的计算时间都与其规模 N 有关。问题的规模越小,越容易直接求解,解题所需的计算时间也越少。例如,对于 n 个元素的排序问题,当 $n=1$时,不需任何计算;$n=2$ 时,只要做一次比较即可排好序;$n=3$ 时只要做三次比较即可……而当 n 较大时,问题就不那么容易处理了。要想直接解决一个规模较大的问题,有时是相当困难的。

分治法的设计思想是,将一个难以直接解决的大问题分割成一些规模较小的相同问题,以便各个击破,分而治之。

如果原问题可分割成 k 个子问题($1<k\leqslant n$),且这些子问题都可解,并可利用这些子问题的解求出原问题的解,那么这种分治法就是可行的。由分治法产生的子问题往往是原问题的较小模式,这就为使用递归技术提供了方便。在这种情况下,反复应用分治手段,可以使子问题与原问题类型一致而其规模却不断缩小,最终使子问题缩小到很容易直接求出其解。这自然导致递归过程的产生。分治与递归像一对孪生兄弟,经常同时应用在算法设计之中,并由此产生许多高效算法。

9.2.2 分治法的适用条件

分治法所能解决的问题一般具有以下几个特征:

(1) 该问题的规模缩小到一定的程度就可以容易地解决;

(2) 该问题可以分解为若干个规模较小的相同问题,即该问题具有最优子结构性质;

(3) 利用该问题分解出的子问题的解可以合并为该问题的解;

(4) 该问题所分解出的各个子问题是相互独立的,即子问题之间不包含公共的子子问题。

上述的第一条特征是绝大多数问题都可以满足的,因为问题的计算复杂性一般是随着问题规模的增加而增加;第二条特征是应用分治法的前提,它也是大多数问题可以满足的,此特征反映了递归思想的应用;第三条特征是关键,能否利用分治法完全取决于问题是否具有第三条特征,如果具备了第一条和第二条特征,而不具备第三条特征,则可以考虑贪心法或动态规划法;第四条特征涉及分治法的效率,如果各子问题是不独立的,则分治法要做许多不必要的工作,重复地解公共的子问题,此时虽然可用分治法,但一般用动态规划法较好。

9.2.3 分治法的基本步骤

分治法在每一层递归上都有三个步骤:

(1) 问题分解:将原问题分解为若干个规模较小,相互独立,与原问题形式相同的子问题；

(2) 子问题解决：若子问题规模较小而容易被解决则直接解，否则递归地解各个子问题；

(3) 子问题解法合并：将各个子问题的解合并为原问题的解。

分治法的算法设计模式如算法 9.1 所示。

算法 9.1

```
Divide_and_Conquer(P)
{
    if (|P|≤n0)                              // 若问题较小，直接求解
        return(ADHOC(P));
                                             //将 P 分解为较小的子问题 P1,P2,…,Pk
    for (i=1;i<=k;i++)
        yi = Divide-and-Conquer(Pi);         // 递归解决 Pi
    T=MERGE(y1,y2,…,yk);                     // 合并子问题的解
    Return(T);
}
```

其中 $|P|$ 表示问题 P 的规模；n_0 为一阈值，表示当问题 P 的规模不超过 n_0 时，问题已容易直接解出，不必再继续分解。ADHOC(P)是该分治法中的基本子算法，用于直接解小规模的问题 P。因此，当 P 的规模不超过 n_0 时，直接用算法 ADHOC(P)求解。

算法 MERGE($y_1,y_2,\cdots,y_k$)是该分治法中的合并子算法，用于将 P 的子问题 $P_1,P_2,\cdots,P_k$ 的相应的解 $y_1,y_2,\cdots,y_k$ 合并为 P 的解。

根据分治法的分割原则，原问题应该分为多少个子问题才较适宜？各个子问题的规模应该怎样才为适当？这些问题很难予以肯定的回答。但人们从大量实践中发现，在用分治法设计算法时，最好使子问题的规模大致相同。换句话说，将一个问题分成大小相等的 k 个子问题的处理方法是行之有效的。许多问题可以取 $k=2$。这种使子问题规模大致相等的做法是出自一种平衡子问题的思想，它几乎总是比子问题规模不等的做法要好。

分治法的合并步骤是算法的关键所在。有些问题的合并方法比较明显，有些问题合并方法比较复杂，或者是有多种合并方案；或者是合并方案不明显。究竟应该怎样合并，没有统一的模式，需要具体问题具体分析。

例 9.2　大整数乘法。设计一个有效的算法，可以进行两个 n 位大整数的乘法运算。

设 X 和 Y 都是 n 位的二进制整数，现在要计算它们的乘积 XY。可以用小学所学的方法来设计一个计算乘积 XY 的算法，但是这样做计算步骤太多，显得效率较低。如果将每 2 个 1 位数的乘法或加法看作一步运算，那么这种方法要做 $O(n^2)$ 步运算才能求出乘积 XY。下面用分治法来设计一个更有效的大整数乘积算法。

首先将 n 位的二进制整数 X 和 Y 各分为 2 段，每段的长为 $n/2$ 位(为简单起见，假设 n 是 2 的幂)，如图 9.1 所示。

由此，$X=A2^{n/2}+B$，$Y=C2^{n/2}+D$。这样，X 和 Y 的乘积为

$X=$ | A | B | (each $n/2$位) $Y=$ | C | D | (each $n/2$位)

图 9.1 大整数 X 和 Y 的分段

$$XY = (A2^{n/2} + B)(C2^{n/2} + D) = AC2^n + (AD + CB)2^{n/2} + BD \tag{9.1}$$

如果按式(9.1)计算 XY,则必须进行 4 次 $n/2$ 位整数的乘法(AC,AD,BC 和 BD),以及 3 次不超过 n 位的整数加法(分别对应于式(9.1)中的加号),此外还要做 2 次移位(分别对应于式(9.1)中乘 2^n 和乘 $2^{n/2}$)。所有这些加法和移位共用 $O(n)$步运算。设 $T(n)$是 2 个 n 位整数相乘所需的运算总数,则由式(9.1),就有

$$\begin{cases} T(1) = 1 \\ T(n) = 4T(n/2) + O(n) \end{cases} \tag{9.2}$$

由此可得 $T(n) = O(n^2)$。因此,用式(9.1)来计算 X 和 Y 的乘积并不比小学生的方法更有效。要想改进算法的计算复杂性,必须减少乘法次数。为此,把 XY 写成另一种形式:

$$XY = AC2^n + [(A - B)(D - C) + AC + BD]2^{n/2} + BD \tag{9.3}$$

虽然,式(9.3)看起来比式(9.1)复杂些,但它仅需做 3 次 $n/2$ 位整数的乘法(AC,BD 和$(A-B)(D-C)$),6 次加、减法和 2 次移位。由此可得

$$\begin{cases} T(1) = 1 \\ T(n) = 3T(n/2) + cn \end{cases} \tag{9.4}$$

用解递归方程的套用公式法马上可得其解为 $T(n) = O(n^{\log 3}) = O(n^{1.59})$。利用式(9.3),并考虑到 X 和 Y 的符号对结果的影响,给出大整数相乘的完整算法 MULT(算法 9.2)。

算法 9.2

```
// X 和 Y 为 2 个小于 2n 的整数,返回结果为 X 和 Y 的乘积 XY
MULT(double long int X,double long int Y,int n)
{
    S = SIGN(X) * SIGN(Y);     // S 为 X 和 Y 的符号乘积
    X = ABS(X);
    Y = ABS(Y);                //X 和 Y 分别取绝对值
    if (n == 1)
        if (X == 1 && Y == 1) return(S);
        else return(0);
    else{
        A = X 的左边 n/2 位;
        B = X 的右边 n/2 位;
        C = Y 的左边 n/2 位;
        D = Y 的右边 n/2 位;
        ml = MULT(A,C,n/2);
```

```
        m2 = MULT(A - B,D - C,n/2);
        m3 = MULT(B,D,n/2);
        S = S * (m1 * 2^n + (m1 + m2 + m3) * 2^(n/2) + m3);
        return(S);
    }
}
```

上述二进制大整数乘法同样可应用于十进制大整数的乘法以提高乘法的效率减少乘法次数。

例 9.3　最接近点对问题。给定平面上 n 个点，找其中的一对点，使得在 n 个点的所有点对中，该点对的距离最小。

严格地说，最接近点对可能多于 1 对。为了简单起见，这里只限于找其中的一对。

这个问题很容易理解，似乎也不难解决。只要将每一点与其他 $n-1$ 个点的距离算出，找出达到最小距离的两个点即可。然而，这样做效率太低，需要 $O(n^2)$的计算时间。能否找到问题的一个 $O(n\log_2 n)$算法？

这个问题显然满足分治法的第一个和第二个适用条件，考虑将所给的平面上 n 个点的集合 S 分成 2 个子集 S_1 和 S_2，每个子集中约有 $n/2$ 个点，然后在每个子集中递归地求其最接近的点对。在这里，一个关键的问题是如何实现分治法中的合并步骤，即由 S_1 和 S_2 的最接近点对，如何求得原集合 S 中的最接近点对，因为 S_1 和 S_2 的最接近点对未必就是 S 的最接近点对。如果组成 S 的最接近点对的 2 个点都在 S_1 中或都在 S_2 中，则问题很容易解决。但是，如果这 2 个点分别在 S_1 和 S_2 中，则对于 S_1 中任一点 p，S_2 中最多只有 $n/2$ 个点与它构成最接近点对的候选者，仍需做 $n^2/4$ 次计算和比较才能确定 S 的最接近点对。因此，依此思路，合并步骤耗时为 $O(n^2)$。整个算法所需计算时间 $T(n)$应满足：

$$T(n) = 2T(n/2) + O(n^2)$$

它的解为 $T(n)=O(n^2)$，即与合并步骤的耗时同阶，显示不出比用穷举的方法好。从解递归方程的套用公式法，可以看到问题出在合并步骤耗时太多。这就启发将注意力放在合并步骤上。

为了使问题易于理解和分析，先来考虑一维的情形。此时 S 中的 n 个点退化为 x 轴上的 n 个实数 $x_1,x_2,\cdots,x_n$。最接近点对即为这 n 个实数中相差最小的 2 个实数。显然可以先将 $x_1,x_2,\cdots,x_n$ 排好序，然后，用一次线性扫描就可以找出最接近点对。这种方法主要计算时间花在排序上，因此如在排序算法中所证明的，耗时为 $O(n\log_2 n)$。然而这种方法无法直接推广到二维的情形。因此，对这种一维的简单情形，还是尝试用分治法来求解，并希望能推广到二维的情形。

假设用 x 轴上某个点 m 将 S 划分为 2 个子集 S_1 和 S_2，使得 $S_1=\{x\in S\mid x\leqslant m\}$；$S_2=\{x\in S\mid x>m\}$。这样一来，对于所有 $p\in S_1$ 和 $q\in S_2$ 有 $p<q$。

递归地在 S_1 和 S_2 上找出其最接近点对$\{p_1,p_2\}$和$\{q_1,q_2\}$，并设 $\delta=\min\{|p_1-p_2|,|q_1-q_2|\}$，$S$ 中的最接近点对或者是$\{p_1,p_2\}$，或者是$\{q_1,q_2\}$，或者是某个$\{p_3,q_3\}$，其中 $p_3\in S_1$ 且 $q_3\in S_2$。如图 9.2 所示。

如果 S 的最接近点对是$\{p_3,q_3\}$，即$|p_3-q_3|<\delta$，则 p_3 和 q_3 两者与 m 的距离不超过

δ，即$|p_3 - m| < \delta$，$|q_3 - m| < \delta$，也就是说，$p_3 \in (m-\delta, m)$，$q_3 \in (m, m+\delta)$。由于在S_1中，每个长度为δ的半闭区间至多包含一个点（否则必有两点距离小于δ），并且m是S_1和S_2的分割点，因此$(m-\delta, m)$中至多包含S中的一个点。同理，$(m, m+\delta)$中也至多包含S中的一个点。由图9.2可以看出，如果$(m-\delta, m)$中有S中的点，则此点就是S_1中的最大点。同理，如果$(m, m+\delta)$中有S中的点，则此点就是S_2中最小点。因此用线性时间就能找到区间$(m-\delta, m)$和$(m, m+\delta)$中所有点，即p_3和q_3。从而用线性时间就可以将S_1的解和S_2的解合并成为S的解。也就是说，按这种分治策略，合并步可在$O(n)$时间内完成。这样是否就可以得到一个有效的算法了呢？

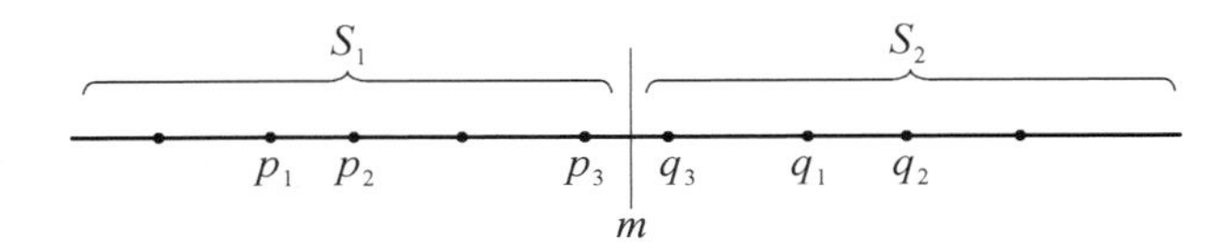

图 9.2　一维情形的分治法

还有一个问题需要认真考虑，即分割点m的选取，及S_1和S_2的划分。选取分割点m的一个基本要求是由此导出集合S的一个线性分割，即$S = S_1 \cup S_2$，$S_1 \cap S_2 = \varnothing$，且$S_1 \subseteq \{x \mid x \leqslant m\}$；$S_2 \subseteq \{x \mid x > m\}$。容易看出，如果选取$m = [\max(S) + \min(S)]/2$，可以满足线性分割的要求。选取分割点后，再用$O(n)$时间即可将$S$划分成$S_1 = \{x \in S \mid x \leqslant m\}$和$S_2 = \{x \in S \mid x > m\}$。然而，这样选取分割点$m$，有可能造成划分出的子集$S_1$和$S_2$的不平衡。例如在最坏的情况下，$|S_1| = 1$，$|S_2| = n - 1$，由此产生的分治法在最坏情况下所需的计算时间$T(n)$应满足递归方程：

$$T(n) = T(n-1) + O(n)$$

它的解是$T(n) = O(n^2)$。这种效率降低的现象可以通过分治法中"平衡子问题"的方法加以解决。也就是说，可以通过适当选择分割点m，使S_1和S_2中有大致相等个数的点。自然地会想到用S的n个点的坐标的中位数来作分割点。在选择算法中介绍的选取中位数的线性时间算法使得可以在$O(n)$时间内确定一个平衡的分割点m。

至此可以设计出一个求一维点集S中最接近点对的距离的算法pair(算法9.3)。

算法 9.3

```
Float pair(S)
{
    if (|S| == 2)  δ = |x[2] - x[1]|; // x[1..n]存放的是S中n个点的坐标
    else {
        if (|S| == 1)  δ = ∞;
        else {
            m = S中各点的坐标值的中位数;
            构造S1和S2,使S1 = {x∈S | x≤m},S2 = {x∈S | x>m};
            δ1 = pair(S1);
            δ2 = pair(S2);
            p = max(S1);
```

```
            q = min(S2);
            δ = min(δ1,δ2,q - p);
        }
    }
    return(δ);
}
```

由以上的分析可知，该算法的分割步骤和合并步骤总共耗时 $O(n)$。因此，算法耗费的计算时间 $T(n)$满足递归方程：

$$\begin{cases} T(2) = 1 \\ T(n) = 2T(n/2) + O(n) \end{cases}$$

解此递归方程可得 $T(n) = O(n\log_2 n)$。

例 9.4　循环赛日程表。设有 $n = 2^k$ 个运动员要进行网球循环赛。现要设计一个满足以下要求的比赛日程表：

(1) 每个选手必须与其他 $n-1$ 个选手各赛一次；

(2) 每个选手一天只能参赛一次；

(3) 循环赛在 $n-1$ 天内结束。

请按此要求将比赛日程表设计成有 n 行和 $n-1$ 列的一个表。在表中的第 i 行，第 j 列处填入第 i 个选手在第 j 天所遇到的选手。其中 $1 \leqslant i \leqslant n, 1 \leqslant j \leqslant n-1$。

按分治策略，可以将所有的选手分为两半，则 n 个选手的比赛日程表可以通过 $n/2$ 个选手的比赛日程表来决定。递归地用这种一分为二的策略对选手进行划分，直到只剩下两个选手时，比赛日程表的制定就变得很简单。这时只要让这两个选手进行比赛就可以了。

图 9.3 所列出的正方形表(c)是 8 个选手的比赛日程表。其中左上角与左下角的两小块分别为选手 1 至选手 4 和选手 5 至选手 8 前 3 天的比赛日程。据此，将左上角小块中的所有数字按其相对位置抄到右下角，又将左下角小块中的所有数字按其相对位置抄到右上角，这样就分别安排好了选手 1 至选手 4 和选手 5 至选手 8 在后 4 天的比赛日程。依此思想容易将这个比赛日程表推广到具有任意多个选手的情形。

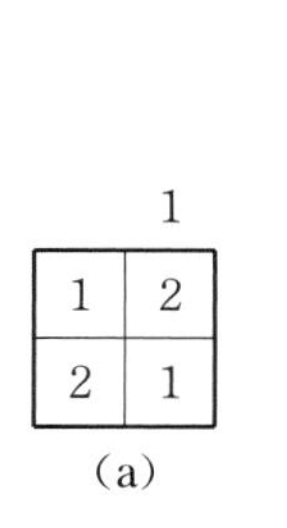

	1
1	2
2	1

(a)

	1	2	3
1	2	3	4
2	1	4	3
3	4	1	2
4	3	2	1

(b)

	1	2	3	4	5	6	7
1	2	3	4	5	6	7	8
2	1	4	3	6	7	8	5
3	4	1	2	7	8	5	6
4	3	2	1	8	5	6	7
5	6	7	8	1	4	3	2
6	5	8	7	2	1	4	3
7	8	5	6	3	2	1	4
8	7	6	5	4	3	2	1

(c)

图 9.3　2 个、4 个和 8 个选手的比赛日程表

9.3 贪心策略

贪心法是一种不追求最优解,只希望得到较为满意解的方法。贪心法一般可以快速得到满意的解,因为它省去了为找最优解要穷尽所有可能而必须耗费的大量时间。贪心法常以当前情况为基础作最优选择,而不考虑各种可能的整体情况,所以贪心法不要回溯。

例如平时购物找钱时,为使找回的零钱的硬币数最少,不考虑找零钱的所有各种发表方案,而是从最大面值的币种开始,按递减的顺序考虑各币种,先尽量用大面值的币种,当不足大面值币种的金额时才去考虑下一种较小面值的币种。这就是在使用贪心法。这种方法在这里总是最优,是因为银行对其发行的硬币种类和硬币面值的巧妙安排。如只有面值分别为1、5和11单位的硬币,而希望找回总额为15单位的硬币。按贪心算法,应找1个11单位面值的硬币和4个1单位面值的硬币,共找回5个硬币。但最优的解应是3个5单位面值的硬币。

例9.5 装箱问题。设有编号为$0,1,\cdots,n-1$的n种物品,体积分别为$v_0,v_1,\cdots,v_{n-1}$。将这n种物品装到容量都为V的若干箱子里。约定这n种物品的体积均不超过V,即对于$0\leqslant i<n$,有$0<v_i\leqslant V$。不同的装箱方案所需要的箱子数目可能不同。装箱问题要求使装尽这n种物品的箱子数要少。

若考察将n种物品的集合分划成n个或小于n个物品的所有子集,最优解就可以找到。但所有可能划分的总数太大。对适当大的n,找出所有可能的划分要花费的时间是无法承受的。为此,对装箱问题采用非常简单的近似算法,即贪婪法。该算法依次将物品放到它第一个能放进去的箱子中,该算法虽不能保证找到最优解,但还是能找到非常好的解。为不失一般性,设n件物品的体积是按从大到小排好序的,即有$v_0\geqslant v_1\geqslant\cdots\geqslant v_{n-1}$。如不满足上述要求,只要先对这$n$件物品按它们的体积从大到小排序,然后按排序结果对物品重新编号即可。装箱算法的简单描述如算法9.4所示。

算法9.4

```
算法输入:箱子的容积;
        物品种数 n;
算法输出:所使用的箱子;
  按体积从大到小顺序,输入各物品的体积;
  预置已用箱子链为空;
  预置已用箱子计数器 box_count 为 0;
  for (i = 0;i<n;i ++ ) {
      从已用的第一只箱子开始顺序寻找能放入物品 i 的箱子 j;
      if (已用箱子都不能再放物品 i){
          另用一个箱子,并将物品 i 放入该箱子;
```

```
            box_count++;
        }
        else
            将物品 i 放入箱子 j;
    }
}
```

上述算法能求出需要的箱子数 box_count,并能求出各箱子所装物品。

若每只箱子所装物品用链表来表示,链表首结点指针存于一个结构中,结构记录尚剩余的空间量和该箱子所装物品链表的首指针。另将全部箱子的信息也构成链表。算法 9.5 是按以上算法编写的程序。

算法 9.5

```
#include <stdio.h>
#include <stdlib.h>
typedef  struct  ele {
    int  vno;
    struct  ele  *link;
} ELE;
typedef  struct  hnode {
    int  remainder;
    ELE  *head;
    struct  hnode  *next;
} HNODE;

void  main()
{
int  n,i,box_count,box_volume,*a;
HNODE  *box_h,  *box_t,  *j;
ELE  *p,  *q;

printf("输入箱子容积\n");
scanf("%d",&box_volume);
printf("输入物品种数\n");
scanf("%d",&n);

a=(int *)malloc(sizeof(int)*n);
printf("请按体积从大到小顺序输入各物品的体积:");
for (i=0;i<n;i++) scanf("%d",a+i);
box_h=box_t=NULL;
box_count=0;
for (i=0;i<n;i++){
    p=(ELE *)malloc(sizeof(ELE));
```

```
    p->vno = i;
    for (j = box_h;j! = NULL;j = j->next)
        if (j->remainder>= a[i])break;
    if (j == NULL){
        j = (HNODE *)malloc(sizeof(HNODE));
        j->remainder = box_volume - a[i];
        j->head = NULL;
        if (box_h == NULL) box_h = box_t = j;
        else box_t = box_t->next = j;
        j->next = NULL;
        box_count ++ ;
    }
    else j->remainder -= a[i];
    for (q = j->next;q != NULL && q->link != NULL;q = q->link);
    if (q == NULL) {
        p->link = j->head;
          j->head = p;
    }
    else {
        p->link = NULL;
        q->link = p;
    }
}
printf(" 共使用了 %d 只箱子 ",box_count);
printf(" 各箱子装物品情况如下:");
for (j = box_h,i = 1;j != NULL;j = j->next,i ++ ) {
    printf(" 第 %2d 只箱子,还剩余容积 %4d,所装物品有;\n",i,j->remainder);
    for (p = j->head;p != NULL;p = p->link)
        printf(" %4d",p->vno + 1);
        printf("\n");
    }
}
```

但是下面的例子说明该算法不一定能找到最优解,设有6种物品,它们的体积分别为:60、45、35、20、20和20单位体积,箱子的容积为100个单位体积。按上述算法计算,需三只箱子,各箱子所装物品分别为:第一只箱子装物品1、3;第二只箱子装物品2、4、5;第三只箱子装物品6。而最优解为两只箱子,分别装物品1、4、5和2、3、6。

	4		3	
5				2
		马		
6				1
	7		0	

图9.4　马的遍历示意图

例9.6　马的遍历。在8×8方格的棋盘上,从任意指定的方格出发,为马寻找一条走遍棋盘每一格并且只经过一次的一条路径。

马在某个方格,可以在一步内到达的不同位置最多有8个,如图9.4所示。如用二维数组board[][]表示棋盘,其元素记录马经过该位置时的步骤号。另对马的 8 种可能走法(称为着法)设定一个顺序,如当前位置在棋盘的(i,j)方格,下一个可能的位置依次为$(i+2,j+1)$、$(i+1,j+2)$、$(i-1,j+2)$、$(i-2,j+1)$、$(i-2,j-1)$、$(i-1,j-2)$、$(i+1,j-2)$、$(i+2,j-1)$,实际可以走的位置仅限于还未走过的和不越出边界的那些位置。为便于程序的统一处理,可以引入两个数组,分别存储各种可能走法对当前位置的纵横增量。

对于本题,一般可以采用回溯法,这里采用 Warnsdoff 策略求解,这也是一种贪心法,其选择下一出口的贪心标准是在那些允许走的位置中,选择出口最少的那个位置。如马的当前位置(i,j)只有三个出口,它们是位置$(i+2,j+1)$、$(i-2,j+1)$和$(i-1,j-2)$,如分别走到这些位置,这三个位置又分别会有不同的出口,假定这三个位置的出口个数分别为 4、2、3,则程序就选择让马走向$(i-2,j+1)$位置。

由于程序采用的是一种贪心法,整个找解过程是一直向前,没有回溯,所以能非常快地找到解。但是,对于某些开始位置,实际上有解,而该算法不能找到解。对于找不到解的情况,程序只要改变 8 种可能出口的选择顺序,就能找到解。改变出口选择顺序,就是改变有相同出口时的选择标准。以下程序考虑到这种情况,引入变量 start,用于控制 8 种可能着法的选择顺序。开始时为 0,当不能找到解时,就让 start 增加 1,重新找解。细节见以下程序(算法 9.6)。

算法 9.6

```
#include <stdio.h>
int delta_i[] = {2,1,-1,-2,-2,-1,1,2};
int delta_j[] = {1,2,2,1,-1,-2,-2,-1};
int board[8][8];
int exitn(int i,int j,int s,int a[])
{
    int i1,j1,k,count;
    for (count = k = 0;k<8;k++) {
        i1 = i + delta_i[(s + k) % 8];
        j1 = i + delta_j[(s + k) % 8];
        if (i1>= 0 && i1<8 && j1>= 0 && j1<8 && board[i1][j1] == 0)
            a[count++] = (s + k) % 8;
    }
    return count;
}

int next(int i,int j,int s)
{
    int m,k,mm,min,a[8],b[8],temp;
    m = exitn(i,j,s,a);
    if (m == 0) return -1;
    for (min = 9,k = 0;k<m;k++) {
```

```
        temp = exitn(i + delta_i[a[k]], j + delta_j[a[k]], s, b);
        if (temp<min) {
            min = temp;
            kk = a[k];
        }
    }
    return  kk;
}

void main()
{
    int sx, sy, i, j, step, no, start;
    for (sx = 0; sx<8; sx ++ )
        for (sy = 0; sy<8; sy ++ ) {
            start = 0;
            do {
                for (i = 0; i<8; i ++ )
                    for (j = 0; j<8; j ++ )
                        board[i][j] = 0;
                board[sx][sy] = 1;
                i = sx; j = sy;
                for (step = 2; step<64; step ++ ) {
                    if ((no = next(i, j, start)) == - 1)break;
                    i + = delta_i[no];
                    j + = delta_j[no];
                    board[i][j] = step;
                }
                if (step>64) break;
                start ++ ;
            } while(step< = 64)
            for (i = 0; i<8; i ++ ) {
                for (j = 0; j<8; j ++ )
                    printf(" % 4d", board[i][j]);
                printf("\n\n");
            }
            scanf(" % * c");
        }
}
```

9.4　动态规划策略

经常会遇到一些复杂问题,不能简单地分解成几个子问题,而会分解出一系列的子问题。简单地采用把大问题分解成子问题,并综合子问题的解导出大问题的解的方法,问题求解耗时会按问题规模呈幂级数增加。

为了节约重复求相同子问题的时间,引入一个数组,不管它们是否对最终解有用,把所有子问题的解存于该数组中,这就是动态规划法所采用的基本方法。以下先用实例说明动态规划方法的使用。

例9.7　求两字符序列的最长公共字符子序列。字符序列的子序列是指从给定字符序列中随意地(不一定连续)去掉若干个字符(可能一个也不去掉)后所形成的字符序列。令给定的字符序列 X =“$x_0, x_1, \cdots, x_{m-1}$”,序列 Y =“$y_0, y_1, \cdots, y_{k-1}$”是 X 的子序列,存在 X 的一个严格递增下标序列$\langle i_0, i_1, \cdots, i_{k-1} \rangle$,使得对所有的 $j=0,1,\cdots,k-1$,有 $x_{ij}=y_j$。例如,X =“ABCBDAB”,Y =“BCDB”是 X 的一个子序列。

给定两个序列 A 和 B,称序列 Z 是 A 和 B 的公共子序列,是指 Z 同是 A 和 B 的子序列。问题要求已知两序列 A 和 B 的最长公共子序列。

如采用列举 A 的所有子序列,并一一检查其是否又是 B 的子序列,并随时记录所发现的子序列,最终求出最长公共子序列。这种方法因耗时太多而不可取。

考虑最长公共子序列问题如何分解成子问题,设 A =“$a_0, a_1, \cdots, a_{m-1}$”,$B$ =“$b_0, b_1, \cdots, b_{m-1}$”,并 Z =“$z_0, z_1, \cdots, z_{k-1}$”为它们的最长公共子序列。不难证明有以下性质:

(1) 如果 $a_{m-1}=b_{n-1}$,则 $z_{k-1}=a_{m-1}=b_{n-1}$,且“$z_0, z_1, \cdots, z_{k-2}$”是“$a_0, a_1, \cdots, a_{m-2}$”和“$b_0, b_1, \cdots, b_{n-2}$”的一个最长公共子序列;

(2) 如果 $a_{m-1}! = b_{n-1}$,则若 $z_{k-1}! = a_{m-1}$,蕴涵“$z_0, z_1, \cdots, z_{k-1}$”是“$a_0, a_1, \cdots, a_{m-2}$”和“$b_0, b_1, \cdots, b_{n-1}$”的一个最长公共子序列;

(3) 如果 $a_{m-1}! = b_{n-1}$,则若 $z_{k-1}! = b_{n-1}$,蕴涵“$z_0, z_1, \cdots, z_{k-1}$”是“$a_0, a_1, \cdots, a_{m-1}$”和“$b_0, b_1, \cdots, b_{n-2}$”的一个最长公共子序列。

这样,在找 A 和 B 的公共子序列时,如有 $a_{m-1}=b_{n-1}$,则进一步解决一个子问题,找“$a_0, a_1, \cdots, a_{m-2}$”和“$b_0, b_1, \cdots, b_{m-2}$”的一个最长公共子序列;如果 $a_{m-1}! = b_{n-1}$,则要解决两个子问题,找出“$a_0, a_1, \cdots, a_{m-2}$”和“$b_0, b_1, \cdots, b_{n-1}$”的一个最长公共子序列和找出“$a_0, a_1, \cdots, a_{m-1}$”和“$b_0, b_1, \cdots, b_{n-2}$”的一个最长公共子序列,再取两者中较长者作为 A 和 B 的最长公共子序列。

定义 $c[i][j]$为序列“$a_0, a_1, \cdots, a_{i-2}$”和“$b_0, b_1, \cdots, b_{j-1}$”的最长公共子序列的长度,计算 $c[i][j]$可递归地表述如下:

(1) $c[i][j]=0$,如果 $i=0$ 或 $j=0$;

(2) $c[i][j]=c[i-1][j-1]+1$,如果 $i,j>0$,且 $a[i-1]=b[j-1]$;

(3) $c[i][j]=\max(c[i][j-1],c[i-1][j])$，如果 $i,j>0$，且 $a[i-1]!=b[j-1]$。

按此算式可写出计算两个序列的最长公共子序列的长度函数。由于 $c[i][j]$ 的产生仅依赖于 $c[i-1][j-1]$、$c[i-1][j]$ 和 $c[i][j-1]$，故可以从 $c[m][n]$ 开始，跟踪 $c[i][j]$ 的产生过程，逆向构造出最长公共子序列。细节见下面的程序(算法 9.7)。

算法 9.7

```
# include <stdio.h>
# include <string.h>
# define N 100
char  a[N],b[N],str[N];

int lcs_len(char  *a,  char  *b,int c[][N])
{
    int  m = strlen(a),n = strlen(b),i,j;
    for (i = 0;i< = m;i ++ )  c[i][0] = 0;
    for (i = 0;i< = n;i ++ )  c[0][i] = 0;
    for (i = 1;i< = m;i ++ )
        for (j = 1;j< = n;j ++ )
            if (a[i - 1] = = b[j - 1])
                c[i][j] = c[i - 1][j - 1] + 1;
              else if (c[i - 1][j]> = c[i][j - 1])
                  c[i][j] = c[i - 1][j];
                else
                  c[i][j] = c[i][j - 1];
    return c[m][n];
}
char *build_lcs(char s[],char *a,char *b)
{
    int  k, i = strlen(a),  j = strlen(b);
    k = lcs_len(a,b,c);
    s[k] = '\0';
    while (k>0)
        if (c[i][j] = = c[i - 1][j])  i -- ;
        else  if (c[i][j] = = c[i][j - 1])  j -- ;
              else{
                s[ -- k] = a[i - 1];
                i -- ;j -- ;
              }
    return s;
}
void main()
```

```
{
    printf ("Enter  two  string(<%d)!\n",N);
    scanf("%s%s",a,b);
    printf("LCS=%s\n",build_lcs(str,a,b));
}
```

9.4.1 动态规划的适用条件

任何思想方法都有一定的局限性,超出了特定条件,它就失去了作用。同样,动态规划也并不是万能的。适用动态规划的问题必须满足最优化原理和无后效性。

1. 最优化原理(最优子结构性质)

最优化原理可这样阐述:一个最优化策略具有这样的性质,不论过去状态和决策如何,对前面的决策所形成的状态而言,余下的诸决策必须构成最优策略。简而言之,一个最优化策略的子策略总是最优的。一个问题满足最优化原理又称其具有最优子结构性质。

例如图9.5中,若路线 I 和 J 是 A 到 C 的最优路径,则根据最优化原理,路线 J 必是从 B 到 C 的最优路线。这可用反证法证明:假设有另一路径 J' 是 B 到 C 的最优路径,则 A 到 C 的路线取 I 和 J' 比 I 和 J 更优,矛盾。从而证明 J' 必是 B 到 C 的最优路径。

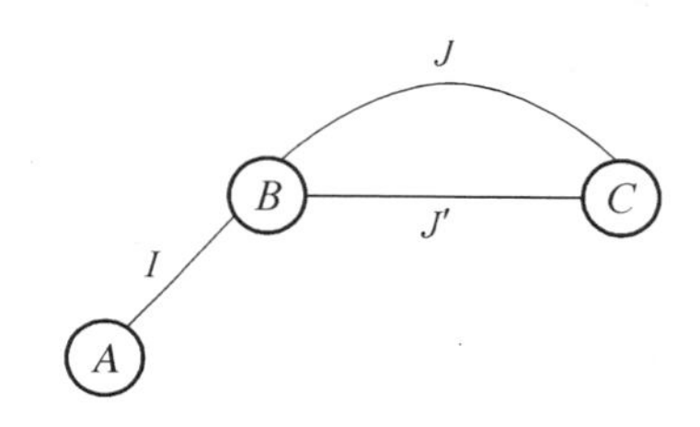

图9.5　动态规划说明示意

最优化原理是动态规划的基础,任何问题如果失去了最优化原理的支持,就不可能用动态规划方法计算。根据最优化原理导出的动态规划基本方程是解决一切动态规划问题的基本方法。

2. 无后向性

将各阶段按照一定的次序排列好之后,对于某个给定的阶段状态,它以前各阶段的状态无法直接影响它未来的决策,而只能通过当前的这个状态。换句话说,每个状态都是过去历史的一个完整总结。这就是无后向性,又称为无后效性。

3. 子问题的重叠性

动态规划算法的关键在于解决冗余,这是动态规划算法的根本目的。动态规划实质上是一种以空间换时间的技术,它在实现的过程中,不得不存储产生过程中的各种状态,所以它的空间复杂度要大于其他的算法。选择动态规划算法是因为动态规划算法在空间上可以承受,而搜索算法在时间上却无法承受,所以我们舍空间而取时间。

所以,能够用动态规划解决的问题还有一个显著特征:子问题的重叠性。这个性质并不是动态规划适用的必要条件,但是如果该性质无法满足,动态规划算法同其他算法相比就不具备优势。

9.4.2 动态规划的基本思想

前面介绍了动态规划的一些理论依据,将前文所说的具有明显的阶段划分和状态转移方程的动态规划称为**标准动态规划**，这种标准动态规划是在研究多阶段决策问题时推导出来的，具有严格的数学形式，适合用于理论上的分析。在实际应用中，许多问题的阶段划分并不明显，这时如果刻意地划分阶段反而麻烦。一般来说，只要该问题可以划分成规模更小的子问题，并且原问题的最优解中包含了子问题的最优解（即满足最优子化原理），则可以考虑用动态规划解决。

动态规划的实质是**分治思想**和**解决冗余**，因此，**动态规划**是一种将问题实例分解为更小的、相似的子问题，并存储子问题的解而避免计算重复的子问题，以解决最优化问题的算法策略。

由此可知，动态规划法与分治法和贪心法类似，它们都是将问题实例归纳为更小的、相似的子问题，并通过求解子问题产生一个全局最优解。其中贪心法的当前选择可能要依赖已经做出的所有选择，但不依赖于有待于做出的选择和子问题。因此贪心法自顶向下，一步一步地做出贪心选择；而分治法中的各个子问题是独立的（即不包含公共的子子问题），因此一旦递归地求出各子问题的解，便可自下而上地将子问题的解合并成问题的解。但不足的是，如果当前选择可能要依赖子问题的解时，则难以通过局部的贪心策略达到全局最优解；如果各子问题是不独立的，则分治法要做许多不必要的工作，重复地解公共的子问题。

解决上述问题的办法是利用动态规划。该方法主要应用于最优化问题，这类问题会有多种可能的解，每个解都有一个值，而动态规划找出其中最优（最大或最小）值的解。若存在若干个取最优值的解的话，它只取其中的一个。在求解过程中，该方法也是通过求解局部子问题的解达到全局最优解，但与分治法和贪心法不同的是，动态规划允许这些子问题不独立（亦即各子问题可包含公共的子子问题），也允许其通过自身子问题的解做出选择，该方法对每一个子问题只解一次，并将结果保存起来，避免每次碰到时都要重复计算。

因此，动态规划法所针对的问题有一个显著的特征，即它所对应的子问题树中的子问题呈现大量的重复。动态规划法的关键就在于，对于重复出现的子问题，只在第一次遇到时加以求解，并把答案保存起来，让以后再遇到时直接引用，不必重新求解。

9.4.3 动态规划算法的基本步骤

设计一个标准的动态规划算法，通常可按以下几个步骤进行：

(1) 划分阶段：按照问题的时间或空间特征，把问题分为若干个阶段。注意这若干个阶段一定要是有序的或者是可排序的（即无后向性），否则问题就无法用动态规划求解。

(2) 选择状态：将问题发展到各个阶段时所处于的各种客观情况用不同的状态表示出来。当然，状态的选择要满足无后效性。

(3) 确定决策并写出状态转移方程：之所以把这两步放在一起，是因为决策和状态转移有着天然的联系，状态转移就是根据上一阶段的状态和决策来导出本阶段的状态。所以，如果我们确定了决策，状态转移方程也就写出来了。但事实上，我们常常是反过来做的，根据相邻两段的各状态之间的关系来确定决策。

(4) 写出规划方程（包括边界条件）：动态规划的基本方程是规划方程的通用形式化表达式。

一般说来，只要阶段、状态、决策和状态转移确定了，这一步还是比较简单的。动态规划的主要难点在于理论上的设计，一旦设计完成，实现部分就会非常简单。根据动态规划的基本方程可以直接递归计算最优值，但是一般将其改为递推计算，实现的大体上的框架如算法 9.8 所示。

算法 9.8　标准动态规划的基本框架。

```
1. 对 f_{n+1}(x_{n+1})初始化;                          //边界条件
   for(k = n; k<=1;k--)
      for (每一个 x_k∈X_k)
         for (每一个 u_k∈U_k(x_k)) {
5.          f_k(x_k) = 一个极值;                      //∞或-∞
6.          x_{k+1} = T_k(x_k,u_k);                  //状态转移方程
7.          t = φ(f_{k+1}(x_{k+1}),v_k(x_k,u_k));    //基本方程
              if  (t 比 f_k(x_k)更优)
                f_k(x_k) = t;                         //计算 f_k(x_k)的最优值
         }
9.  t = 一个极值;                                     //∞或-∞
    for (每一个 x_1∈X_1)
11.     if (f_1(x_1)比 t 更优)
          t = f_1(x_1);                               //求出最优指标
12.  输出 t;
```

但是，实际应用当中经常不显式地按照上面步骤设计动态规划，而是按以下几个步骤进行：

(1) 分析最优解的性质，并刻画其结构特征；

(2) 递归地定义最优值；

(3) 以自底向上的方式或自顶向下的记忆化方法(备忘录法)计算出最优值；

(4) 根据计算最优值时得到的信息，构造一个最优解。

步骤(1)～(3)是动态规划算法的基本步骤。在只需要求出最优值的情形，步骤(4)可以省略，若需要求出问题的一个最优解，则必须执行步骤(4)。此时，在步骤(3)中计算最优值时，通常需记录更多的信息，以便在步骤(4)中，根据所记录的信息，快速地构造出一个最优解。

例 9.8　凸多边形的最优三角剖分问题。多边形是平面上一条分段线性的闭曲线。也就是说，多边形是由一系列首尾相接的直线段组成的。组成多边形的各直线段称为该多边形的边。多边形相接两条边的连接点称为多边形的顶点。若多边形的边之间除了连接顶点外没有别的公共点，则称该多边形为简单多边形。一个简单多边形将平面分为 3 个部分：被包围在多边形内的所有点构成了多边形的内部；多边形本身构成多边形的边界；而平面上其余的点构成了多边形的外部。当一个简单多边形及其内部构成一个闭凸集时，称该简单多边形为凸多边形。也就是说凸多边形边界上或内部的任意两点所连成的直线段上所有的点均在该凸多边形的内部或边界上。

通常,用多边形顶点的逆时针序列来表示一个凸多边形,即 $P=\langle v_0,v_1,\cdots,v_{n-1}\rangle$表示具有 n 条边 $v_0v_1,v_1v_2,\cdots,v_{n-1}v_n$ 的一个凸多边形,其中,约定 $v_0=v_n$。

若 v_i 与 v_j 是多边形上不相邻的两个顶点,则线段 v_iv_j 称为多边形的一条弦。弦将多边形分割成凸的两个子多边形$\langle v_i,v_{i+1},\cdots,v_j\rangle$和$\langle v_j,v_{j+1},\cdots,v_i\rangle$。多边形的三角剖分是一个将多边形分割成互不重叠的三角形的弦的集合 T。图 9.6 是一个凸多边形的两种不同的三角剖分。

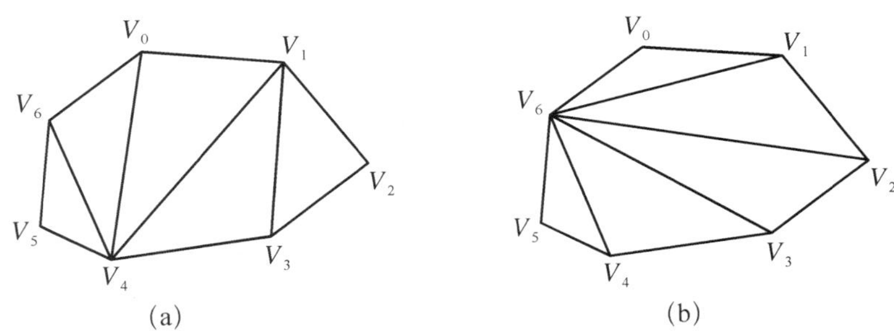

图 9.6　一个凸多边形的两种不同的三角剖分

在凸多边形 P 的一个三角剖分T 中,各弦互不相交且弦数已达到最大,即 P 的任一不在T 中的弦必与T 中某一弦相交。在一个有 n 个顶点的凸多边形的三角剖分中,恰好有 $n-3$条弦和 $n-2$ 个三角形。

凸多边形最优三角剖分的问题是:给定一个凸多边形 $P=\langle v_0,v_1,\cdots,v_{n-1}\rangle$以及定义在由多边形的边和弦组成的三角形上的权函数 ω。要求确定该凸多边形的一个三角剖分,使得该三角剖分对应的权即剖分中诸三角形上的权之和为最小。

可以定义三角形上各种各样的权函数 ω。例如:定义 $\omega(\triangle v_iv_jv_k)=|v_iv_j|+|v_iv_k|+|v_kv_j|$,其中,$|v_iv_j|$是点 v_i 到v_j 的欧氏距离。相应于此权函数的最优三角剖分即为最小弦长三角剖分。

1. 最优子结构性质

凸多边形的最优三角剖分问题有最优子结构性质。事实上,若凸$(n+1)$边形 $P=\langle v_0,v_1,\cdots,v_n\rangle$的一个最优三角剖分 T 包含三角形 $v_0v_kv_n$,$1\leqslant k\leqslant n-1$,则 T 的权为 3 个部分权的和,即三角形 $v_0v_kv_n$ 的权,子多边形$\langle v_0,v_1,\cdots,v_k\rangle$的权和$\langle v_k,v_{k+1},\cdots,v_n\rangle$的权之和。可以断言由 T 所确定的这两个子多边形的三角剖分也是最优的,因为若有$\langle v_0,v_1,\cdots,v_k\rangle$或$\langle v_k,v_{k+1},\cdots,v_n\rangle$的更小权的三角剖分,将会导致 T 不是最优三角剖分的矛盾。

2. 最优三角剖分对应的权的递归结构

首先,定义 $t[i,j]$$(1\leqslant i<j\leqslant n)$为凸子多边形$\langle v_{i-1},v_i,\cdots,v_j\rangle$的最优三角剖分所对应的权值,即最优值。为方便起见,设退化的多边形$\langle v_{i-1},v_i\rangle$具有权值 0。据此定义,要计算的凸$(n+1)$边多边形 P 对应的权的最优值为$t[1,n]$。

$t[i,j]$的值可以利用最优子结构性质递归地计算。由于退化的 2 顶点多边形的权值为 0,所以 $t[i,i]=0,i=1,2,\cdots,n$。当 $j-i\geqslant 1$ 时,子多边形$\langle v_{i-1},v_i,\cdots,v_j\rangle$至少有 3 个顶点。由最优子结构性质,$t[i,j]$的值应为 $t[i,k]$的值加上 $t[k+1,j]$的值,再加上$\Delta v_{i-1}v_kv_j$的权值,并在 $i\leqslant k\leqslant j-1$ 的范围内取最小。由此,$t[i,j]$可递归地定义为

$$t[i,j]=\begin{cases}0, & i=j \\ \min\limits_{i\leqslant k\leqslant j-1}\{t[i,k]+t[k+1,j]+\omega(\Delta v_{i-1}v_kv_j)\}, & i<j\end{cases},\quad 1\leqslant i\leqslant j\leqslant n$$

3. 计算最优值

下面描述的计算凸$(n+1)$边形 $P=\langle v_0,v_1,\cdots,v_n\rangle$的三角剖分最优权值的动态规划算法 MINIMUM_WEIGHT,输入是凸多边形 $P=\langle v_0,v_1,\cdots,v_n\rangle$的权函数 ω,输出是最优值 $t[i,j]$和使得 $t[i,k]+t[k+1,j]+\omega(\Delta v_{i-1}v_kv_j)$达到最优的位置$(k=)s[i,j]$,$1\leqslant i\leqslant j\leqslant n$。

算法 9.9

```
MINIMUM_WEIGHT(P,w);
{
    n = length[p] - 1;
    for (i = 1;i< = n;i ++ ) t[i,i] = 0;
    for (ll = 2;ll< = n;ll ++ )
        for i = 1;i< = n - ll + 1;i ++ ) {
        j = i + ll - 1;
        t[i,j] = ∞;
        for (k = i;k> = j - 1;k ++ ) {
            q = t[i,k] + t[k + 1,j] + ω(△vi - 1vkvj);
            if (q<t[i,j]) {
                t[i,j] = q;
                s[i,j] = k;
            }
        }
    }
    return(t,s);
}
```

算法 MINIMUM_WEIGHT 占用 $O(n^2)$空间,耗时 $O(n^3)$。

4. 构造最优三角剖分

如所看到的,对于任意的 $1\leqslant i\leqslant j\leqslant n$,算法 MINIMUM_WEIGHT 在计算每一个子多边形$\langle v_{i-1},v_i,\cdots,v_j\rangle$的最优三角剖分所对应的权值 $t[i,j]$的同时,还在 $s[i,j]$中记录了此最优三角剖分中与边(或弦)$v_{i-1}v_j$ 构成的三角形的第三个顶点的位置。因此,利用最优子结构性质并借助于 $s[i,j]$,$1\leqslant i\leqslant j\leqslant n$,凸$(n+1)$边形 $P=\langle v_0,v_1,\cdots,v_n\rangle$的最优三角剖分可容易地在 $O(n)$时间内构造出来。

9.5 回 溯 策 略

回溯法也称为试探法,该方法首先暂时放弃关于问题规模大小的限制,并将问题的候选解按某种顺序逐一枚举和检验。当发现当前候选解不可能是解时，就选择下一个候选解；倘若当前候选解除了还不满足问题规模要求外，满足所有其他要求时，继续扩大当前候选解的规模，并继续试探。如果当前候选解满足包括问题规模在内的所有要求时，该候选解就是问题的一个解。在回溯法中，放弃当前候选解，寻找下一个候选解的过程称为回溯。扩大当前候选解的规模，以继续试探的过程称为向前试探。

9.5.1 回溯法的一般描述

可用回溯法求解的问题 P，通常要能表达为：对于已知的由 n 元组 $(x_1,x_2,\cdots,x_n)$ 组成的一个状态空间 $E=\{(x_1,x_2,\cdots,x_n)\mid x_i\in S_i,i=1,2,\cdots,n\}$，给定关于 n 元组中的一个分量的一个约束集 D，要求 E 中满足 D 的全部约束条件的所有 n 元组。其中 S_i 是分量 x_i 的定义域，且 $|S_i|$ 有限，$i=1,2,\cdots,n$。我们称 E 中满足 D 的全部约束条件的任一 n 元组为问题 P 的一个解。

解问题 P 的最朴素的方法就是枚举法，即对 E 中的所有 n 元组逐一地检测其是否满足 D 的全部约束，若满足，则为问题 P 的一个解。但显然，其计算量是相当大的。

对于许多问题，所给定的约束集 D 具有完备性，即 i 元组 $(x_1,x_2,\cdots,x_i)$ 满足 D 中仅涉及 $x_1,x_2,\cdots,x_i$ 的所有约束意味着 $j(j<i)$ 元组 $(x_1,x_2,\cdots,x_j)$ 一定也满足 D 中仅涉及 $x_1,x_2,\cdots,x_j$ 的所有约束，$i=1,2,\cdots,n$。换句话说，只要存在 $0\leqslant j\leqslant n-1$，使得 $(x_1,x_2,\cdots,x_j)$ 违反 D 中仅涉及 $x_1,x_2,\cdots,x_j$ 的约束之一，则以 $(x_1,x_2,\cdots,x_j)$ 为前缀的任何 n 元组 $(x_1,x_2,\cdots,x_j,x_{j+1},\cdots,x_n)$ 一定也违反 D 中仅涉及 $x_1,x_2,\cdots,x_i$ 的一个约束，$n\geqslant i>j$。因此，对于约束集 D 具有完备性的问题 P，一旦检测断定某个 j 元组 $(x_1,x_2,\cdots,x_j)$ 违反 D 中仅涉及 $x_1,x_2,\cdots,x_j$ 的一个约束，就可以肯定，以 $(x_1,x_2,\cdots,x_j)$ 为前缀的任何 n 元组 $(x_1,x_2,\cdots,x_j,x_{j+1},\cdots,x_n)$ 都不会是问题 P 的解，因而就不必去搜索它们、检测它们。回溯法正是针对这类问题，利用这类问题的上述性质而提出来的比枚举法效率更高的算法。

回溯法首先将问题 P 的 n 元组的状态空间 E 表示成一棵高为 n 的带权有序树 T，把在 E 中求问题 P 的所有解转化为在 T 中搜索问题 P 的所有解。树 T 类似于检索树，它可以这样构造：

设 S_i 中的元素可排成 $x_i^{(1)},x_i^{(2)},\cdots,x_i^{(mi-1)}$，$|S_i|=m_i$，$i=1,2,\cdots,n$。从根开始，让 T 的第 I 层的每一个结点都有 m_i 个孩子。这 m_i 个孩子到它们的双亲的边，按从左到右的次序，分别带权 $x_{i+1}^{(1)},x_{i+1}^{(2)},\cdots,x_{i+1}^{(mi)}$，$i=0,1,2,\cdots,n-1$。照这种构造方式，$E$ 中的一个 n 元组 $(x_1,x_2,\cdots,x_n)$ 对应于 T 中的一个叶子结点，T 的根到这个叶子结点的路径上依次的 n 条边的权分别为 $x_1,x_2,\cdots,x_n$，反之亦然。另外，对于任意的 $0\leqslant i\leqslant n-1$，$E$ 中 n 元组 $(x_1,x_2,\cdots,x_n)$ 的一个前缀 i 元组 $(x_1,x_2,\cdots,x_i)$ 对应于 T 中的一个非叶子结点，T 的根到这个非叶子结点的路径上依次的 i 条边的权分别为 $x_1,x_2,\cdots,x_i$，反之亦然。特别地，E 中的任意一个 n 元组的空前缀( )，对应于 T 的根。

因而，在 E 中寻找问题 P 的一个解等价于在 T 中搜索一个叶子结点，要求从 T 的根到该叶子结点的路径上依次的 n 条边相应带的 n 个权 $x_1,x_2,\cdots,x_n$ 满足约束集 D 的全部约束。在 T 中搜索所要求的叶子结点，很自然的一种方式是从根出发，按深度优先的策略逐步深入，即依次搜索满足约束条件的前缀 1 元组 (x_{1i})，前缀 2 元组 (x_1,x_2)，…，前缀 i 元组

$(x_1, x_2, \cdots, x_i), \cdots$，直到 $i = n$ 为止。

在回溯法中，上述引入的树被称为问题 P 的状态空间树；树 T 上任意一个结点被称为问题 P 的状态结点；树 T 上的任意一个叶子结点被称为问题 P 的一个解状态结点；树 T 上满足约束集 D 的全部约束的任意一个叶子结点被称为问题 P 的一个回答状态结点，它对应于问题 P 的一个解。

例如：组合问题。找出从自然数 1，2，…，n 中任取 r 个数的所有组合。

例如 $n = 5, r = 3$ 的所有组合为

(1) 1,2,3　　(2) 1,2,4　　(3) 1,2,5
(4) 1,3,4　　(5) 1,3,5　　(6) 1,4,5
(7) 2,3,4　　(8) 2,3,5　　(9) 2,4,5
(10) 3,4,5

则该问题的状态空间为

$$E = \{(x_1, x_2, x_3) \mid x_i \in S, i = 1,2,3\}$$

其中 $S = \{1,2,3,4,5\}$，约束集为 $x_1 < x_2 < x_3$。显然该约束集具有完备性。

问题的状态空间树 T，如图 9.7 所示。

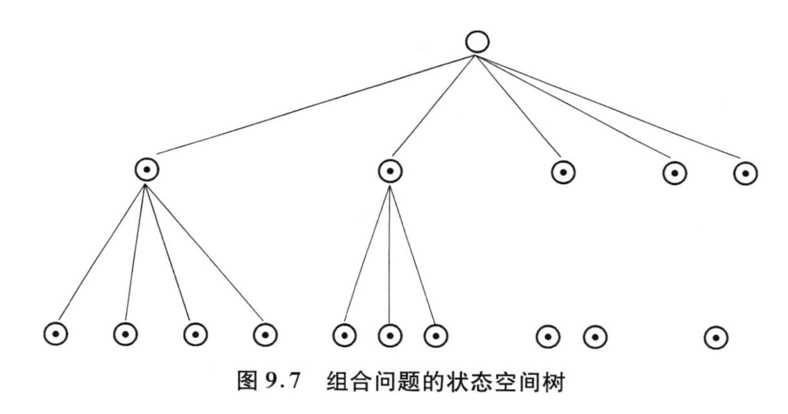

图 9.7　组合问题的状态空间树

9.5.2　回溯法的方法

对于具有完备约束集 D 的一般问题 P 及其相应的状态空间树 T，利用 T 的层次结构和 D 的完备性，在 T 中搜索问题 P 的所有解的回溯法可以形象地描述为：从 T 的根出发，按深度优先的策略，系统地搜索以其为根的子树中可能包含着回答结点的所有状态结点，而跳过对肯定不含回答结点的所有子树的搜索，以提高搜索效率。具体地说，当搜索按深度优先策略到达一个满足 D 中所有有关约束的状态结点时，即"激活"该状态结点，以便继续往深层搜索；否则跳过对以该状态结点为根的子树的搜索，而一边逐层地向该状态结点的祖先结点回溯，一边"杀死"其孩子结点已被搜索遍的祖先结点，直到遇到其孩子结点未被搜索遍的祖先结点，即转向其未被搜索的一个孩子结点继续搜索。

在搜索过程中，只要所激活的状态结点又满足终结条件，那么它就是回答结点，应该把它输出或保存。由于在回溯法求解问题时，一般要求出问题的所有解，因此在得到回答结点

后，同时也要进行回溯，以便得到问题的其他解，直至回溯到 T 的根且根的所有孩子结点均已被搜索过为止。

例如在组合问题中，从 T 的根出发深度优先遍历该树。当遍历到结点(1,2)时，虽然它满足约束条件，但还不是回答结点，则应继续深度遍历；当遍历到叶子结点(1,2,5)时，由于它已是一个回答结点，则保存(或输出)该结点，并回溯到其双亲结点，继续深度遍历；当遍历到结点(1,5)时，由于它已是叶子结点，但不满足约束条件，故也需回溯。

9.5.3 回溯法的一般流程和技术

在用回溯法求解有关问题的过程中，一般是一边建树，一边遍历该树。在回溯法中一般采用非递归方法。图 9.8 给出了回溯法的非递归算法的一般流程：在用回溯法求解问题，也即在遍历状态空间树的过程中，如果采用非递归方法，则我们一般要用到栈的数据结构。这时，不仅可以用栈来表示正在遍历的树的结点，而且可以很方便地表示建立孩子结点和回溯过程。

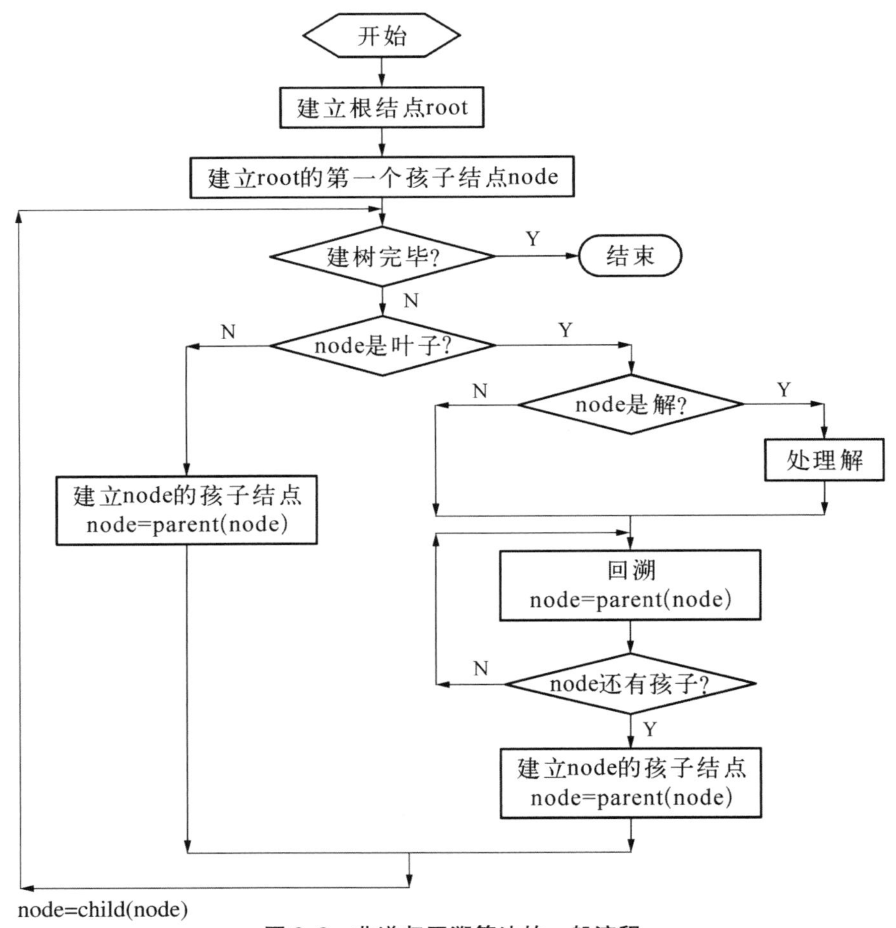

图 9.8 非递归回溯算法的一般流程

例如在组合问题中，用一个一维数组 Stack[]表示栈。开始栈空，则表示了树的根结点。如果元素1进栈，则表示建立并遍历(1)结点；这时如果元素2进栈，则表示建立并遍历(1,2)结点；元素3再进栈，则表示建立并遍历(1,2,3)结点。这时可以判断它满足所有约束条件，是问题的一个解，输出(或保存)。这时只要栈顶元素(3)出栈，即表示从结点(1,2,3)回溯到结点(1,2)。

例 9.9　组合问题。找出从自然数 $1,2,\cdots,n$ 中任取 r 个数的所有组合。

采用回溯法找问题的解，将找到的组合以从小到大顺序存于 $a[0],a[1],\cdots,a[r-1]$ 中，组合的元素满足以下性质：

(1) $a[i+1]>a[i]$，后一个数字比前一个大；

(2) $a[i]-i<=n-r+1$。

按回溯法的思想，找解过程描述如下：

首先放弃组合数个数为 r 的条件，候选组合从只有一个数字1开始。因该候选解满足除问题规模之外的全部条件，扩大其规模，并使其满足上述条件(1)，候选组合改为1,2。继续这一过程，得到候选组合1,2,3。该候选解满足包括问题规模在内的全部条件，因而是一个解。在该解的基础上，选下一个候选解，因 $a[2]$上的3调整为4，以及以后调整为5都满足问题的全部要求，得到解1,2,4和1,2,5。由于对5不能再作调整，就要从 $a[2]$回溯到 $a[1]$，这时，$a[1]=2$，可以调整为3，并向前试探，得到解1,3,4。重复上述向前试探和向后回溯，直至要从 $a[0]$再回溯时，说明已经找完问题的全部解。按上述思想写成程序如算法9.10所示。

算法 9.10

```
#define MAXN 100
int a[MAXN];
void comb(int m,int r)
{
    int i,j;
    i=0;
    a[i]=1;
    do {
        if (a[i]-i<=m-r+1) {
            if (i==r-1) {
                for (j=0;j<r;j++)
                    printf("%4d",a[j]);
                printf("\n");
                        a[i]++;
                continue;
            } else {
                i++;
                a[i]=a[i]+1;
            }
```

```
        }
        else {
            if (i == 0)
                return;
            a[--i]++;
        }
    } while (1);
}

main()
{   comb(5,3);
}
```

例 9.10 填字游戏。在 3×3 个方格的方阵中要填入数字 1 到 $N(N\geqslant10)$ 内的某 9 个数字,每个方格填一个整数,要求所有相邻两个方格内的两个整数之和为质数。试求出所有满足这个要求的各种数字填法。

可用试探法找到问题的解,即从第一个方格开始,为当前方格寻找一个合理的整数填入,并在当前位置正确填入后,为下一方格寻找可填入的合理整数。如不能为当前方格找到一个合理的可填整数,就要回退到前一方格,调整前一方格的填入数。当第九个方格也填入合理的整数后,就找到了一个解,将该解输出,并调整第九个的填入的整数,寻找下一个解。

为找到一个满足要求的 9 个数的填法,从还未填一个数开始,按某种顺序(如从小到大的顺序)每次在当前位置填入一个整数,然后检查当前填入的整数是否能满足要求。在满足要求的情况下,继续用同样的方法为下一方格填入整数。如果最近填入的整数不能满足要求,就改变填入的整数。如对当前方格试尽所有可能的整数,都不能满足要求,就得回退到前一方格,并调整前一方格填入的整数。如此重复执行扩展、检查或调整、检查,直到找到一个满足问题要求的解,将解输出。

回溯法找一个解如算法 9.11 所示。

算法 9.11

```
{
    int m = 0,ok = 1;
    int n = 8;
    do {
        if (ok)  扩展;
        else  调整;
        ok = 检查前 m 个整数填放的合理性;
    } while ((!ok||m! = n)&&(m! = 0))
    if (m! = 0)   输出解;
    else          输出无解报告;
}
```

如果程序要找全部解，则在将找到的解输出后，应继续调整最后位置上填放的整数，试图去找下一个解。相应的回溯法找全部解如算法9.12所示。

算法 9.12

```
{
    int m = 0, ok = 1;
    int n = 8;
    do {
        if (ok) {
            if (m == n) {
                输出解;
                调整;
            }
            else 扩展;
        }
        else 调整;
        ok = 检查前 m 个整数填放的合理性;
    } while (m! = 0);
}
```

为了确保程序能够终止，调整时必须保证曾被放弃过的填数序列不会再次实验，即要求按某种有序模型生成填数序列。给解的候选者设定一个被检验的顺序，按这个顺序逐一形成候选者并检验。从小到大或从大到小，都是可以采用的方法。如扩展时，先在新位置填入整数1，调整时，找当前候选解中下一个还未被使用过的整数。将上述扩展、调整、检验都编写成程序，细节见以下找全部解的程序(算法9.13)。

算法 9.13

```
#include <stdio.h>
# define N 12
void write(int a[])
{
    int i,j;
    for (i = 0;i<3;i++) {
        for (j = 0;j<3;j++)
            printf("%3d",a[3 * i + j]);
        printf("\n");
    }
    scanf("% * c");
}

int b[N + 1];
```

```
int a[10];
int isprime(int m)
{
    int i;
    int primes[] = {2,3,5,7,11,13,17,19,23,29, -1};
    if (m == 1||m % 2 = 0) return 0;
    for (i = 0;primes[i]>0;i ++ )
        if (m == primes[i]) return 1;
    for (i = 3;i * i< = m;) {
        if (m % i == 0) return 0;
          i+ = 2;
    }
    return 1;
}

int checkmatrix[][3] = {{ - 1},{0, - 1},{1, - 1},{0, - 1},{1,3, - 1},
                {2,4, - 1},{3, - 1},{4,6, - 1},{5,7, - 1}};
int selectnum(int start)
{
    int j;
    for (j = start;j< = N;j ++ )
        if (b[j]) return j
    return 0;
}

int check(int pos)
{
    int i,j;
    if (pos<0) return 0;
    for (i = 0;(j = checkmatrix[pos][i])> = 0;i ++ )
        if (!isprime(a[pos] + a[j])
            return 0;
    return 1;
}

int extend(int pos)
{
    a[ ++ pos] = selectnum(1);
    b[a[pos]] = 0;
    return pos;
}
```

```
int change(int pos)
{
    int j;
    while (pos> = 0 &&(j = selectnum(a[pos] + 1)) = = 0)
        b[a[pos - - ]] = 1;
    if (pos<0) return - 1
    b[a[pos]] = 1;
    a[pos] = j;
    b[j] = 0;
    return pos;
}

void find()
{
    int ok = 1,pos = 0;
    a[pos] = 1;
    b[a[pos]] = 0;
    do {
        if (ok)
            if (pos = = 8) {
                write(a);
                pos = change(pos);
            }
            else   pos = extend(pos);
        else   pos = change(pos);
        ok = check(pos);
    }  while (pos> = 0)
}

void main()
{
    int i;
    for (i = 1;i< = N;i + + )
        b[i] = 1;
    find();
}
```

例 9.11　n 皇后问题。求出在一个 $n \times n$ 的棋盘上，放置 n 个不能互相捕捉的国际象棋“皇后”的所有布局。

这是来源于国际象棋的一个问题。皇后可以沿着纵横和两条斜线 4 个方向相互捕捉。如图 9.9 所示，一个皇后放在棋盘的第 4 行第 3 列位置上，则棋盘上凡打“×”的位置上的皇后就能与这个皇后相互捕捉。

1	2	3	4	5	6	7	8
		×			×		
×		×		×			
	×	×	×				
×	×	Q	×	×	×	×	×
	×	×	×				
×		×		×			
		×			×		
		×				×	

图 9.9　n 皇后问题示意图

从图 9.9 中可以得到以下启示：一个合适的解应是在每列、每行上只有一个皇后，且一条斜线上也只有一个皇后。

求解过程从空配置开始。在第 1 列至第 m 列为合理配置的基础上，再配置第 $m+1$ 列，直至第 n 列配置也是合理时，就找到了一个解。接着改变第 n 列配置，希望获得下一个解。另外，在任一列上，可能有 n 种配置。开始时配置在第 1 行，以后改变时，顺次选择第 2 行，第 3 行，…，直到第 n 行。当第 n 行配置也找不到一个合理的配置时，就要回溯，去改变前一列的配置得到。

求解皇后问题的程序如算法 9.14 所示。

算法 9.14

```
{
    输入棋盘大小值 n;
    m = 0;
    good = 1;
    do {
        if (good)
            if (m == n) {
                输出解;
                改变之,形成下一个候选解;
            }
            else  扩展当前候选接至下一列;
        else  改变之,形成下一个候选解;
        good = 检查当前候选解的合理性;
    } while (m! = 0);
}
```

在编写程序之前，先确定边式棋盘的数据结构。比较直观的方法是采用一个二维数组，但仔细观察就会发现，这种表示方法给调整候选解及检查其合理性带来困难。更好的方法乃是尽可能直接表示那些常用的信息。对于本题来说，“常用信息”并不是皇后的具体位置，而是“一个皇后是否已经在某行和某条斜线合理地安置好了”。因在某一列上恰好放一个皇后，引入一个一维数组(col[])，值 col[i]表示在棋盘第 i 列、col[i]行有一个皇后。例如：col[3] = 4，就表示在棋盘的第 3 列、第 4 行上有一个皇后。另外，为了使程序在找完了全部解后回溯到最初位置，设定 col[0]的初值为 0，当回溯到第 0 列时，说明程序已求得全部解，结束程序运行。

为使程序在检查皇后配置的合理性方面简易方便，引入以下三个工作数组：

(1) 数组 $a[\,]$，$a[k]$表示第 k 行上还没有皇后；

(2) 数组 $b[\,]$，$b[k]$表示第 k 列右高左低斜线上没有皇后；

(3) 数组 $c[\,]$，$c[k]$表示第 k 列左高右低斜线上没有皇后。

棋盘中同一右高左低斜线上的方格，它们的行号与列号之和相同；同一左高右低斜线上的方格，它们的行号与列号之差均相同。

初始时，所有行和斜线上均没有皇后，从第 1 列的第 1 行配置第一个皇后开始，在第 m 列 col[m]行放置了一个合理的皇后后，准备考察第 $m+1$ 列时，在数组 $a[\,]$、$b[\,]$和 $c[\,]$中为第 m 列，col[m]行的位置设定有皇后标志；当从第 m 列回溯到第 $m-1$ 列，并准备调整第 $m-1$ 列的皇后配置时，清除在数组 $a[\,]$、$b[\,]$和 $c[\,]$中设置的关于第 $m-1$ 列，col[$m-1$]行有皇后的标志。一个皇后在 m 列，col[m]行方格内配置是合理的，由数组 $a[\,]$、$b[\,]$和 $c[\,]$对应位置的值都为 1 来确定。细节见以下程序(算法 9.15)。

算法 9.15

```
# include <stdio.h>
# include <stdlib.h>
# define MAXN 20
int n,m,good;
int col[MAXN + 1],a[MAXN + 1],b[2 * MAXN + 1],c[2 * MAXN + 1];

void main()
{
    int j;
    char awn;
    printf("Enter n:    ");scanf("%d",&n);
    for (j = 0;j<= n;j ++ )  a[j] = 1;
    for (j = 0;j<= 2 * n;j ++ ) cb[j] = c[j] = 1;
    m = 1;col[1] = 1; good = 1; col[0] = 0;
    do {
        if (good)
            if (m == n) {
                printf(" 列\t 行 ");
                for (j = 1;j<= n;j ++ )
                    printf("%3d\t%d\n",j,col[j]);
                printf("Enter  a  character (Q/q  for  exit)!\n");
                scanf("%c",&awn);
                if (awn == 'Q'||awn == 'q') exit(0);
                while (col[m] == n) {
                    m -- ;
                    a[col[m]] = b[m + col[m]] = c[n + m - col[m]] = 1;
```

```
                }
                col[m]++;
            }
            else {
                a[col[m]] = b[m + col[m]] = c[n + m - col[m]] = 0;
                col[++m] = 1;
            }
        else {
            while (col[m] == n) {
                m--;
                a[col[m]] = b[m + col[m]] = c[n + m - col[m]] = 1;
            }
            col[m]++;
        }
        good = a[col[m]]&&b[m + col[m]]&&c[n + m - col[m]];
    } while (m != 0);
}
```

试探法找解算法也常常被编写成递归函数，下面程序中的函数 queen_all()和函数 queen_one()能分别用来解皇后问题的全部解和一个解(算法 9.16、算法9.17)。

算法 9.16

```
# include <stdio.h>
# include <stdlib.h>
# define MAXN 20
int n;
int col[MAXN + 1],a[MAXN + 1],b[2 * MAXN + 1],c[2 * MAXN + 1];
void main()
{
    int j;
    printf("Enter n:    "); scanf("%d",&n);
    for (j = 0;j<= n;j++)  a[j] = 1;
    for (j = 0;j<= 2 * n;j++)  b[j] = c[j] = 1;
    queen_all(1,n);
}

void queen_all(int k,int n)
{
    int i,j;
    char awn;
    for (i = 1;i<= n;i++)
        if (a[i]&&b[k + i]&&c[n + k - i]) {
```

```
            col[k] = i;
            a[i] = b[k + i] = c[n + k - i] = 0;
            if (k == n) {
                printf("列\t 行");
                for (j = 1;j<= n;j ++ )
                    printf("%3d\t%d\n",j,col[j]);
                printf("Enter  a  character (Q/q  for  exit)!\n");
                scanf("%c",&awn);
                if (awn == 'Q'||awn == 'q')  exit(0);
            }
            queen_all(k + 1,n);
            a[i] = b[k + i] = c[n + k - i] = 1;
        }
}
```

采用递归方法找一个解与找全部解稍有不同，在找一个解的算法中，递归算法要对当前候选解最终是否能成为解要有回答。当它成为最终解时，递归函数就不再递归试探，立即返回；若不能成为解，就得继续试探。设函数 queen_one()返回 1 表示找到解，返回 0 表示当前候选解不能成为解。细节见以下函数(算法 9.17)。

算法 9.17

```
# define MAXN 20
int n;
int col[MAXN + 1],a[MAXN + 1],b[2 * MAXN + 1],c[2 * MAXN + 1];
int queen_one(int k,int n)
{
    int i,found;
    i = found = 0;
    while (!found && i<n) {
        i ++ ;
        if (a[i] && b[k + i] && c[n + k - i]) {
            col[k] = i;
            a[i] = b[k + i] = c[n + k - i] = 0;
            if (k == n) return 1;
            else
                found = queen_one(k + 1,n);
            a[i] = b[k + i] = c[n + k - i] = 1;
        }
    }
    return found;
}
```

9.6 分支限界策略

分支限界(Branch and Bound)是另一种系统地搜索解空间的方法,它与回溯法的主要区别在于对E-结点的扩充方式。每个活结点有且仅有一次机会变成E-结点。当一个结点变为E-结点时,则生成从该结点移动一步即可到达的所有新结点。在生成的结点中,抛弃那些不可能导出(最优)可行解的结点,其余结点加入活结点表,然后从表中选择一个结点作为下一个E-结点。从活结点表中取出所选择的结点并进行扩充,直到找到解或活动表为空,扩充过程才结束。

有两种常用的方法可用来选择下一个E-结点(虽然也可能存在其他的方法):

(1) 先进先出(FIFO),即从活结点表中取出结点的顺序与加入结点的顺序相同,因此活结点表的性质与队列相同。

(2) 最小耗费或最大收益法,在这种模式中,每个结点都有一个对应的耗费或收益。如果查找一个具有最小耗费的解,则活结点表可用最小堆来建立,下一个E-结点就是具有最小耗费的活结点;如果希望搜索一个具有最大收益的解,则可用最大堆来构造活结点表,下一个E-结点是具有最大收益的活结点。

例 9.12 迷宫老鼠。使用FIFO分支限界,初始时取(1,1)作为E-结点且活动队列为空。迷宫的位置(1,1)被置为1,以免再次返回到这个位置。(1,1)被扩充,它的相邻结点(1,2)和(2,1)加入到队列中(即活结点表)。为避免再次回到这两个位置,将位置(1,2)和(2,1)置为1。此时迷宫如图9.10所示,E-结点(1,1)被删除。

```
1 1 0        1 1 1        1 1 1
1 1 1        1 1 1        1 1 1
0 0 0        0 0 0        1 0 0
 (a)          (b)          (c)
```

图 9.10 迷宫问题的 FIFO 分支限界方法

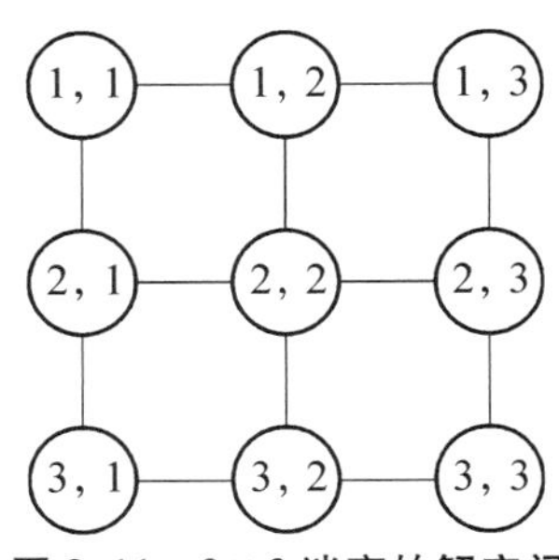

图 9.11 3×3 迷宫的解空间

结点(1,2)从队列中移出并被扩充。检查它的三个相邻结点(见图9.11的解空间),只有(1,3)是可行的移动(剩余的两个结点是障碍结点),将其加入队列,并把相应的迷宫位置置为1,所得到的迷宫状态如图9.10(b)所示。结点(1,2)被删除,而下一个E-结点(2,1)将会被取出,当此结点被展开时,结点(3,1)被加入队列中,结点(3,1)被置为1,结点(2,1)被删除,所得到的迷宫如图9.10(c)所示。此时队列中包含(1,3)和(3,1)两个结点。随后结点(1,3)变成下一个E-结点,由于此结点不能到达任何新的结点,所以此结点即被删除，结点(3,1)成为新的 E－结点，将队列清空。结点(3,1)展开，(3,2)被加入队列中，而(3,1)被删除。(3,2)变为新的 E－结点，展开此结点后，到达结点(3,3)，即迷宫的出口。使用 FIFO 搜索，总能找出从迷宫入口到出口的最短路径。需要注意的是：利用回溯法找到的路径却不一定是最短路径。

例 9.13　0/1 背包问题。下面比较分别利用 FIFO 分支限界和最大收益分支限界方法来解决如下背包问题：n 个物品，重量分别为 $w_1, w_2, \cdots, w_n$，价值分别为 $p_1, p_2, \cdots, p_n$，装入一个承重量为 c 的背包，如何装入，使得价值最大。这里假设 $n=3, w=[20,15,15], p=[40,25,25], c=30$。FIFO 分支限界利用一个队列来记录活结点，结点将按照 FIFO 顺序从队列中取出；而最大收益分支限界使用一个最大堆，其中的 E－结点按照每个活结点收益值的降序，或是按照活结点任意子树的叶结点所能获得的收益估计值的降序从队列中取出。

使用 FIFO 分支限界法搜索，初始时以根结点 A 作为 E－结点，此时活结点队列为空(图 9.12)。当结点 A 展开时，生成了结点 B 和 C，由于这两个结点都是可行的，因此都被加入活结点队列中，结点 A 被删除。下一个 E－结点是 B，展开它并产生了结点 D 和 E，D 是不可行的，被删除，而 E 被加入队列中。下一步结点 C 成为 E－结点，它展开后生成结点 F 和 G，两者都是可行结点，加入队列中。下一个 E－结点 E 生成结点 J 和 K，J 不可行而被删除，K 是一个可行的叶结点，并产生一个到目前为止可行的解，它的收益值为 40。

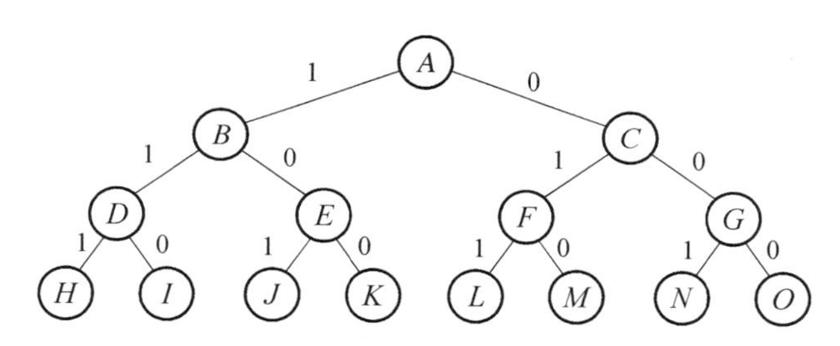

图 9.12　三个对象的背包问题的解空间

下一个 E－结点是 F，它产生两个孩子 L、M，L 代表一个可行的解且其收益值为 50，M 代表另一个收益值为 15 的可行解。G 是最后一个 E－结点，它的孩子 N 和 O 都是可行的。由于活结点队列变为空，因此搜索过程终止，最佳解的收益值为 50。

可以看到，工作在解空间树上的 FIFO 分支限界方法非常像从根结点出发的宽度优先搜索。它们的主要区别是在 FIFO 分支限界中不可行的结点不会被搜索。

最大收益分支限界算法以解空间树中的结点 A 作为初始结点。展开初始结点得到结点 B 和 C，两者都是可行的并被插入堆中，结点 B 获得的收益值是 40(设 $x_1=1$)，而结点 C 得到的收益值为 0。A 被删除，B 成为下一个 E－结点，因为它的收益值比 C 的大。当展开 B 时得到了结点 D 和 E，D 是不可行的而被删除，E 加入堆中。由于 E 具有收益值 40，而 C 为 0，因为 E 成为下一个 E－结点。展开 E 时生成结点 J 和 K，J 不可行而被删除，K 是一个可行的解，因此 K 为作为目前能找到的最优解而记录下来，然后 K 被删除。由于只剩下一个活结点 C 在堆中，因此 C 作为 E－结点被展开，生成 F、G 两个结点插入堆中。F 的收益值为 25，因此成为下一个 E－结点，展开后得到结点 L 和 M，但 L、M 都被删除，因为它们是叶结点，同时 L 所对应的解被作为当前最优解记录下来。最终，G 成为 E－结点，生成的

结点为 N 和 O，两者都是叶结点而被删除，两者所对应的解都不比当前的最优解更好，因此最优解保持不变。此时堆变为空，没有下一个 E－结点产生，搜索过程终止。终止于 J 的搜索即为最优解。

犹如在回溯方法中一样，可利用一个定界函数来加速最优解的搜索过程。定界函数为最大收益设置了一个上限，通过展开一个特殊的结点可能获得这个最大收益。如果一个结点的定界函数值不大于目前最优解的收益值，则此结点会被删除而不作展开，更进一步，在最大收益分支限界方法中，可以使结点按照它们收益的定界函数值的非升序从堆中取出，而不是按照结点的实际收益值来取出。这种策略从可能到达一个好的叶结点的活结点出发，而不是从目前具有较大收益值的结点出发。

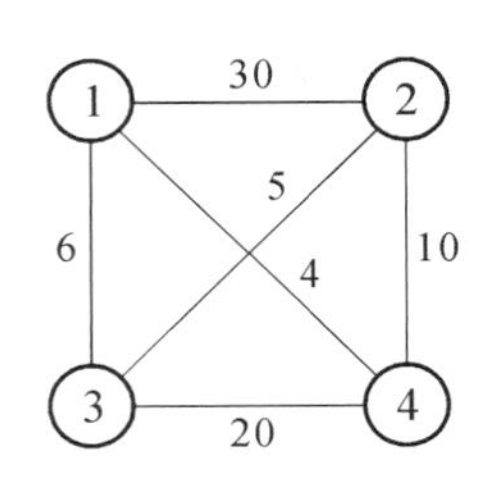

图 9.13　一个四顶点网络

例 9.14　旅行商问题。对于图 9.13 所示的四城市旅行商问题，其对应的解空间为图 9.14 所示的排列树。FIFO 分支限界使用结点 B 作为初始的 E－结点，活结点队列初始为空。当 B 展开时，生成结点 C、D 和 E。由于从顶点 1 到顶点 2,3,4 都有边相连，所以 C、D、E 三个结点都是可行的并加入队列中。当前的 E－结点 B 被删除，新的 E－结点是队列中的第一个结点，即结点 C。因为在图 9.13 中存在从顶点 2 到顶点 3 和 4 的边，因此展开 C，生成结点 F 和 G，两者都被加入队列。下一步，D 成为 E－结点，接着又是 E，到目前为止活结点队列中包含结点 F 到 K。下一个 E－结点是 F，展开它得到了叶结点 L。至此找到了一个旅行路径，它的开销是 59。

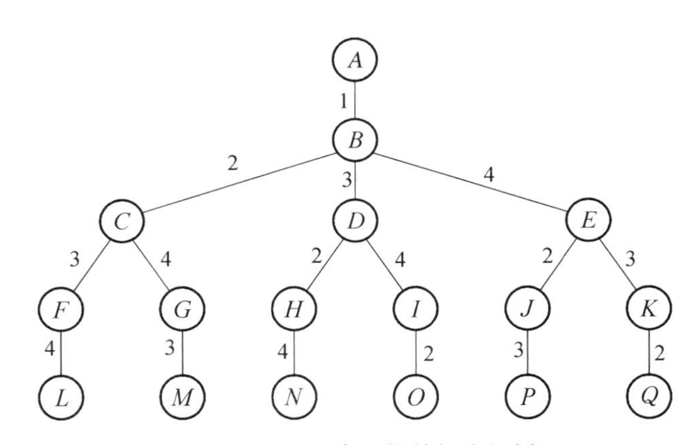

图 9.14　四顶点网络的解空间树

展开下一个 E－结点 G，得到叶结点 M，它对应于一个开销为 66 的旅行路径。接着 H 成为 E－结点，从而找到叶结点 N，对应开销为 25 的旅行路径。下一个 E－结点是 I，它对应的部分旅行 1—3—4 的开销已经为 26，超过了目前最优的旅行路径，因此，I 不会被展开。最后，结点 J，K 成为 E－结点并被展开。经过这些展开过程，队列变为空，算法结束。找到的最优方案是结点 N 所对应的旅行路径。

如果不使用 FIFO 方法，还可以使用最小耗费方法来搜索解空间树，即用一个最小堆来存储活结点。这种方法同样从结点 B 开始搜索，并使用一个空的活结点列表。当结点 B 展开时，生成结点 C、D 和 E 并将它们加入最小堆中。在最小堆的结点中，E 具有最小耗费(因为 1—4 的局部旅行的耗费是 4)，因此成为 E－结点。展开 E 生成结点 J 和 K 并将它们加入最小堆，这两个结点的耗费分别为 14 和 24。此时，在所有最小堆的结点中，D 具有最小耗费，因而成为 E－结点，并生成结点 H 和 I。至此，最小堆中包含结点 C、H、I、J 和 K，H 具有最小耗费，因此 H 成为下一个 E－结点。展开结点 E，得到一个完整的旅行路径 1—3—2—4—1，它的开销是 25。结点 J 是下一个 E－结点，展开它得到结点 P，它对应于一个耗费为 25 的旅行路径。结点 K 和 I 是下两个 E－结点。由于 I 的开销超过了当前最优的旅行路径，因此搜索结束，而剩下的所有活结点都不能使我们找到更优的解。

对于例 9.14 的旅行商问题，可以使用一个定界函数来减少生成和展开的结点数量。这种函数将确定旅行的最小耗费的下限，这个下限可通过展开某个特定的结点而得到。如果一个结点的定界函数值不能比当前的最优旅行更小，则它将被删除而不被展开。另外，对于最小耗费分支限界，结点按照它在最小堆中的非降序取出。

在以上几个例子中，可以利用定界函数来降低所产生的树型解空间的结点数目。当设计定界函数时，必须记住主要目的是利用最少的时间，在内存允许的范围内去解决问题。而通过产生具有最少结点的树来解决问题并不是根本的目标。因此，需要的是一个能够有效地减少计算时间并因此而使产生的结点数目也减少的定界函数。

回溯法比分支限界在占用内存方面具有优势。回溯法占用的内存是 O(解空间的最大路径长度)，而分支限界所占用的内存为 O(解空间大小)。对于一个子集空间，回溯法需要 $O(n)$的内存空间，而分支限界则需要 $O(2^n)$的空间。对于排列空间，回溯需要 $O(n)$的内存空间，分支限界需要 $O(n!)$ 的空间。虽然最大收益(或最小耗费)分支限界在直觉上要好于回溯法，并且在许多情况下可能会比回溯法检查更少的结点，但在实际应用中，它可能会在回溯法超出允许的时间限制之前就超出了内存的限制。

0/1 背包问题的最大收益分支限界算法可以由回溯搜索算法发展而来。可以使用程序 Bound 函数来计算活结点 N 的收益上限 up，使得以 N 为根的子树中的任一结点的收益值都不可能超过 uprofit。活结点的最大堆使用 uprofit 作为关键值域，最大堆的每个入口都以 HeapNode 作为其类型，HeapNode 结构包含如下参数：uprofit，profit，weight，level，ptr。对任一结点 N，N. profit 是 N 的收益值，N. uprofit 是它的收益上限，N. weight 是它对应的重量。各结点按其 uprofit 值从最大堆中取出(算法 9.18)。

算法 9.18

```
MaxProfitKnapsack(Tw,Tp,c)     // 返回背包最优装载的收益
{
                               // bestx[i] = 1 当且仅当物品 i 属于最优装载，使用最大收益分支限界
                                  算法
                               //定义一个最多可容纳 1000 个活结点的最大堆
    H = new MaxHeap<HeapNode<Tp,Tw>>(1000);
    bestx = new int [n + 1];   // 为 bestx 分配空间
                               //初始化层 1
    int i = 1;
    E = 0;
```

```
    cw = cp = 0;
    bestp = 0;                 //目前的最优收益
    up = Bound(1);             //在根为 E 的子树中最大可能的收益
                               //搜索子集空间树
    while (i != n + 1) {       //不是叶子
        //检查左孩子
        wt = cw + w[i];
        if (wt <= c) {         //可行的左孩子
            if (cp + p[i] > bestp) bestp = cp + p[i];
            AddLiveNode(up, cp + p[i], cw + w[i], true, i + 1);
        }
        up = Bound(i + 1);
                               //检查右孩子
        if (up >= bestp)       //右孩子有希望
            AddLiveNode(up, cp, cw, false, i + 1);
                               //取下一个 E-结点
        HeapNode<Tp, Tw> N;
        H->DeleteMax(N);       //不能为空
        E = N.ptr;
        cw = N.weight;
        cp = N.profit;
        up = N.uprofit;
        i = N.level;
    }
                               //沿着从 E-结点 E 到根的路径构造 bestx[]
    for (int j = n; j > 0; j--) {
        bestx[j] = E-> LChild;
        E = E-> parent;
    }
    return cp;
}

Bound(int i)                   // 返回子树中最优叶子的上限值
{
    cleft = c - cw;            //剩余容量
    b = cp;                    //收益的界限
                               //按照收益密度的次序装填剩余容量
    while (i <= n && w[i] <= cleft) {
        cleft -= w[i];
        b += p[i];
        i++;
    }
```

```
                              //取下一个对象的一部分
    if (i<=n) b+=p[i]/w[i] * cleft;
    return b;
}
```

函数 MaxProfitKnapsack 在子集树中执行最大收益分支限界搜索。函数假定所有的物品都是按收益密度值的顺序排列。函数 MaxProfitKnapsack 首先初始化活结点的最大堆,并使用一个数组 bestx 来记录最优解。由于需要不断地利用收益密度来排序,物品的索引值会随之变化,因此必须将 MaxProfitKnapsack 所生成的结果映射回初始时的物品索引。

在函数 MaxProfitKnapsack 中,E 是当前 E-结点,cw 是结点对应的重量,cp 是收益值,up 是以 E 为根的子树中任一结点的收益值上限。while 循环一直执行到一个叶结点成为 E-结点为止。

由于最大堆中的任何剩余结点都不可能具有超过当前叶结点的收益值,因此当前叶即对应了一个最优解。可以从叶返回到根来确定这个最优解。

MaxProfitKnapsack 中的 while 循环的结构中,首先,检验 E-结点左孩子的可行性,如它是可行的,则将它加入子集树及活结点队列(即最大堆);仅当结点右孩子的 Bound 值指明有可能找到一个最优解时才将右孩子加入子集树和队列中。

9.7　智能优化策略

随着科学技术的进步,在科学研究和工程实践中遇到的问题,不论是其解空间规模还是决策方案都变得越来越复杂,采用经典的算法设计方法来解决问题将面临着时间复杂度过高、计算资源严重不足等问题,难以在有限时间内获得问题的精确解。因此,为了在求解时间和求解精度上取得平衡,计算机科学家提出了许多具有启发式特征的智能优化算法。智能优化算法是借助自然界规律、生物智慧和人类智能而产生的一类算法设计策略和方法的统称,涉及生物学、生理学、物理学、数学、神经科学和计算机科学等多种学科领域。这类算法或遵循自然界的物理现象,或模仿生物的生理构造、身体机能、群体行为及种群进化过程,亦或学习人类的思维、语言、记忆和认知过程,实现对复杂问题的优化求解。经过了半个多世纪的发展,目前在国内外得到广泛的关注,已经成为人工智能以及计算机科学的重要研究方向。

典型的智能优化算法包括人工神经网络、模糊逻辑、模拟退火、遗传和蚁群优化算法等。与经典的算法设计思想不同,智能优化算法在处理问题时并不依赖于问题自身的特点,主要采用启发式的随机搜索策略,在问题的全局空间中进行搜索寻优,不仅具有通用性和良好的全局搜索能力,还支持群体协作,非常适合大规模并行处理。限于篇幅,本节仅介绍模拟退火算法。

模拟退火算法的思想来源于高温晶体的物理冷却过程，即高温晶体的内部粒子随温度升高而变得无序，内能增大，而徐徐冷却时粒子渐趋有序，最终在常温时形成高密度、低内能的规则晶体结构；如果温度下降过快，可能导致粒子缺少足够的时间排列成晶体结构，结果可以一定概率达到一个平衡态，产生具有较高内能的非晶体。该算法早在 1953 年就由 Metropolis 提出，不过直到 1983 年才由 Kirkpatrick 等人真正成功地应用到求解组合优化问题上。对一个复杂问题的解空间的搜索过程就可以借助模拟退火算法思想，解决陷入局部最优解的困境，其中常温时的规则晶体结构对应于问题的全局最优解，而某个特定温度下形成的非晶体结构对应于问题的局部最优解。根据模拟退火原理，当晶体陷入局部平衡态时，可以给其增加一定能量，促使其跳出该平衡态，最终收敛于一个能量最低状态。

模拟退火其实也是一种贪心算法，但是它的搜索过程引入了随机扰动因素。如图 9.15 所示，对于一个存在大量局部最优解的能量最小化问题 P，其中局部极值点包括 A、B、D 等。假设从一随机位置 S 点开始迭代搜索最小能态，经过多次随机扰动到达 A 位置。注意到，模拟退火算法遵照 Metropolis 准则，可以一定的概率来接受一个比当前解 A 更差的解 E，因此有可能会跳出该局部最优解，而最终达到全局最优解 C。

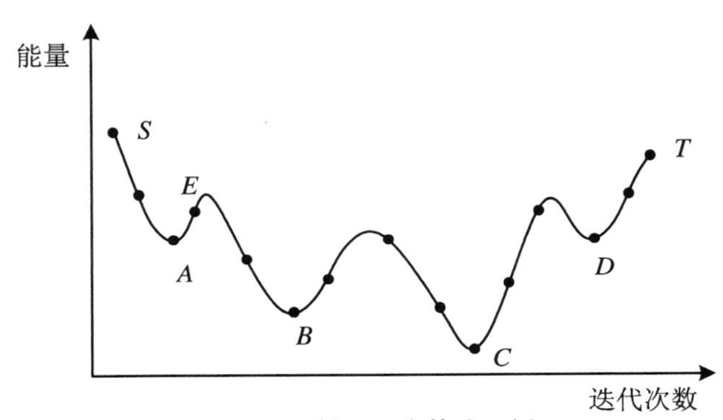

图 9.15　模拟退火算法示例

Metropolis 准则定义了晶体在某一温度 T 下从状态 i 转移到状态 j 的概率 P_{ij}，即

$$P_{ij}=\begin{cases}1 & E(j)\leqslant E(i),\\ e^{-\frac{E(i)-E(j)}{KT}}, & \text{其他}\end{cases}$$

其中，$E(i)$ 和 $E(j)$ 分别表示晶体在状态 i 和状态 j 下的能量，K 为玻尔兹曼常数。显然，该准则允许模拟退火算法以一定概率来接受新状态（尽管新状态可能偏离最优解），而不是使用完全确定的规则。

例 9.15　0/1 背包问题。使用模拟退火算法重新求解例 9.13 的 0/1 背包问题（算法 9.19）。

算法 9.19

```
void MaxProfitKnapsack(intn,int * Tw,int * Tp,c,float T)
{
                                 // bestx[i] = 1 当且仅当物品 i 属于最优装载，使用模拟退火算法
    int bestx = new int [n],bestp;  // bestx,bestp 记录最佳状态及收益
```

```
    intcs = new int [n],cp;                   // cs,cp 记录当前状态及收益
    int k = 1,t;
    float pr;
    genInitState(bestx,n,Tw,c);               //产生初始状态(初始可行解)
    cp = getMerit(bestx,n,Tp);                //计算当前收益
    bestp = cp;                               //当前的最优收益

                                              //模拟退火过程
    memcpy(cs,bestx,sizeof(cs));
    while (k< = 10) {                         // 假设外循环降温迭代次数为 10
        t = 1;
        while (t<50) {                        //预置内循环抽样次数为 50
            genAdjState(cs,n,Tw,c);           //产生邻域状态
            cp = getMerit(cs,n,Tp);
            pr = calcProb(cp,bestp,T)         //计算接受概率
            if (pr>0.0) {
                memcpy(bestx,cs,sizeof(cs));
                bestp = cp;
            } else memcpy(cs,bestx,sizeof(cs));
            t + = 1;
        }
        T = T/log10(1.0 + k) * log10(2.0);    //降温方式
        k + = 1;
    }
    for (t = 0;t<n;t ++ ) printf(" % 4d",bestx[i]);
    printf("\n");
}

void genInitState(int * s,int n,int * Tw,int c)
{
    int i,w;
    while (s) {
        for (i = 0;i<n;i ++ ) {
            if (rand() % 2 == 0) * (s + i) = 1;
            else * (s + i) = 0;
        }
        w = getWeight(s,n,Tw);
        if (w< = c)  break;
    }
}

int getMerit(int * s,int n,int * Tp)
```

```
{
        int p = 0, i;
        for (i = 0; i<n; i++)
            p = p + (*(s+i)) * (*(Tp+i));
        return p;
}

int getWeight(int *s, int n, int *Tw)
{
    int w = 0, i;
    for (i = 0; i<n; i++)
        w = w + (*(s+i)) * (*(Tw+i));
    return w;
}

void genAdjState(int *s, int n, int *Tw, int c)
{
    int index, w;
    while (s) {
        index = rand() % n;
        if (*(s+index) == 0)
            *(s+index) = 1;
        else
            *(s+index) = 0;
        w = getWeight(s, n, Tw);
        if (w<=c)   break;
    }
}

float calcProb(int cp, int bestp, float T)
{
    Float pr = 0.0;
    if (cp>bestp) {
        pr = 1.0;
    } else {
        pr = exp((*cp - *bestp)/T);
        if (rand()/(RAND_MAX + 0.0)>pr) pr = -1.0;
    }
    return pr;
}
```

模拟退火算法是解决背包问题的重要手段之一，特别是当背包问题的规模变大时，因为此时要在解空间中找出满足约束条件的所有子集是不现实的。从上述实现程序可以看出，影响模拟退火算法的重要因素包括以下几个方面：

（1）初始温度 T。初始温度的设置是影响模拟退火算法全局搜索性能的关键因素之一，一般情况下，初始温度越高，获得高质量解的概率越大，但是花费的计算时间也将越多。一种适合的设置方法是，随机产生一组状态，确定两两状态之间的最大目标差值 $|\Delta|$，然后令初始温度 $T=|\Delta|$。

（2）领域状态产生函数 getAdjState。该函数应尽可能保证产生的候选解遍布全部解空间。为简便起见，上例中依照均匀分布函数对解空间进行随机采样来获得领域状态。事实上，领域状态产生过程还可以采用并行处理策略进行，以进一步提高时空搜索效率。

（3）接受概率 pr。该接受概率的设置完全遵照 Metroplis 准则。

（4）冷却控制。指从较高温度向较低温度冷却时所采用的降温方式。上例中使用了经典降温方式，即 $T_k=T_0/\lg(1+k)$。

（5）内层平衡条件。内层平衡也称 Metropolis 抽样稳定准则，用于决定在各个温度下产生候选解的数目。常用的抽样稳定准则包括：检验目标函数的均值是否稳定，连续若干步的目标值变化较小及预先设定的抽样数目。上例中采用最后一种处理方式。

（6）终止条件。算法终止条件包括：设置终止温度阈值，连续若干步的目标值变化较小，检验系统熵是否稳定及预先设置外循环迭代次数。上例中采用最后一种处理方式。

本 章 小 结

本章介绍了分治法、贪心法、回溯法、动态规划、分支限界法和智能优化法这六种算法设计策略。

（1）分治法与软件设计的模块化方法非常相似。为了解决一个大的问题，可以：① 把它分成两个或多个更小的问题；② 分别解决每个小问题；③ 把各小问题的解答组合起来，即可得到原问题的解答。小问题通常与原问题相似，可以递归地使用分而治之策略来解决。

每个最优化问题，都包含一组限制条件（Constraint）和一个优化函数（Optimization Function），符合限制条件的问题求解方案称为可行解（Feasible Solution），使优化函数取得最佳值的可行解称为最优解（Optimal Solution）。

（2）在贪心法（Greedy Method）中采用逐步构造最优解的方法。在每个阶段，都做出一个看上去最优的决策（在一定的标准下）。决策一旦作出，就不可再更改。做出贪婪决策的依据称为贪婪准则（Greedy Criterion）。

（3）和贪心法一样，在动态规划中，可将一个问题的解决方案视为一系列决策的结果。

不同的是，在贪心法中，每采用一次贪婪准则便做出一个不可撤回的决策，而在动态规划中，还要考察每个最优决策序列中是否包含一个最优子序列。

动态规划方法采用最优原则（Principle of Optimality）来建立用于计算最优解的递归式。所谓最优原则即不管前面的策略如何，此后的决策必须是基于当前状态（由上一次决策产生）的最优决策。由于对于有些问题的某些递归式来说并不一定能保证最优原则，因此在求解问题时有必要对它进行验证。若不能保持最优原则，则不可应用动态规划方法。在得到最优解的递归式之后，需要执行回溯以构造最优解。

(4) 回溯法。寻找问题的解的一种可靠的方法是首先列出所有候选解，然后依次检查每一个，在检查完所有或部分候选解后，即可找到所需要的解。回溯（Backtracking）是一种系统地搜索问题解答的方法。

为了实现回溯，首先需要为问题定义一个解空间（Solution Space），这个空间必须至少包含问题的一个解（可能是最优的），下一步是组织解空间以便它能被容易地搜索。典型的组织方法是图或树，一旦定义了解空间的组织方法，这个空间即可按深度优先的方法从开始结点进行搜索。当已经找到了答案或者回溯尽了所有的活结点时，搜索过程结束。

(5) 分支限界法，类似于回溯法，在其搜索解空间时，也经常使用树形结构来组织解空间。然而与回溯法不同的是，回溯算法使用深度优先方法搜索树结构，而分支限界一般用宽度优先或最小耗费方法来搜索这些树，因此，可以很容易比较回溯法与分支限界法的异同。

相对而言，分支限界算法的解空间比回溯法大得多，因此当内存容量有限时，回溯法成功的可能性更大。

(6) 智能优化法是解决大规模复杂组合优化问题的有效途径。传统方法解决这类问题时总是存在时空代价难以承受的困境，因此融入了启发式随机搜索策略的智能优化法巧妙地借鉴不同的自然机理、生物种群及人类智能，在解空间中具有自适应跳出局部最优的能力，最终可实现全局最优搜索。尽管本章未深入讨论，但是自适应机制和并行技术是改进智能优化算法性能，显著提高算法的时空搜索效率的重要策略，感兴趣的读者可以自行查阅其他文献资料。

习　题

9.1　一个自然数的所有真因子（即除了自身以外的因数）之和恰好等于它本身，则称之为完备数。试用穷举法求出 10 000 之内所有的完备数。

9.2　黄金分割比是一个很美的比例，黄金分割比可以通过很简单的 Fibonacci 数列求出来。Fibonacci 数列是这样定义的：1，1，2，3，5，8，…，每一个数列项都是前两项之和，即

$$F(1)=1,\quad F(2)=1,\quad \cdots,\quad F(n)=F(n-1)+F(n-2)$$

当 $n\to\infty$ 时，$F(n)/F(n+1)$ 的值即为黄金分割比。

试用递推法求解 6 位有效数的黄金分割比。

9.3　已知某图 G 的邻接矩阵存储，现在要用尽量少的颜色为图 G 中的每个顶点着色，要求相邻顶点的颜色不同，请用贪心法编程实现。

9.4　一个集合的幂集定义为该集合所有的子集作为元素构成的集合，试用分治法思想求解一个集合 A 的幂集。

9.5　设集合 $A=\{x\in Z \mid x\geqslant 10\}$，$B$ 是 A 的子集，且 B 中的元素满足：

(1) 各位上数字互不相同；

(2) 任意两个位上的数字之和不等于 9。

试用回溯法求解集合 B 中的全部的四位数。

9.6　试上机编程实现使用模拟退火算法解决旅行商问题。

参 考 文 献

[1] Weiss M A. Data structures and algorithm analysis in C++ [M]. 北京:人民邮电出版社,2006.
[2] Weiss M A. Data structures and problem solving using C++ [M]. 北京:清华大学出版社,2004.
[3] Sahni S. 数据结构、算法与运用 C++ 语言描述[M]. 汪诗林,译. 北京:机械工业出版社,2000.
[4] Drozdek A. 数据结构与算法 C++ [M]. 影印版. 北京:清华大学出版社,2003.
[5] Horowitz E, Sahni S, Rajasekaran S. 计算机算法 C++ 版[M]. 北京:机械工业出版社,2006.
[6] Sedgewick R, Wyk J V. Algorithms in C++ [M]. Mass: Addison-Wesley Publishing Company, Inc. ,2004.
[7] 张乃孝. 数据结构基础[M]. 北京:北京大学出版社,1991.
[8] 殷人昆,陶永雷,谢若阳,等. 数据结构[M]. 北京:清华大学出版社,1999.
[9] 傅清祥,王晓东. 算法与数据结构[M]. 北京:电子工业出版社,2001.
[10] Aho A V, Hopcroft J E, Ullman J D. Data structures and algorithms[M]. 北京:清华大学出版社,2003.
[11] Aho, Hopcroft, Ullman. The design and analysis of computer algorithms[M]. 北京:中国电力出版社,2003.
[12] 周培德. 计算几何:算法设计与分析[M]. 北京:清华大学出版社,2005.
[13] Sedgewick R, Flajolet P. An introduction to the analysis of algorithms[M]. 北京:机械工业出版社,2006.
[14] Cormen T H, Leiserson C E. Introduction to algorithms [M]. Cambridge: MIT Press, 2001.
[15] Knuth D E. The art of computer programming[M]. Mass: Addison-Wesley Publishing Company, Inc. ,1997.
[16] Collins W J. Data structures and the standard template library[M]. 北京:机械工业出版社,2003.
[17] 李春葆,曾慧,张植民. 数据结构程序设计题典[M]. 北京:清华大学出版社,2002.
[18] 王晓东. 算法设计与实验题解[M]. 北京:电子工业出版社,2006.
[19] 严蔚敏,陈文博. 数据结构及应用算法教程[M]. 北京:清华大学出版社,2001.